全国高职高专建筑装饰专业规划教材

建筑装饰工程制图与 CAD

赵克理　左春丽　主　编
陈桂如　李美君　副主编

清华大学出版社
北　京

内 容 简 介

本书是根据现行有关国家、行业制图标准，在总结多年高等职业院校教学改革和建筑装饰工程制图和CAD制图教学实践经验的基础上编撰而成的。

本书以工学结合、任务驱动为主线，力图使学生在完成某一具体制图任务的情境中能够了解和掌握相关制图基本理论、国家标准和方法技能。全书共分上下两篇，上篇为建筑装饰工程制图，包括第1～4章：第1章为建筑装饰工程制图的基本知识，主要内容有投影的基本理论，建筑装饰工程制图的基本知识。第2章为建筑工程施工图绘制，主要内容有建筑工程平面图、立面图、剖面图和详图的绘制。第3章为建筑装饰工程施工图绘制，主要内容有建筑装饰工程平面布置图、顶棚平面图、立面图、剖面图和详图的绘制。第4章为透视图和轴测图绘制，主要内容有透视的基本知识，透视图的绘制，透视图中阴影的绘制和轴测投影图的绘制；下篇为CAD制图，包括第5～10章；第5章为AutoCAD的基础知识，主要内容有AutoCAD的功能、界面、命令输入方式、操作对象选取、绘图环境设置和视图显示操作等。第6章为二维图形的基本绘图命令，主要内容有点、线形对象、矩形和正多边形、曲线对象的绘制，创建与编辑块，图案填充等。第7章为AutoCAD常用编辑命令，主要内容有常用编辑命令的基本功能及使用方式。第8章为应用AutoCAD注释建筑图形，主要内容有建筑制图中的文字标注和尺寸标注。第9章为应用AutoCAD绘制建筑工程图样，主要内容包括AutoCAD软件绘制建筑工程图样的方法与步骤。第10章为图形打印及输出。

本书既可作为高等学校高职高专建筑装饰专业、室内设计专业及相关专业的教材，也可作为建筑装饰企业及设计监理等工程咨询单位人员的参考书。

图书在版编目(CIP)数据

建筑装饰工程制图与CAD/赵克理，左春丽主编. --北京：清华大学出版社，2015(2021.8重印)
(全国高职高专建筑装饰专业规划教材)
ISBN 978-7-302-39755-7

Ⅰ. ①建… Ⅱ. ①赵… ②左… Ⅲ. ①建筑装饰—计算机辅助设计—AutoCAD 软件—高等职业教育—教材 Ⅳ. ①TU238-39

中国版本图书馆 CIP 数据核字(2015)第 071344 号

责任编辑：桑任松
封面设计：刘孝琼
责任校对：周剑云
责任印制：宋 林

出版发行：清华大学出版社
       网 址：http://www.tup.com.cn, http://www.wqbook.com
       地 址：北京清华大学学研大厦 A 座   邮 编：100084
       社 总 机：010-62770175   邮 购：010-62786544
       投稿与读者服务：010-62776969, c-service@tup.tsinghua.edu.cn
       质量反馈：010-62772015, zhiliang@tup.tsinghua.edu.cn
       课件下载：http://www.tup.com.cn, 010-62791865
印 装 者：三河市龙大印装有限公司
经 销：全国新华书店
开 本：185mm×260mm   印 张：20.25   字 数：489千字
版 次：2015 年 7 月第 1 版   印 次：2021 年 8 月第 6 次印刷
定 价：49.00 元

产品编号：048180-02

前　言

随着我国高等职业技术教育改革的不断深化，高职院校在人才培养模式、课程体系、教材内容以及教学方法等方面已经发生了质的变化。现代认知心理学将知识分为陈述性知识、程序性知识和策略性知识三大类，而针对陈述性知识关于事实"是什么"和程序性知识"怎么办"的知识应有不同的教学设计，已经被教育界所广泛接受。技术技能型人才培养所传授的技术知识既包括技术原理的陈述性知识，也包括与行动有关的程序性和策略性知识，但以后者为主。

以往由陈述性知识传授方法为主所形成的传统课程体系、教材内容以及教学方法正受到来自以程序性知识教育为主的职业技术教育的挑战。因为，程序性和策略性知识的获取强调了学习者主动的身心投入，而不是以教师为主体的被动性经验给予。在此背景下，原有教材体系和教材内容的调整与教学方法改革已成为高等职业技术教育人才培养寻求突破的关键。编者根据我国高职高专技术技能型人才培养的总体目标和要求，结合多年的教学改革实践与研究工作，编著了本书，旨在满足新形势下教师教学和学生学习的需要。本书具有以下特点。

1. 内容设置合理实用

本书在编写过程中，将全书内容划分为陈述性知识和程序性知识两大部分，并建议依据不同的知识类型采取不同的教学方式。陈述性知识如投影理论和每章节的原理性知识可采取传统的教师课堂讲授方式，而大量的程序性知识，该教材建议采取任务驱动的教学方式，即学生在教师的引导和辅助下，采取正确的策略完成具体的项目任务以实现知识的学习与技能的掌握，同时训练学生解决问题的策略。对于理论性较强的陈述性知识不强调精与深，以够用和理解为度。本书重点集中于培养学生徒手和使用 CAD 软件绘制施工图的能力和完成任务的策略训练上，体现了国内高等职业技术教育课程教学改革的最新动态。

2. 学生绘图能力的掌握循序渐进

培养学生徒手和使用 CAD 软件绘制施工图的能力是编制本书的主旨，获得与"做"相关的技能和程序性知识在教材内容中占据主导地位。所以，课程教学的重要目标是以任务为载体，先按照绘图步骤和规则进行制图操作，然后在掌握规则与步骤的基础上通过由简入繁、由基础到实用、由局部到整体、由徒手到计算机软件应用一系列环环相扣的任务训练，使熟练的操作最终转化为一项职业基本技能。

3. 教学做一体化的教材框架

本书基于对所传授知识的分类研究和课程培养目标的准确把握，教材内容整体框架除极少量的理论需要教师课堂传授外，主体内容均以任务为载体，学生在完成任务的过程中掌握与制图相关的知识、技能与策略。整个教学过程真正体现出以学生为主体，在教师的辅助下"做中学""学中做"的新型师生教学关系。需要强调的是，教师角色的转变并非意味着对教师教学功能的削弱，而是要求教师将更多的注意力集中于对每位学生学习能力的了解，以及针对学生具体操作过程中存在问题提出积极的解决方案并加以实施上，彻底摒弃那种以教师为中心，以传授知识为目的的传统教学方法。书中每节的任务既是教学内容也是学生所要完成的项目，所以本书没有像其他教材那样配置专门的作业练习册。

本书由赵克理、左春丽任主编，陈桂如、李美君任副主编。具体分工为：赵克理编写上篇第1、2、4章；陈桂如编写上篇第3章；左春丽编写下篇7、9章；李美君编写下篇5、6、8、10章。全书由赵克理负责统稿。

目前我国高等职业技术教育改革已经进入微观的课程和教学方法改革阶段，如何提高教学质量，提高学生的工程实践能力，提高学生就业竞争力已成为大家关注的焦点。作者将多年来从事工程制图与CAD课程教学的实践与探索，按照教改新思路编著成教材，以尽绵薄之力。由于作者水平有限，另加时间仓促，书中难免会存在谬误和不足，希望广大同仁在使用过程中能提出意见和建议，以便今后不断地完善。

编　者

目　　录

上篇　建筑装饰工程制图

下篇　CAD制图

绪　　论

工程图样被喻为"工程技术界的语言"，是表达、构思、分析、交流技术思想的基本工具和工程技术部门指导生产、施工管理等必不可少的技术文件资料。建筑和室内装饰工程都是先进行设计，绘制图样，然后按图样进行施工的。所以高等职业技术院校所培养的高级技术技能型人才都必须具备运用徒手和计算机软件熟练绘制本专业工程图样的能力。

1. 课程的性质与任务

"工程制图与 CAD"课程是室内设计技术、建筑装饰技术、环境艺术设计以及城市规划等专业的一门重要的专业基础课，主要培养学生了解与工程图样相关的基本投影理论和绘制、阅读工程图样的基本方法，以及绘制建筑、室内透视与阴影的方法与技巧，目的在于使学生掌握绘图技能和读图能力，为后续的专业课学习、顶岗实习和毕业设计打下坚实基础。

本课程的主要任务如下。

(1) 学习投影法，特别是正投影法的基本理论及其应用。

(2) 能正确地掌握使用绘图工具和计算机软件绘制工程图样的基本技能。

(3) 学习、贯彻了解和掌握最新的国家制图标准及其他有关规定。

(4) 培养熟练阅读本专业的工程图样的基本能力。

(5) 掌握建筑、室内空间透视与阴影作图的基本方法。

(6) 掌握 CAD 绘制建筑工程、建筑装饰工程图样的基本方法。

(7) 培养认真负责的工作态度和严谨细致的工作作风。

2. 课程的内容与要求

本课程分上下两篇，上篇主要介绍工程制图的基本知识和技能、建筑工程制图、建筑装饰工程制图、透视与阴影制图等内容，下篇主要介绍计算机 CAD 绘图。课程的主要内容与要求如下。

1) 工程制图的基本知识和技能

通过学习，掌握正投影法的基本原理，熟悉国家基本制图标准，学会正确使用绘图工具和仪器，掌握尺规绘图的基本方法与技巧。

2) 建筑工程制图

通过学习与训练，熟练掌握建筑工程平面图、立面图、剖面图、详图的绘制和相关国家标准要求，熟练掌握该类工程图的读图方法与步骤。

3) 建筑装饰工程制图

在建筑工程制图技能的基础上，掌握建筑装饰工程平面布置、立面图、详图的绘制方法与技巧，掌握建筑装饰行业工程制图规范的标准和要求，熟练掌握该类工程图的读图方法与步骤。

4) 透视图与轴测图绘制

通过学习与训练,掌握建筑与室内一点、两点透视图及阴影的画法,掌握单体建筑、建筑群和室内空间轴测图的画法。

5) CAD 制图

通过计算机 CAD 绘图的学习,了解计算机绘图系统的组成及 CAD 软件的基本操作方法,掌握利用 CAD 绘图软件绘制工程图的方法与技能。

3. 课程的学习方法建议

程序性知识学习的特殊性要求彻底改变教师传统的教学方法与学生的学习方法,而以任务为载体,教师辅助学生制定完成任务的策略,并辅导学生在完成具体制图任务的过程中学习必要的理论知识和掌握完成此任务所涉及的技能训练,成为该门课程教学的主要特点。具体建议如下。

(1) 严格遵守国家制图标准的各项规定,自觉培养正确使用制图工具和仪器的习惯,养成认真负责的工作态度和严谨细致的工作作风。

(2) 努力培养学生的空间想象力,即平面图形与空间形体的转换过程,这是对该专业能力的最基本要求。

(3) 无论是手工制图还是 CAD 制图,应保质保量地完成教师制定的工作任务,并认真总结每一任务完成时的策略和效果,做到举一反三。

(4) 工程制图各环节的学习任务实践性较强,在学习过程中应多注意观察身边周围建筑物的内部结构与构造,有条件的最好到建筑或室内装修施工现场参观,以加深对工程施工图图示方法和图示内容的理解。

(5) 逐步增强自学能力,随着技能掌握进程的不断深入,必须学会通过自己阅读相关资料来解决训练任务中遇到的各种疑问,并以此作为培养今后查阅有关标准、规范、手册等资料来解决工程实际问题能力的起点。

4. 对教师的特别建议

高等职业技术教育要实现高技术技能型人才的培养目标,为学生建构适应当代经济发展环境和终身学习理念的知识、能力和素质结构,必须彻底改变以往传统的教育思想、教育观念和教学方法。本教材所涉及的知识既包括陈述性知识,也包括程序性知识,还包括策略性知识,对程序性知识的教与学一定有别于对陈述性知识的教与学。这就要求教师首先要摒弃过去以我为主的三段式单一教学方法,而树立以学生为主体的理念,引入工学结合、任务驱动的教学观念,使学生在完成某一具体制图任务的过程中学习与此相关的理论与知识,真正体现出教学过程的"做中学"与"学中做"。教师角色的转换对教师提出了更高的要求,从任务的具体设定,任务完成策略的制定,到任务完成后学生能力的评价,均需精心组织和实施。对于一些陈述性知识也不一概排除以教师为主的课堂讲授。相信通过广大同仁的努力,一定能够寻找到适于"工程制图与 CAD"这门课程的有效的教学方法。

上篇　建筑装饰工程制图

第1章　工程制图的基本知识

教学提示

1. 本章主要内容

(1) 投影的基本知识。

(2) 常用制图工具的使用。

(3) 常用制图的标准介绍，如图幅、图线、字体、图纸比例和尺寸标注等。

2. 本章学习任务目标

(1) 掌握正投影的形成原理及投影特性。

(2) 熟悉绘图工具的正确使用方法。

(3) 掌握各种线型的画法，掌握图纸比例的概念和应用。

(4) 掌握长仿宋字的书写要领，学会写好长仿宋字。

(5) 掌握尺寸标注的要求。

(6) 掌握基本几何作图的方法与技巧。

3. 本章教学方法建议

本章课堂教学设计中，建议采用教师讲授、示范与学生练习相结合的方法。通过教师的讲授与示范，使学生系统地了解投影和工程制图的基本知识，制图中相关的国家标准。通过练习使学生基本掌握制图的方法与步骤和基本几何作图方法，为后面的制图打下良好基础。

1.1　投影的基本知识

1.1.1　投影的形成

日常生活中，物体在光线照射下会留下影子，这就是落影现象。人们从这个现象中认识到光线、物体和影子之间的关系，并逐渐归纳出了在平面上表达物体形状、大小的投影原理和作图方法。

然而，我们生活中所见到的各种影子与工程图纸所反映的投影是有区别的。前者只能反映物体的外部轮廓而内部则漆黑一片；后者既能反映出物体清晰的外部轮廓，同时还能反映出其内部的情况，并依此来表达物体的形状和大小，如图 1-1 所示。

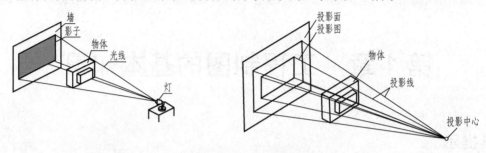

图 1-1　影子与投影

因此，要形成工程图纸所要求的投影，应该有三个假定条件：一是假设光线能够穿透物体；二是光线穿透物体的同时能反映其内外轮廓线；三是对形成投影光线的投射方向做出相应的规定，以便得到所需要的投影。在投影理论中，我们把发出光线的光源叫投影中心，光线称投射线或投影线，落影的平面称为投影面，通过投射线将物体投射到投影面上所得到的图形称之为投影，由投影表示物体形状和大小的方法称之为投影法，用投影法所画出的物体的图形称之为投影图，如图 1-2 所示。

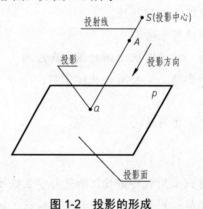

图 1-2　投影的形成

1.1.2　投影的分类

投影分中心投影和平行投影两大类。

1. 中心投影

投影线在有限远处相交于一点(投影中心)的投影称为中心投影。

如人的视觉、照相、放电影等，具有中心投影的性质。中心投影主要应用于绘制富有逼真感的建筑物立体图，也称透视图，如图 1-3 所示。

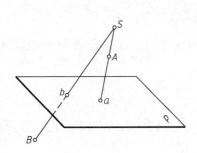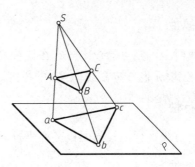

图1-3 中心投影

2.平行投影

由相互平行的投影线投射物体所形成的投影称为平行投影。平行投影根据投影线和投影面的夹角不同，又分为正投影和斜投影两种，如图1-4所示。

平行投射线垂直于投影面所得投影称之为正投影，正投影图是各种工程图纸绘制的基础。

平行投射线倾斜于投影面所得投影称之为斜投影，斜投影图主要应用于绘制建筑等各种形体的轴测图，具有立体的效果。

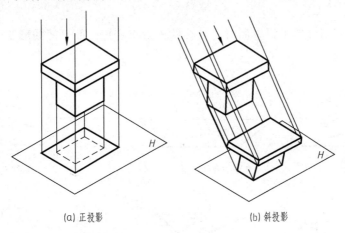

(a) 正投影　　　　　(b) 斜投影

图1-4 平行投影法

由于在大量的各种工程制图中都会使用正投影，所以有必要简单介绍一下正投影的一些基本特征。

1.1.3 正投影的基本特性

如图1-5所示，正投影一般具有如下特点。

1.同素性

一般情况下点的投影仍为点，线段的投影仍为线段。

2. 从属性

点在线段上，则点的投影一定在该线段的同面投影上。例如，点 M 在线段 AB 上，那么点 M 的投影 m 也一定在线段 AB 的投影 ab 上。

3. 平行性

空间两直线平行，其同面投影亦平行。例如，空间直线 $AB /\!/ CD$，其投影 $ab /\!/ cd$。

4. 定比性

点分线段之比，投影后保持不变。空间两平行线之比，等于其投影之比。

5. 积聚性

当直线或平面平行于投影方向时，则直线的投影积聚为点，平面的投影积聚为直线，称积聚性。

6. 实形性(度量性或可量性)

当直线或平面平行于投影面时，直线的投影反映实长，平面的投影反映实形。

7. 类似性

直线或平面图形倾斜于投影面时，直线的投影将变短；而平面图形变成小于原图形的类似形，称类似性。

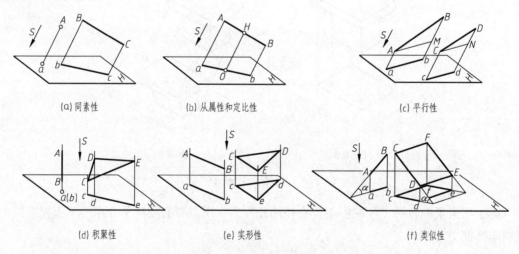

(a) 同素性　　(b) 从属性和定比性　　(c) 平行性

(d) 积聚性　　(e) 实形性　　(f) 类似性

图 1-5　正投影的特性

1.1.4　工程上常用的几种投影图

1. 多面正投影图

优点：作图方便，便于度量，应用最广。

缺点：直观性不强，缺乏投影知识的人不易看懂。

2. 轴测投影图

平行投影的一种。只需一个投影面，可同时反映空间形体的三维，如图1-6所示。

优点：直观性强。在一定条件下也能直接度量。

缺点：绘制较费时。表示物体形状不完全。一般作正投影图的辅助图纸。

3. 透视投影图

透过一个假想的透明平面来观察某一空间形体，然后把观察到的视觉印象描绘到该平面上，就可以得到一幅反映这一空间形体的平面图像。由于用该种投影方法获得的平面图像富于立体感和空间感，十分接近人的视觉印象，所以在建筑设计、室内设计、景观设计、家具设计等领域广泛运用。透视投影图可供客户对这些产品予以评价和欣赏，如图1-7所示。

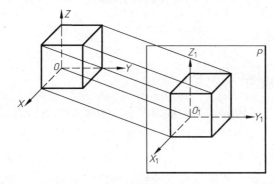

图 1-6　轴测投影

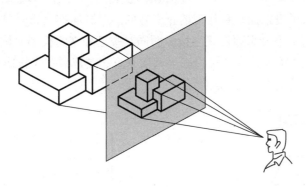

图 1-7　透视投影

优点：图形十分逼真。

缺点：不能度量，绘制复杂。

4. 标高投影图

正投影的一种，主要用来表示地形。标高投影是采用地面等高线的水平投影，并在上面标注出高度的图示法，如图1-8所示。

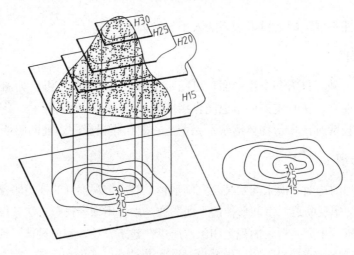

图 1-8 标高投影

1.1.5 三投影面体系

1. 三投影面体系的建立

单一正投影不能完全确定物体的形状和大小，如图 1-9 所示的三个形体各不相同，但它们一个方向的正投影图是完全相同的。因此形体必须具有两个或两个以上方向的投影才能将形体的形状和大小反映清楚。一般来说，用三个相互垂直的平面做投影面，用形体在这三个投影面上的三个投影，才能较完整地表达形体的空间几何形状。这三个相互垂直的投影面，称为三投影面体系。其中，水平方向的投影面称为水平投影面，用字母 "H" 表示，也称 H 面；与水平投影面垂直相交的正立方向的投影面称为正立投影面，用字母 "V" 表示，也称 V 面；与水平投影面及正立投影面同时垂直相交的投影面称为侧立投影面，用字母 "W" 表示，也称 W 面。这三个投影面两两垂直相交形成三个投影轴：OX，OY，OZ。三轴的交点 O 称为原点，如图 1-10 所示。

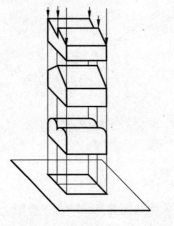

图 1-9 单一投影不能确定物体的空间形状

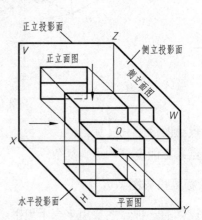

图 1-10 三面正投影图的形成

2. 三面投影图的形成

将形体置于三投影面体系中的适当位置，然后用三组分别垂直于三个投影面的平行投影线进行投影，即可得到三个正投影图，如图 1-10 所示。

由于三个投影面是互相垂直的，所以三个投影图也就不在同一平面上。为了把三个投影图画在同一平面上，就必须将三个互相垂直的投影面连同三个投影图展开，V 面保持不动，将 H 面绕 OX 轴向下旋转 $90°$，W 面绕 OZ 轴向右旋转 $90°$，使它们和 V 面处在同一平面上。这时 OY 轴分为两条，一条为 OY_H，一条为 OY_W 轴。投影面旋转后得到的投影图就是形体的三面正投影图，也称三视图。V 面投影即为主视图，H 面投影即为俯视图，W 面投影即为左视图，如图 1-11 所示。

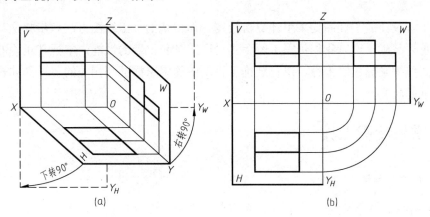

图 1-11　三个投影面的展开

3. 三面投影图的投影规律

三面投影图具有下列投影规律：正立面图能反映形体的正立面形状，形体的高度和长度及其上下、左右的位置关系；平面图能反映形体的水平面形状，形体的长度和宽度及其左右、前后的位置关系；侧立面图能反映形体的侧立面形状，形体的高度和宽度及其上下、前后的位置关系。三个投影图之间的关系可归纳为"长对正、高平齐、宽相等"的三等关系，即平面图与正立面图长对正(等长)，正立面图与侧立面图高平齐(等高)，平面图与侧立面图宽相等(等宽)，如图 1-12 所示。

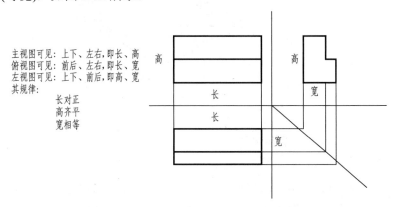

图 1-12　三面正投影图的投影规律

1.1.6 三面投影图的应用

三面投影图被广泛应用于建筑工程、建筑装饰工程、室内设计、园林景观设计、家具设计、机械设计等领域，只是各专业根据自身工程特征，依其图示原理有针对性地选择其中的展示方式和图示内容的方式，如建筑工程施工图就是按照三面正投影规律选择正投影，并根据国家统一的绘图标准要求来展示建筑内外部特征。

1.2 建筑装饰工程制图的基本知识

目前工程设计的工程图均采用计算机绘图，但传统的手工绘图方法和步骤是学习计算机绘图的重要基础，所以我们仍需了解手工绘图工具和仪器的性能，掌握其正确的使用方法和技能，熟练掌握建筑工程、建筑装饰工程制图的国家标准和相关的各项具体规定，确保工程图纸的质量。

1.2.1 常用绘图工具

1. 图板和丁字尺

图板是手工制图的主要工具之一，是专门用来固定图纸的长方形木板，要求板面平整光滑。图板有三种规格，即 0 号(900 mm×1200 mm)、1 号(600 mm×900 mm)和 2 号(400 mm×600 mm)，学习时多采用 1 号和 2 号图板。图板不能受潮、暴晒和重压，以防变形。为保持板面平滑，贴图纸时宜用透明胶纸，不能用图钉。不画图时可将图板竖立保管，并注意保护工作边，如图 1-13 所示。

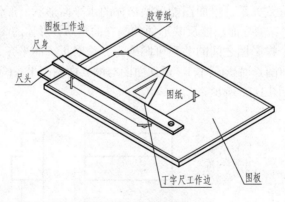

图 1-13 图板和丁字尺

丁字尺是由相互垂直的尺头和尺身组成的。丁字尺与图板配合可画水平线。使用时必须将尺头内侧靠紧图板左侧导边，上下推动，并将尺身上边沿对准画线位置，然后按住尺身，自上而下执笔从左向右画线。使用时，只能将尺头靠在图板左侧导边，不能靠右边和上、下边使用，也不能在尺身的下边画线。不要用小刀靠在工作边上裁纸。不用时，应将丁字尺倒挂在墙上，以防尺身变形和尺头松动，如图 1-14 所示。

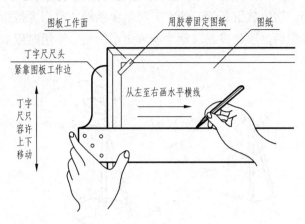

图 1-14 水平线的绘制

2. 三角板

一副三角板有两块，其中一块是两个锐角分别是 30°、60° 的直角三角板，另一块是两个锐角均为 45° 的等腰直角三角板。三角板主要用来配合丁字尺画铅垂线和 30°、45°、60° 等各种特殊角，两块三角板配合使用可画 15°、75° 特殊角，如图 1-15 和图 1-16 所示，还可推画任意方向的平行线。因三角板一般是用有机材料制成的，所以应避免碰摔和刻划，以保持各边平直。

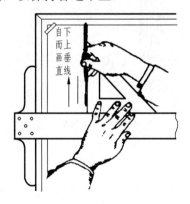
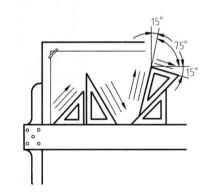

图 1-15 竖直线的绘制　　　　图 1-16 画 15°、30°、45°、60°、75° 角的方法

3. 圆规、分规、小圆规

圆规是用来画圆和圆弧的工具。圆规的一条腿是钢针，另一条腿是活动插腿，可更换铅笔插腿和鸭嘴插腿，分别用来绘铅笔圆和墨线圆，如安装钢针插腿可作分规使用，如图 1-17 所示。

分规是用来量取线段和等分线段的工具，使用分规时应注意将分规两针尖调平，如图 1-18 所示。

小圆规是用来画直径小于 5 mm 小圆的工具。使用时用大拇指和中指提起套管，用食指按下针尖对准圆心，然后放下套管，使笔尖与纸面接触，再用大拇指及中指轻轻转动套管即可画出小圆，画完后，要先提起套管才能拿走小圆规。不用时应放松弹片，以保护弹性，如图 1-19 所示。

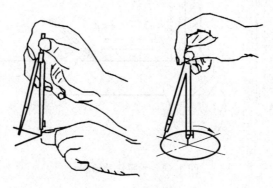

图 1-17 圆规的用法

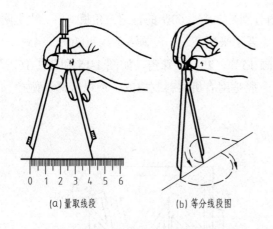

(a) 量取线段　　　　　(b) 等分线段图

图 1-18 分规的用法

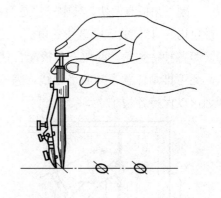

图 1-19 小圆规的用法

4. 模板和擦图片

为了提高绘图的速度和质量，可以把图纸上常用的一些符号(如各种直径的圆、不同边长的正方形、室内的卫生设备等)刻画在透明有机玻璃板上，制成模板使用。擦图片是用透明塑料或不锈钢制成的薄片，薄片上刻有各种形状的模孔，用于修改错误图纸。使用时将画错的线在擦图片上适当的孔内露出来，再用橡皮擦拭，以免影响邻近的线条，如图 1-20 所示。

5. 其他绘图工具

其他绘图工具包括直线笔(也称鸭嘴笔，是描图上墨线的工具)、绘图笔(又称针管笔，是代替直线笔的上墨、描图新型工具)、曲线板(用来描绘非圆曲线的工具)及比例尺(用于放大或缩小实际尺寸的一种尺子)。

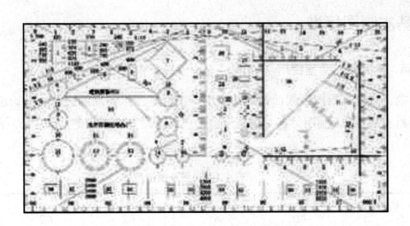

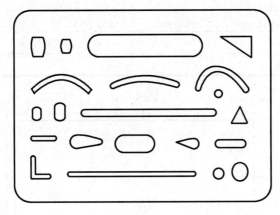

图 1-20　模板与擦图片

1.2.2　绘图用品

1. 图纸

图纸有绘图纸和描图纸两种。绘图纸用于绘制铅笔图，要求纸面洁白、质地坚硬、橡皮擦后不易起毛。要注意识别正反面，用橡皮在图纸边上试擦，不起毛的是正面。

描图纸又称硫酸纸，是用于描绘图纸并以此作为复制蓝图用的底图，注意不能使之受潮。

2. 绘图铅笔

绘图铅笔有软硬之分，其型号以铅芯的软硬度来划分。笔端字母 B 表示软铅芯，H 表示硬铅芯，HB 表示中等软硬度铅芯；B 前的数字愈大表示铅芯愈软，H 前的数字愈大表示铅芯愈硬。H、2H 常用于打底稿，HB、B 用于加深图线，写字常用 H、HB 型铅芯。铅笔应从没有标志的一端开始使用，以便保留标记辨认软硬。

3. 其他用品

除上述用品外，绘图用品还有墨水、胶带纸、橡皮、刀片、擦图片、软毛刷、砂纸、模板等。

1.2.3 基本制图标准

1. 图幅、标题栏、会签栏

(1) 图幅。图幅是指图纸幅面的尺寸大小，图框是图纸四周的边框，无论图纸是否装订，均应用粗实线画出。制图标准对图框至图纸边缘的距离做了规定，参见表1-1和图1-21所示。

表1-1 幅面及图框尺寸　　　　　　　　　　　　　　　　　　单位：mm

尺寸代号 ＼ 幅面代号	A0	A1	A2	A3	A4
$b×l$	841×1 189	594×841	420×594	297×420	210×297
c	10			5	
a	25				

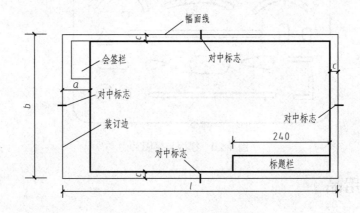

图1-21 A0～A3横式幅面

注意：　(1) 图纸的短边一般不应加长，长边可加长，但应符合规定，参见表1-2。

(2) 一般A0～A3图纸宜横式使用，必要时也可立式使用，A4应立式使用。

(3) 选用图幅时应以一种图幅为主，尽量避免大小幅面掺杂使用，以方便装订管理，一般不宜多于两种幅面。

表1-2 图纸长边加长尺寸　　　　　　　　　　　　　　　　　　单位：mm

幅面尺寸	长边尺寸	长边加长后的尺寸
A0	1 189	1 486、1 635、1 783、1 932、2 080、2 230、2 378
A1	841	1 051、1 261、1 471、1 682、1 892、2 102
A2	594	743、891、1 041、1 189、1 338、1 486、1 635、1 783、1 932、2 080
A3	420	630、841、1 051、1 261、1 471、1 682、1 892

(2) 标题栏。每张图纸的右下角必须有标题栏(简称图标)。标题栏的格式如图 1-22 所示，包括工程名称、设计单位名称、图名、图号、设计号及制图、设计、审核人等的签名和日期等。

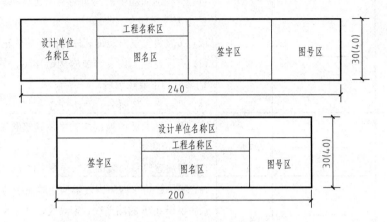

图 1-22 标题栏格式

(3) 会签栏。需要会签的图纸应在图纸规定的位置画出会签栏，如图 1-21 所示，作为图纸会审后各工种负责人签字用，其格式如图 1-23 所示。一个会签栏不够时，可另加一个，两个会签栏并列；不需会签的图纸可不设会签栏。

专业	实名	签名	日期

图 1-23 会签栏格式

💡 **注意：** 有的单位也可根据需要自行确定标题栏及会签栏的格式；制图作业中国家标准的栏目和尺寸可简化或自行设计，不需会签栏。

2. 图线

建筑和建筑装饰工程图中，为了表达图纸不同的内容，并使图纸主次分明，绘图时必须采用不同的线型和线宽来表示设计内容。

(1) 图线的种类。常用的图线分为实线、虚线、点划线、折断线和波浪线等，表 1-3 依据国家标准《房屋建筑制图统一标准》(GB/T 50001)的规定，列出了房屋建筑和室内装饰设计常用线型。

表 1-3　线型

名　称		线　型	线　宽	一般用途
实线	粗	———	b	(1) 平、剖面图中被剖切的房屋建筑和装饰装修构造的主要轮廓线 (2) 房屋建筑室内装饰装修立面图的外轮廓线 (3) 房屋建筑室内装饰装修构造详图、节点图中被剖切部分的主要轮廓线 (4) 平、立、剖面图的剖切符号
	中粗	—	$0.7b$	(1) 平、剖面图中被剖切的房屋建筑和装饰装修构造的次要轮廓线 (2) 房屋建筑室内装饰装修详图中的外轮廓线
	中	—	$0.5b$	(1) 房屋建筑室内装饰装修构造详图中的一般轮廓线 (2) 小于 $0.7b$ 的图形线、家具线、尺寸线、尺寸界线、索引符号、标高符号、引出线、地面、墙面的高差分界线等
	细	—	$0.25b$	图形和图例的填充线
虚线	中粗	– – – –	$0.7b$	(1) 表示被遮挡部分的轮廓线 (2) 表示被索引图纸的范围 (3) 拟建、扩建房屋建筑室内装饰装修部分轮廓线
	中	– – – – –	$0.5b$	(1) 表示平面中上部的投影轮廓线 (2) 预想放置的房屋建筑或构件
	细	– – – – – –	$0.25b$	表示内容与中虚线相同，适合小于 $0.5b$ 的不可见轮廓线
单点长划线	中粗	— - —	$0.7b$	运动轨迹线
	细	— - —	$0.25b$	中心线、对称线、定位轴线
折断线	细	—／\—	$0.25b$	不需要画全的断开界线
波浪线	细	～～～	$0.25b$	(1)不需要画全的断开界线 (2)构造层次的断开界线 (3)曲线形构件断开界限
点线	细	·········	$0.25b$	制图需要的辅助线
样条曲线	细	～	$0.25b$	(1) 不需要画全的断开界线 (2) 制图需要的引出线
云线	中	∾∾∾	$0.5b$	(1) 圈出被索引的图纸范围 (2) 标注材料的范围 (3) 标注需要强调、变更或改动的区域

(2) 线宽组。工程图纸一般使用粗线、中粗线、细线三种线宽，其比例规定为 b：$0.5b$：$0.25b$。每张图纸，应根据复杂程度与比例大小，先选定基本线宽 b，再选用表 1-4 中相应的线宽组。在同一张图纸上，相同比例的图纸，应选用相同的线宽组。

表 1-4　线宽组

线 宽 比	线宽组(mm)					
b	2.0	1.4	1.0	0.7	0.5	0.35
$0.5b$	1.0	0.7	0.5	0.35	0.25	0.18
$0.25b$	0.5	0.35	0.25	0.18	—	—

注：a. 需要微缩的图纸，不宜采用 0.18mm 及更细的线宽；

　　b. 同一张图纸内，各不同线宽中的细线，可统一采用较细线宽组的细线。

(3) 图线的画法要求。工程图中的图线应清晰整齐、均匀一致、粗细分明、交接正确。

① 相互平行的图线其间隙不宜小于其中的粗线宽度且不宜小于 0.7 mm。

② 虚线、点划线或双点长划线的线段长度和间隔，宜均匀相等。

③ 点划线或双点划线的两端，不应是点。点划线与点划线交接或点划线与其他图线交接时，应是线段交接。

④ 虚线与虚线交接或虚线与其他图线交接时，应是线段交接；虚线为实线的延长线时，不得与实线连接。

⑤ 图线不得与文字、数字或符号重叠、混淆，不可避免时，应首先保证文字等的清晰。

⑥ 波浪线以及折断线中断处的折线采用徒手绘制。

3. 字体

建筑工程图上常用文字有汉字、拉丁字、阿拉伯数字、罗马数字及各种符号。书写时均应笔画清晰、字体端正、排列整齐。

1) 汉字

汉字的书写，应采用长仿宋体，必须符合国务院公布的《汉字简化方案》，用简化字书写。长仿宋字的字高，应从如下系列中选用：3.5、5、7、10、14、20(mm)。字体的高度为宽度的 $\sqrt{2}$ 倍，长仿宋字的高度与宽度的关系，应符合表 1-5 的规定。

表 1-5　长仿宋字高宽关系　　　　　　　　　　　　　　　单位：mm

字高	20	14	10	7	5	3.5	2.5
字宽	14	10	7	5	3.5	2.5	1.8

为了保证字体大小一致，整齐均匀，初学长仿宋字时应先打格子，然后书写，如图 1-24 所示。

书写要领：衡平竖直、起落分明、粗细一致，钩长锋锐、结构均匀、充满方格，基本笔画书写及要点如图 1-25 所示。

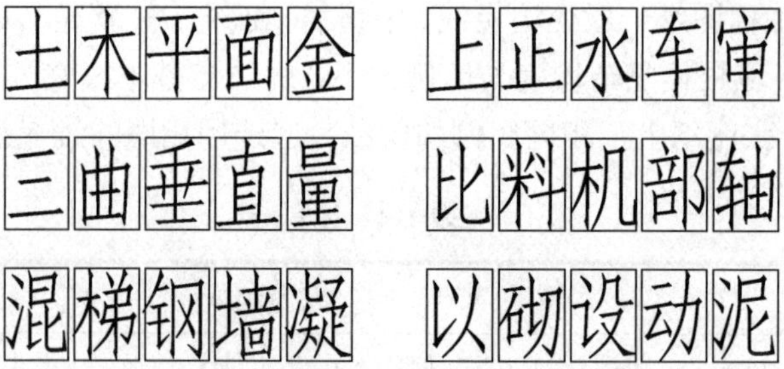

土木平面金　　上正水车审

三曲垂直量　　比料机部轴

混梯钢墙凝　　以砌设动泥

图 1-24　长仿宋字的结构布局

名称	笔　画	要　点	名称	笔　画	要　点
横	三平一	横以略斜为自然，运笔时应有起落，顿挫棱角一笔完成	横钩	序安欠	由两笔组成，末笔笔锋应起重落轻钩尖如针
竖	上十下	竖要垂直，运笔同横	弯钩	尤武心地	由直转弯，过渡要圆滑
撇	先今方	撇应同字格对角线基本平行，运笔时起笔要重，落笔要轻	挑	北求均	起笔重，落笔尖细如针
捺	大来延	捺也应同字格对角线基本平行，运笔时起笔要轻，落笔要重，与撇正好相反	点	热沙立	
竖钩	才剖倒	竖要挺直，钩要尖细如针			

图 1-25　长仿宋字基本笔画写法

2) 数字和字母

数字和字母在图纸上可书写成正体和斜体两种，同一张图纸上必须统一。如写成斜体，其斜度应从字的底线逆时针向上倾斜 75°，如图 1-26 和图 1-27 所示。斜体字的高度与宽度应与相应的正体字相等，在汉字中的拉丁字、阿拉伯数字和罗马数字，其高度宜比汉字字高小一号，但不应小于 2.5 mm。

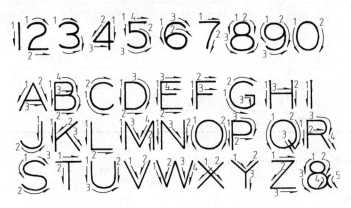

(a) 拉丁字

(b) 阿拉伯数字

(c) 罗马数字

图 1-26 数字与字母

图 1-27 阿拉伯数字与拉丁字的写法及笔顺

4. 比例

1) 比例的概念

图纸中图形与实物相对应的线性尺寸之比称为比例。比例的大小是指比值的大小，如 1∶50 大于 1∶100。

例：图纸上某线段长为 330mm，而实物上与其相对应的线段长为 33.0 m，那么它的比例等于：

$$比例 = \frac{图样上的线段长度}{实物上的线段长度} = \frac{0.33}{33} = \frac{1}{100} \tag{1-1}$$

2) 比例的注写

在工程图纸上，比例应该以阿拉伯数字表示，如 1∶100，1∶200 等。图纸上的比例应该注写在图名的右侧，字的底线应取平，其字号大小应该比图名的字高小一号或两号，如图 1-28 所示。

平面图 ——— 1：100

6 1：20

图 1-28　比例的注写方式

3) 比例的选用

绘图时所用的比例应该根据图纸的用途及被绘对象的复杂程度从表 1-6 中选用，并应优先选用表中的常用比例。一般情况下，一个图纸应选用一种比例。根据专业制图需要，同一图纸可选用两种比例。

表 1-6　绘图常用比例

比　例	部　位	图纸内容
1：200～1：100	总平面、总顶图	总平面布置图，总顶棚平面布置图
1：100～1：50	局部平面，局部顶棚平面	局部平面布置图、局部顶棚平面布置图
1：100～1：50	不复杂的立面	立面图、剖面图
1：50～1：30	较复杂的立面	立面图、剖面图
1：30～1：10	复杂的立面	立面放大图、剖面图
1：10～1：1	平面及立面中需要详细表示的部位	详图
1：10～1：1	重点部位的构造	节点图

💡 注意：同一图纸中的图纸可选用不同比例。

5. 尺寸标注

尺寸是图纸的主要组成部分，是施工的依据，因此标注尺寸必须做到认真细致、注写清楚、完整正确。

1) 尺寸的组成及要求

图纸上的尺寸由尺寸界线、尺寸线、尺寸起止符号和尺寸数字四部分组成，如图 1-29 所示。

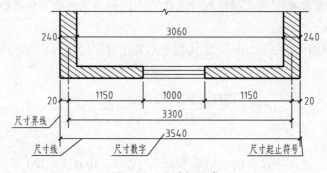

图 1-29　尺寸的组成

尺寸界线：

(1) 应用细实线。

(2) 与被标注长度垂直，一端离开图形轮廓线不小于 2 mm，另一端超出尺寸线 2～3 mm。

(3) 图形的轮廓线以及中心线可用作尺寸界线。

尺寸线：

(1) 应用细实线。

(2) 一般应与被标注长度平行，尺寸线不宜超出尺寸界线。

(3) 中心线、尺寸界线及其他任何图线都不能用作尺寸线。

(4) 尺寸线之间的间隔或与轮廓线的间隔一般为 7～10 mm。

(5) 小尺寸在内，大尺寸在外。

尺寸起止符号：

(1) 方向与尺寸界线成顺时针 45°，斜短画，中粗，长度宜为 2～3 mm。

(2) 半径、直径、角度的尺寸起止符号为箭头。

(3) 当相邻尺寸界线很密时，起止符号可采用小圆点。

尺寸数字：

(1) 实际尺寸，与比例无关。

(2) 工程图中，除标高和房屋总平面图以 m 为单位外，其余均以 mm 为单位，无须注写单位。

(3) 高度一般为 3.5 mm，不小于 2.5 mm。

(4) 注写方向：靠近尺寸线的上方中央，如没足够的注写位置，最外边的尺寸可注写在界线外侧，中间相邻的尺寸可错开注写，也可引出注写，如图 1-30 所示。

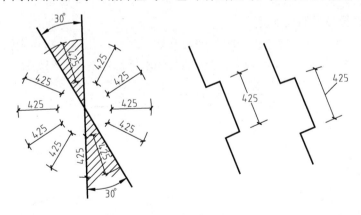

图 1-30　尺寸标注方向与注写

(5) 任何图线都不得穿越尺寸数字，必要时，可将图线断开，如图 1-31 所示。

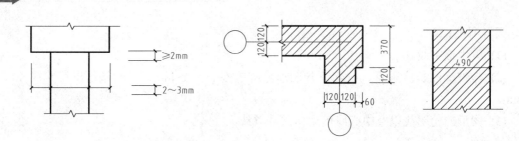

图 1-31　尺寸的注写

2) 尺寸的排列与布置

(1) 互相平行的尺寸，应从被注写的图纸轮廓线由近向远整齐排列，较小尺寸应离轮廓线较近，较大尺寸应离轮廓线较远，如图 1-32 所示。

(2) 图纸轮廓线以外的尺寸线，距图纸最外轮廓之间的距离，不宜小于 10 mm。平行排列的尺寸线的间距，宜为 7~10 mm，并应保持一致。

(3) 总尺寸的尺寸界线应靠近所指部位，中间的分尺寸的尺寸界线可稍短。

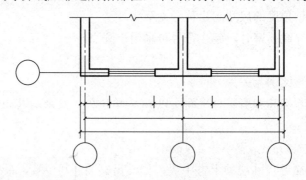

图 1-32　尺寸的排列

3) 半径、直径与球的尺寸标注法

(1) 半径的尺寸标注：尺寸线一端从圆心开始，另一端画箭头指至圆弧。半径数字前应加注半径符号 R。较小圆弧的半径、较大圆弧的半径标注形式分别如图 1-33 所示。

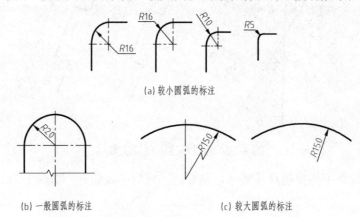

(a) 较小圆弧的标注

(b) 一般圆弧的标注　　　　　(c) 较大圆弧的标注

图 1-33　半径的尺寸标注

(2) 直径的尺寸标注：尺寸线通过圆心，两端画箭头指至圆弧，直径数字前加注直径符号ϕ；较小圆的直径尺寸可引出标注，如图 1-34 所示。

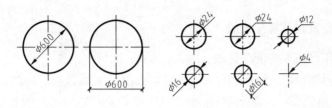

图 1-34　直径的尺寸标注

4) 角度、弧长、弦长的标注

(1) 角度的标注：尺寸线以圆弧表示，角度的两边为尺寸界线，圆弧的圆心是该角的顶点；以箭头表示起止符号，若没有足够位置，可用圆点表示；数字水平注写。

(2) 弧长的标注：尺寸线是以该弧的圆心为圆心所画的圆弧线；尺寸界线应垂直于该圆弧的弦；箭头表示起止，并在数字上方加⌒符号，如图 1-35 所示。

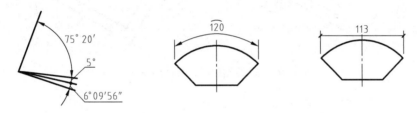

图 1-35　角度、弧长、弦长的标注

(3) 弦长的标注：尺寸线平行该弦，尺寸界线垂直该弦，起止符号用粗短斜线，如图 1-35 所示。

5) 尺寸简化标注

对于一些连续排列的等长尺寸，可以简化标注：个数×等长尺寸=总尺寸，如图 1-36 所示。

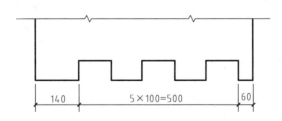

图 1-36　等长尺寸的简化注法

1.2.4　基本几何作图

几何作图就是根据已知条件，以几何学的原理及作图方法，利用绘图工具和仪器，准确、迅速地画出所需图形。各种工程图纸是由直线、曲线所组成的几何图形。为了提高绘图速度和正确性，除正确使用制图仪器和工具外，还必须掌握几何作图的方法。下面介绍一些常用的作图方法。

1. 平行线、垂直线及等分线段

1) 过已知点作已知直线的平行线

作图方法和步骤：将三角板①的一边与已知直线 AB 重合，三角板②与三角板①的另一边靠紧。按住三角板②，推动三角板①至 C 点，过 C 点画直线即为所求平行线，如图 1-37 所示。

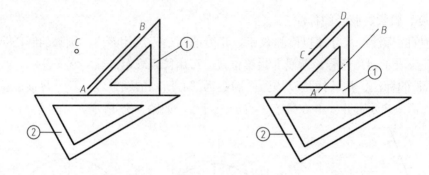

图 1-37　过已知点作已知直线的平行线

2) 过已知点作已知直线的垂直线

作图方法和步骤：将三角板①的一边与已知直线 AB 重合，三角板②的一直角边紧贴三角板①，按住三角板①，平推三角板②的另一直角边至点 C，过 C 点画一直线即为所求垂直线，如图 1-38 所示。

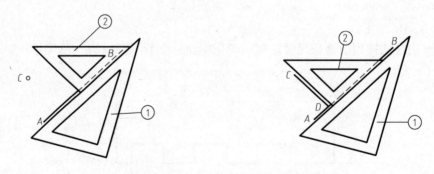

图 1-38　过已知点作已知直线的垂直线

3) 等分直线段

(1) 二等分直线段(作直线的垂直平分线)。

作图方法和步骤：分别以 A、B 两点为圆心，以大于 AB 二分之一的长度为半径作圆弧，得交点 C、D，连接 CD 交 AB 于 M，M 即为 AB 的中点，如图 1-39 所示。

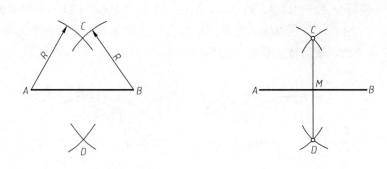

图 1-39　二等分直线段

(2) 任意等分直线段(以五等分为例)。

作图方法和步骤：过点 A 作任意直线 AC，在 AC 上从 A 点起截取相等的五等份，得五个点。连接 $B5$，分别过 4、3、2、1 各点作 $B5$ 的平行线交 AB 于 $4'$、$3'$、$2'$、$1'$各点，即为所求等分点，如图 1-40 所示。

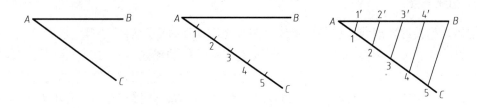

图 1-40　五等分直线段

2. 圆内接正多边形

1) 作已知圆的内接正三边形、正六边形

作图方法和步骤：过圆心作直径 CD，以 D 为圆心，DO 为半径画弧交圆周于 A、B 两点，连接 A、B、C 三点，即为圆的内接正三边形。再以 C 为圆心，CO 为半径画弧交圆周于 E、F 两点，连接 A、E、C、F、B、D 六点，即为圆的内接正六边形，如图 1-41 所示。

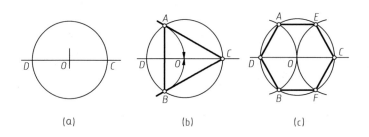

(a)　　　　　　　　(b)　　　　　　　　(c)

图 1-41　圆的内接正三边形、正六边形的作法

2) 作已知圆的内接任意正多边形

作图方法和步骤：以内接正七边形为例。画出已知圆的两条相互垂直的直径 AB、CD；

将 CD 七等分，得等分点 1、2、3、4、5、6 各点；以 D 为圆心，CD 为半径画弧交直径 AB 的延长线于 S_1、S_2 两点；分别以 S_1、S_2 两点连接 CD 上的偶数点，并延长与圆周相交得六个交点，从 C 点开始，顺次连接这些点即为所求正七边形，如图 1-42 所示。

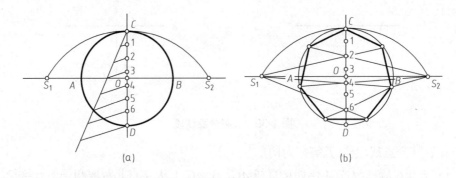

图 1-42　圆的内接正七边形的作法

3. 圆弧连接

物体或构件的轮廓线有些是由直线、圆弧光滑地连接而成的。圆弧连接就是把直线与直线、直线与圆弧、圆弧与圆弧光滑地连接起来，它们的连接点为切点。圆弧连接作图的原理就是相切，在圆弧连接的作图中，我们把用以连接其他直线(或圆弧)的圆弧称为连接圆弧，把连接圆弧与已知直线(或圆弧)的切点称为连接点，连接圆弧的圆心称为连接中心。圆弧连接的形式很多，其关键是根据已知条件准确地求出连接中心和连接点。下面介绍几种常用的圆弧连接方法。

1) 过圆外一已知点作已知圆的切线

作图方法和步骤：连接 OA，作 OA 的中点 O_1；以 O_1 为圆心，OO_1 为半径作圆，与圆 O 交于 B、C 两点；连接 AB、AC；则 AB 和 AC 都是过点 A 与圆 O 相切的切线，如图 1-43 所示。

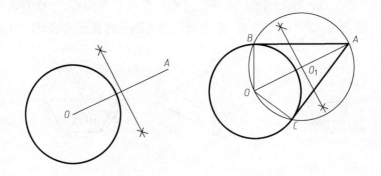

图 1-43　过圆外一点作圆的切线

2) 相交两直线间的连接

两相交直线 AB。BC 间的夹角分别为锐角、直角、钝角，用已知半径为 R 的圆弧连接此两直线。

作图方法和步骤：作分别与 AB、BC 距离为 R 的平行线，两平行线交于点 O，O 点即为连接弧的圆心；自 O 点分别向 AB、BC 作垂直线，垂足 D、E 即为连接点；以 O 点为圆心，R 为半径，从点 E 到点 D 作弧即为所求两相交直线间的连接圆弧，如图 1-44 所示。

3) 圆弧与两已知圆弧连接

(1) 作圆弧与两已知圆弧外连接。

作图方法和步骤：分别以 O_1、O_2 为圆心，$R+R_1$ 及 $R+R_2$ 为半径作弧，两弧相交于 O 点，O 点即为连接弧的圆心；连接 OO_1、OO_2 与两圆的圆周分别交于 M、N 两点，M、N 两点即为连接点；以 O 为圆心，R 为半径，自 N 至 M 作弧，即为所求连接弧，如图 1-45 所示。

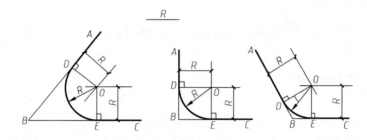

图 1-44　相交两直线间的连接

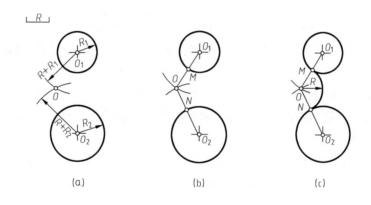

(a)　　　　　　　　(b)　　　　　　　　(c)

图 1-45　作圆弧与两已知圆弧外连接

(2) 作圆弧与两已知圆弧内连接。

作图方法和步骤：分别以 O_1、O_2 为圆心，$R-R_1$ 及 $R-R_2$ 为半径画弧，两弧相交于 O 点，O 点即为连接弧的圆心；连接 OO_1、OO_2 并延长与两圆周分别交于 M、N 两点，M、N 即为连接点；以 O 为圆心，R 为半径，自 N 至 M 作弧，即为所求连接弧，如图 1-46 所示。

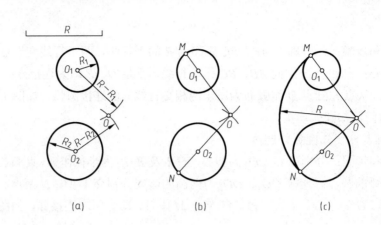

图 1-46　作圆弧与两已知圆弧内连接

1.2.5　几何作图步骤

手工绘制工程图纸时，为了使图纸绘制得正确无误、迅速美观，除了要正确地使用绘图工具、熟练地掌握作图方法以外，还必须按照一定的程序、正确的步骤进行工作。

1. 准备工作

(1) 查阅有关内容、资料，了解所要绘制图纸的内容和要求。

(2) 选择合适的位置，保证有充足的光线。绘图地点的光线应柔和、明亮，并使光线从图板的左前方照射下来。图板上方可略抬高一些，使其倾斜一个角度。

(3) 准备好必需的绘图仪器、工具和用品，并把图板、丁字尺、三角板等擦拭干净，以保证绘图质量和图面整洁。各种绘图仪器和资料应放在绘图桌的右上方，以取用方便、不影响丁字尺的移动为准。

(4) 根据所绘图纸中图形的大小、复杂程度，确定绘图比例，按国家制图标准规定选用合适的图幅，裁好图纸，鉴别图纸的正反面，然后将图纸用胶带纸固定在图板的左下方。固定图纸时，图纸左边至图板边缘的距离宜为 3～5 cm，图纸下边至图板边缘的距离应略大于丁字尺宽度。

2. 画底稿

用铅笔画底稿宜采用 H 或 2H 的铅笔画线，以便于修改。所画线条应轻、淡、细、准，画底稿的步骤如下。

(1) 画出图幅、图框和标题栏。

(2) 选好所画图形的比例，布置好图面，定好图形的中心线或基线。

(3) 先画图形的主要轮廓线，再从大到小，由整体到细部，完成图形所有轮廓线。

(4) 画出尺寸线及尺寸界线及其他符号。

(5) 检查、修正底稿，擦去多余线条。

3. 加深和描图

在检查底稿无误后，即可加深或描图。

铅笔加深时应做到线型粗细分明，符合国家标准的规定，粗线常用 HB 铅笔加深；细线常用 H 或 2H 铅笔适当用力加深；加深圆弧时，圆规的铅芯应比画直线的铅芯软一号，同一张图纸上的同类线条应粗细均匀一致，统一加深。

加深图线的一般步骤：先画细线，后画粗线；先画曲线，后画直线；直线加深时应按照水平线从上到下，竖直线由左到右的顺序依次完成；然后标注尺寸和注释；最后加深图框和标题栏。这样不仅可以加快绘图速度、提高精度，而且还可以减少丁字尺与三角板和图纸之间的摩擦，保证图面清洁。

1.2.6　基本技能训练

1. 字体练习

按照 1.2.3 节介绍的内容和要求，在 A3 图纸上分别临习长仿宋字、拉丁字、阿拉伯数字和罗马字，字号为 10 号。

2. 作图基本技能练习

在 A3 图纸上完成以下任务，要求图面整洁清楚，图线粗细分明，交接正确。

(1) 线型练习，按 1：1 比例铅笔(2H)抄绘。

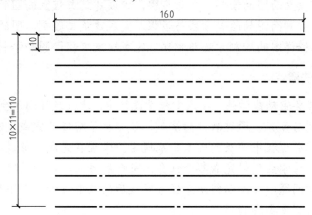

(2) 用 1：20 的比例作一直径为 800mm 的圆，并标注尺寸。

(3) 作出直径为 40mm 的圆内接正五边形和正六边形。

第 2 章　建筑工程施工图绘制

教学提示

1. 本章主要内容

(1) 房屋的基本组成及各部分的作用；建筑工程施工图的种类；建筑工程施工图中的各种符号和图例。

(2) 建筑工程平面图的形成原理、图示内容和识读。

(3) 建筑工程立面图的形成原理、图示内容和识读。

(4) 建筑工程剖面图的形成原理、图示内容和识读。

(5) 建筑工程详图的图示内容和识读。

2. 本章学习任务目标

(1) 了解房屋的基本构成和各部分的作用；熟悉建筑工程施工图中的各种符号及规定画法，了解常用的图例。

(2) 掌握建筑工程平面图的绘制方法与步骤，完成建筑工程平面图的绘制任务。

(3) 掌握建筑工程立面图的绘制方法与步骤，完成建筑工程立面图的绘制任务。

(4) 掌握建筑工程剖面图的绘制方法与步骤，完成建筑工程剖面图的绘制任务。

(5) 掌握建筑工程详图的绘制方法与步骤，完成建筑工程详图的绘制任务。

3. 本章教学方法建议

本章建议采用任务驱动教学法。在课堂教学设计中，建议教师向学生提出明确的任务，以及任务完成的计划与步骤。通过教师的演示，让学生了解任务完成过程中需要掌握的基本技能、具体任务完成过程中涉及的国家标准规定。学生在完成任务过程中教师的辅助作用必不可少，教师应为学生提供完成各个任务的策略和方法，以便及时发现学生在完成任务过程中出现的各种问题，并加以纠正。任务完成后的效果评价也是不可或缺的一环，对下一目标任务的启动有重要影响。

2.1　建筑工程的基本知识

图 2-1 所示为一幢四层楼建筑。第一层为底层(或一层、首层)，往上数为二层、三层、顶层(本例的第四层即为顶层)。房屋由许多构件、配件和装修构造组成。它们有些起承重作用，如屋面、楼板、梁、墙、基础；有些起防风、沙、雨、雪和阳光的侵蚀干扰作用，如屋面、雨篷和外墙；有些起沟通房屋内外和上下交通的作用，如门、走廊、楼梯、台阶

等；有些起通风、采光的作用，如窗；有些起排水的作用，如天沟、雨水管、散水、明沟；有些起保护墙身的作用，如勒脚、防潮层。详细介绍如下。

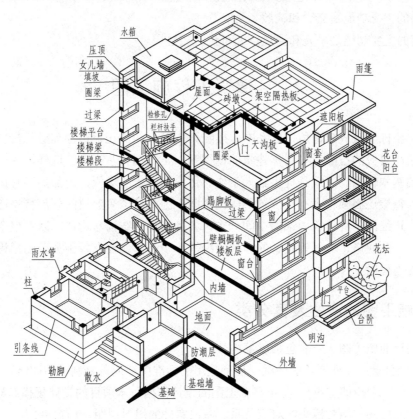

图 2-1　房屋的基本组成

(1) 基础位于墙或柱的最下部，是房屋与地基接触的部分，起支承建筑物的作用，并把建筑物的全部荷载传递给地基。

(2) 墙起抵御风霜雨雪和分隔房屋内部空间的作用。按受力情况可分为承重墙和非承重墙，承重墙起传递荷载给基础的承重作用。按位置和方向分为外墙和内墙，纵墙和横墙。

(3) 柱是将上部结构所承受的荷载传递给地基的承重构件，按需要设置；梁则是将支承在其上的结构所承受的荷载传递给墙或柱的承重构件。

(4) 楼板层、地面将房屋的内部空间按垂直方向分隔成若干层，并承受作用在其上的荷载，连同自重一起传给墙或其他承重构件。

(5) 楼梯是房屋的垂直交通设施。

(6) 屋顶位于房屋的最上部，它是承重结构，也是围护结构，承受作用在其上的荷载，连同自重一起，传给墙或其他的承重构件，同时起抵御风霜雨雪和保温隔热等作用。图 2-1 所示的屋顶是平屋顶，屋面板上设有天沟，屋面上的雨水由天沟经雨水管、室外明沟，排至下水道；外墙伸出屋面向上砌筑的矮墙，称女儿墙，顶部通常还有钢筋混凝土压顶，用来防护女儿墙受雨水浸透和增强女儿墙的整体性；为了递风隔热，在屋面上砌筑了砖墩，上铺架空隔热板,形成屋顶上的一个空气递风层,以减少顶层住户所受的辐射热;此外,屋面上还有供人修理的检修孔,以及供三层和四层住户用水的水箱。

(7) 门的主要功能是交通和疏散。

(8) 窗的主要功能是采光和通风,还可供眺望之用。

2.2 建筑工程施工图

如果将整栋建筑放在直角坐标系中,按照第 1 章介绍的正投影原理进行投影,就会得到这栋建筑相对应的投影,如这栋建筑的俯视图、正视图和左视图。这样,我们就会了解这栋建筑的基本轮廓。建筑是提供给人工作、休息和娱乐的场所,内部除了有供人们上下的楼梯外,每层还必须有大小、位置不同的房间。因此只了解建筑的外部特点还不够,我们还要更为详细地了解建筑内部的空间分布,各种构件的结构与构造,以及整个建筑内部的给排水、采暖通风、电气等设备的布局情况等。于是,就要有各种类型的工程图纸供我们有选择性地使用。

2.2.1 施工图的产生及其分类

一套完整的施工图,一般包括以下内容。

(1) 图纸目录:先列新绘的图纸,后列选用的标准图纸或重复利用的图纸。

(2) 设计总说明(即首页):内容有施工图的设计依据,本项目的设计规模和建筑面积,本项目的相对标高与绝对标高的对应关系,室内室外的用料说明,门窗表。

(3) 建筑施工图(简称建施):包括总平面图、平面图、立面图、剖面图和构造详图。

(4) 结构施工图(简称结施):包括结构平面布置图和各构件的结构详图。

(5) 设备施工图(简称设施):包括给水排水、采暖通风、电气等设备的布置平面图和详图。

2.2.2 施工图图示特点

(1) 施工图中的各图纸,主要用正投影法绘制。通常,在 H 面上作平面图,在 V 面上作正、背立面图和在 W 面上作剖面图或侧立面图。在图幅大小允许下,可将平、立、剖面三个图纸,按投影关系画在同一张图纸上,以便于阅读。如果图幅过小,平、立、剖面图可分别单独画出。

(2) 房屋形体较大,所以施工图一般都用较小比例绘制。由于房屋内部构造较复杂,在小比例的平、立、剖面图中无法表达清楚,所以还要配以大量较大比例的详图。

(3) 由于房屋的构、配件和材料种类很多,为作图简便起见,国家标准规定了一系列的图形符号来代表建筑构配件、卫生设备、建筑材料等,这种图形符号称为图例。为读图方便,国家标准还规定了许多标注符号。

2.2.3 施工图读图注意事项

(1) 应掌握作投影图的原理和形体的各种表达方法。

(2) 要熟识施工图中常用的图例、符号、线型、尺寸和比例的意义。

(3) 由于施工图中涉及一些专业上的问题，故应在学习过程中善于观察和了解房屋的组成和构造上的一些基本情况。

2.2.4 施工图常用符号

1. 定位轴线

在施工图中通常将房屋的基础、墙、柱、墩和屋架等承重构件的轴线画出，并进行编号，以便于施工时定位放线和查阅图纸。这些轴线称为定位轴线。

定位轴线及编号的画法：国家标准规定，定位轴线用细点划线绘制；轴线编号的圆圈用细实线绘制，其直径为 8 mm，在圆圈内写上编号，如图 2-2 所示。

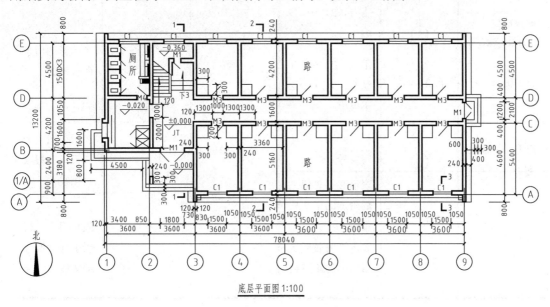

图 2-2 建筑平面图上的定位轴线

在平面图上，水平方向的编号用阿拉伯数字从左向右依次编写(如图 2-2 中的 1～9)；垂直方向的编号用大写拉丁字母自下而上顺次编写(如图 2-2 中 A～E)。I、O 及 Z 三个字母不得作轴线编号，以免与数字 1、0 及 2 混淆。

在较简单或对称的房屋中，平面图的轴线编号一般标注在图形的下方及左侧；较复杂或不对称的房屋，图形上方和右侧也可以标注。

对于一些与主要承重构件相联系的次要构件，其定位轴线一般作为附加轴线，编号用分数表示，如图 2-2 中的"1/A"。分母表示前一轴线的编号，如"A"；分子表示附加轴线的编号，用阿拉伯数字顺序编写。

在画详图时，轴线编号的圆圈直径为 10 mm。通用详图的轴线号，只用圆圈，不注写编号。如一个详图适用于几个轴线时，应同时将各有关轴线的编号注明，如图 2-3 所示。

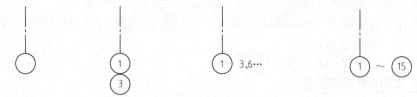

(a)通用详图的轴线号 (b)详图用于两个轴线时 (c)详图用于三个或三个以上轴线时 (d)详图用于三个以上连续编号的轴线时

图 2-3 详图上几种不同的定位轴线编号形式

为了便于查阅，将定位轴线的相关规定内容统计为表 2-1。

表 2-1 定位轴线

名　称	符　号	说　明	名　称	符　号	说　明
横向轴线	①	用 1、2、…、9 编写	详图轴线	① ③	表示详图用于两根轴线
竖向轴线	Ⓐ	用 A、B、…、Y 编写，I、O、Z 不得用		① ③	
通用详图轴号	○	只用圆圈，不注写编号		① 3、6…	表示详图用于三根或三根以上轴线
附加轴线	①/2	表示 2 号轴线之后附加的第一根轴线		① ～ ⑮	表示用于三根以上连续编号的轴线
	③/C	表示 C 号轴线之后附加的第三根轴线			

2. 标高符号

在总平面图和平、立、剖面图上，常用标高符号表示某一部位的高度。各图上所用标高符号以细实线绘制。标高数值以 m 为单位，一般注至小数点后三位(总平面图中为两位数)。图中的标高数字表示其完成面的数值。如标高数字前有"−"号，表示该处完成面低于零点标高。如数字前没有符号，表示该处完成面高于零点标高，如图 2-4 所示。

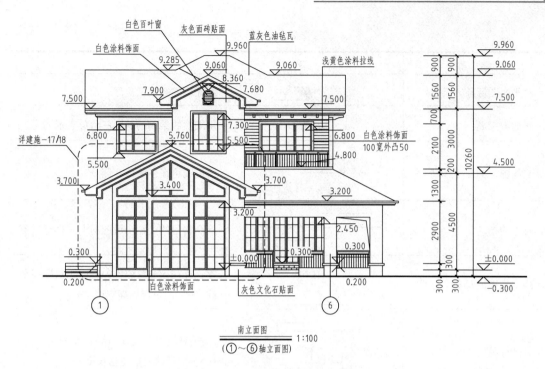

图 2-4　XX 别墅南立面图上的标高

标高符号形式如图 2-5 所示。

图 2-5　标高符号的几种形式

标高符号的画法如图 2-6 所示。

图 2-6　标高符号的画法

立面图与剖面图上标高符号的注法如图 2-7 所示。

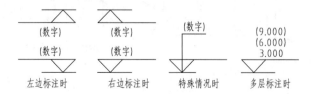

图 2-7　标高符号的注法

同样，为了便于查阅，我们将标高符号的相关规定内容统计为表 2-2。

表 2-2　标高符号

名　称	符　号	说　明
总平面图标高	≈3mm ▼ 45°	用涂黑的等腰三角形表示
平面图标高	≈3mm ▽ 45°	用细实线绘制的等腰三角形表示
立面图、剖面图标高	≈3mm 45° 所注部位的引出线	引出线可在左侧或右侧
标高的指向	5.250 ▽ ▽ 5.250	标高符号的尖端一般应向上，也可向下
用一位置注写多个标高	(9.600) (6.400) 3.200 ▽	零点标高应注写成±0.000，正数标高不注"+"，负数标高应注"−"
特殊标高	L h ≈3mm 45°	L——取适当长度注写标高数字；h——根据需要取适当长度

3. 索引符号与详图符号

为方便施工时查阅图纸，在图纸中的某一局部或构件，如需另见详图时，常用索引符号注明画出详图的位置、详图的编号及详图所在的图纸编号，如图 2-8 中剖面图 B 轴线上所示。

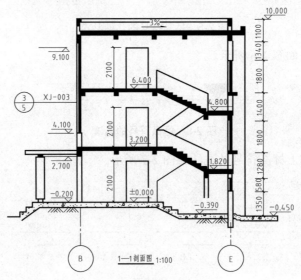

图 2-8　索引符号的注法

1) 索引符号的画法

用一引出线指出要画详图的地方，在线的另一端画一细实线圆，其直径为 10 mm。引出线应对准圆心，圆内过圆心画一水平线，上半圆中用阿拉伯数字注明该详图的编号，下半圆中用阿拉伯数字注明该详图所在图纸的编号，如图 2-9 所示。

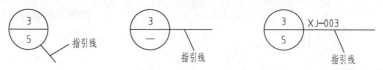

图 2-9　索引符号的编号

当索引符号用于索引剖面详图时，应在被剖切的部位绘制剖切位置线。引出线所在一侧应为剖视方向，如图 2-10 所示。

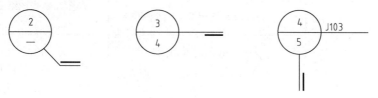

图 2-10　索引符号引出线与剖切位置的表示

2) 详图符号的画法

详图符号用于表示详图的位置和编号，用一粗实线圆绘制，直径为 14 mm。详图与被索引的图纸同在一张图纸内时，应在符号内用阿拉伯数字注明详图符号；如不在同一张图纸内，可用细实线在符号内画一水平直径，在上半圆中注明详图编号，在下半圆中注明被索引图纸号，如图 2-11 所示。

图 2-11　详图符号

零件、钢筋、杆件、设备等的编号应用阿拉伯数字按顺序编写，并应以直径为 6 mm 的细实线圆绘制。

索引符号的相关规定与内容如表 2-3 所示。

表 2-3　索引符号

名　称	符　号	说　明
局部放大索引符号	⑤ — 引出线 详图的编号 详图在本张图纸上	细实线单圆直径为 10mm 详图在本张图纸上
	⑤/② 详图的编号 详图所在的图纸编号	细实线单圆直径为 10mm 详图不在本张图纸上
	J103 ⑤/② 详图的编号 详图所在的图纸编号 标准图集编号	标准图详图
局部剖切索引符号	②/— 局部剖面详图的编号 剖面详图在本张图纸上 局部剖切位置引出线	细实线单圆直径为 10mm 详图在本张图纸上
	③/④ 局部剖面详图的编号 局部剖切位置引出线 剖面详图所在的图纸编号	细实线单圆直径为 10mm 详图不在本张图纸上
	J103 ④/⑤ 标准图集编号 详图的编号 详图所在的图纸编号 局部剖切位置引出线	标准图详图
详图标志符号	⑤ 详图的编号	粗实线单圆直径为 14mm 详图在本张图纸上
	⑤/③ 详图的编号 详图所在的图纸编号	粗实线单圆直径为 14mm 详图不在本张图纸上

3) 指北针的画法

用细实线绘制圆，直径宜为 24 mm。指针尖为北向，指针尾部宽度宜为 3 mm。需用较大直径绘制指北针时，指针尾部宽度宜为直径的 1/8，如图 2-12 所示。

4. 常用建筑材料图例

由于建筑平面图的绘图比例较小，某些细部构造只能用图例来表示，

图 2-12　指北针

有关图例画法应按照《建筑制图标准》(GB50104—2010)中的规定执行。表 2-4 列举了一些常用图例以供参考。

表 2-4　常用建筑材料

名　称	图　例	说　明
自然土壤		包括各种自然土壤
夯实土壤		
砂、灰土	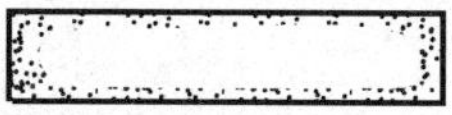	靠近轮廓线点较密的点
粉刷	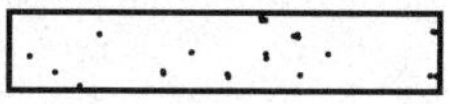	本图例点为较稀的点
普通砖	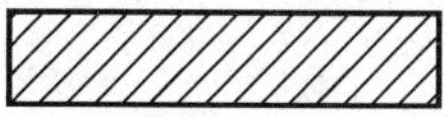	(1) 包括彻体、砌块 (2) 断面较窄，不宜画出图例线时，可涂红
饰面砖		包括铺地砖、马赛克、陶瓷棉砖、人造大理石等
混凝土	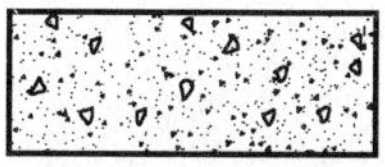	(1) 本图例仅适用于能承重的混凝土及钢筋混凝土 (2) 包括各种标号、骨料、添加剂的混凝土 (3) 在剖面上画出钢筋时，不画图例线 (4) 断面较窄，不易画出图例线时，可涂黑
钢筋混凝土	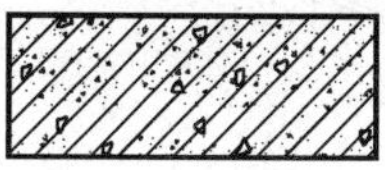	
毛石	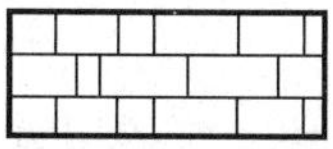	
木材		(1) 上图为横断面，分别为垫木、木砖、木龙骨 (2) 下图为纵断面 (3) 包括各种金属 (4) 图形小时，可涂黑
金属	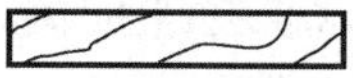	
防水材料		构造层次多或比例较大时，采用上面图例

2.3　建筑平面图绘制

【任务目标】

本单元我们将通过完成一幅"××别墅建筑平面图"来了解和掌握如下技能。

(1) 初步掌握建筑平面图的绘制步骤，绘图工具的正确使用方法。

(2) 掌握国家标准对图纸幅面、图框、标题栏的规定。

(3) 掌握建筑平面图上各种图线、符号的国家标准和要求。

(4) 学会总结建筑平面图的识读原则、方法和程序。在拓展知识和技能环节，准备了"总平面图"的内容，可以举一反三来拓展视野。

2.3.1　建筑平面图的形成

建筑平面图是房屋的水平剖面图，也就是用一个假想的水平面，在窗台之上剖开整幢房屋，移去处于剖切平面上方的部分，将留下的按俯视方向在水平投影面上作正投影所得到的图纸。它主要用来表示房屋的平面布置情况，在施工过程中，是进行放线、砌墙和安装门窗等工作的依据。建筑平面图应包括被剖切到的断面、可见的建筑构造和必要的尺寸、标高等内容，如图 2-13 所示。

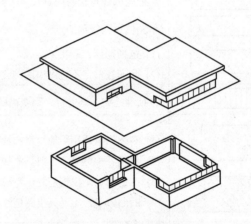

图 2-13　建筑平面图的形成

由于绘制的建筑平面图比例较小，所以一些构造和配件，应该用表 2-1 所列的图例画出。若一幢多层房屋的各层平面布置都不相同，应画出各层的建筑平面图。建筑平面图通常以层次来命名，例如：底层平面图、二层平面图等。若有两层或更多层的平面布置相同，这几层可以合用一个建筑平面图，称为某两层或中间层(标准层)平面图，例如：二、三层平面图，三、四、五层平面图等，也可称为中间层平面图。若两层或几层的平面布置只有少量局部不同，也可以合用一个平面图，但需另绘不同处的局部平面图作为补充。若一幢房屋的建筑平面图左右对称，则习惯上将两层平面图合并画在一个图上，左边画一层的一半，右边画另一层的一半，中间用对称线分界，在对称线两端画上对称符号，并在图的下方分别注明它们的图名。

建筑平面图除上述的各层平面图外，还有局部平面图、屋顶平面图等。局部平面图可以用来表示两层或两层以上合用的平面图中的局部不同之处，也可以用来将平面图中某个局部以较大的比例另行画出，以便能较为清晰地表示出室内的一些固定设施的形状和标注它们的定形、定位尺寸。屋顶平面图则是房屋顶部按俯视方向在水平投影面上所得到的正投影。

2.3.2　绘图步骤及相关要求

下面以绘制图 2-14 所示某别墅底层平面图为例来说明建筑工程平面图的画法和各种要求。

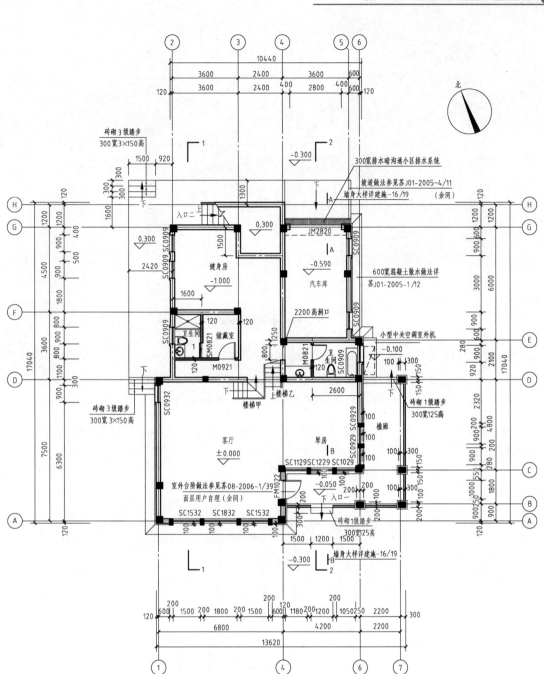

一层平面图 1:100

图 2-14 XX别墅底层平面图

(1) 根据开间及进深画出定位轴线，如图 2-15 所示。

在施工图中通常需要将房屋的基础、墙、柱、墩和屋架等承重构件的轴线画出，并进行编号，以便于施工时定位放线和查阅图纸。"国家标准"规定，定位轴线用细点划线绘制。轴线编号的圆圈用细实线绘制，其直径为 8 mm。在圆圈内写上编号。

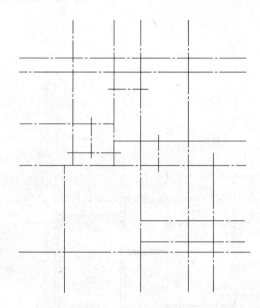

图 2-15　画定位轴线

💡 **注意**：　(1) 定位轴线用单点细长划线表示。

　　　　　　(2) 绘制步骤为垂直方向从上到下，水平方向从左到右。

　　　　　　(3) 关于定位轴线的内容可复习 2.2.4 小节相关内容。

　　(2) 根据墙体厚度、门窗洞口和洞间墙尺寸画出墙体、柱断面和门窗洞的位置，如图 2-16 所示。

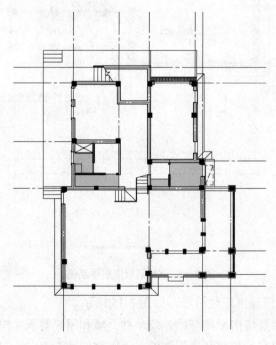

图 2-16　墙、柱断面和门窗位置

注意：(1) 墙体线为粗实线，画时先用 2H 铅笔以细实线画出，待整个图画好后再以 HB 加粗。门窗洞口按门窗图例统一画出。

(2) 柱断面按柱的尺寸画出后，待后期整体涂黑。

(3) 根据尺寸画出楼梯、门窗、台阶、散水等细部，如图 2-17 所示。

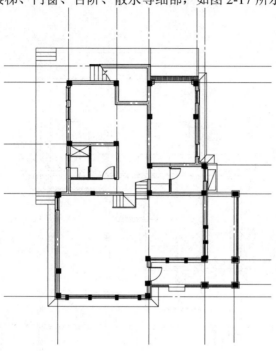

图 2-17　楼梯、门窗、台阶、散水等细部

注意：(1) 在楼梯间的绘制中，国家标准规定不同楼层的楼梯图例也不同。一般情况下，分底层、标准层(也称中间层)和顶层三种。在楼梯的绘制中，一般应注明楼面、地面和楼梯平台的标高，如图 2-18 所示，详细内容将在详图绘制中介绍。

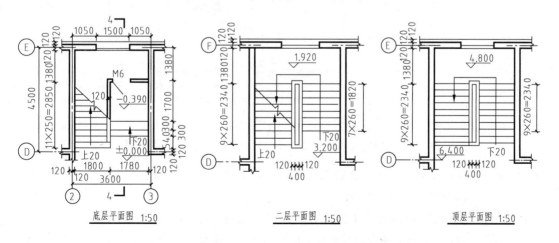

图 2-18　各楼梯间的图纸

(2) 标高的注写。建筑工程图中一般以首层楼地面为 0.000 m，以此为基点向上标注，户外地面低于首层楼地面，为负的。对于室内设计或建筑装饰设计，往往以每层楼地面为 0.000 m，依此计算该层空间内不同界面或设备的高度。

(4) 画出尺寸线、尺寸界线、定位轴线符号和标高符号等，如图 2-19 所示。

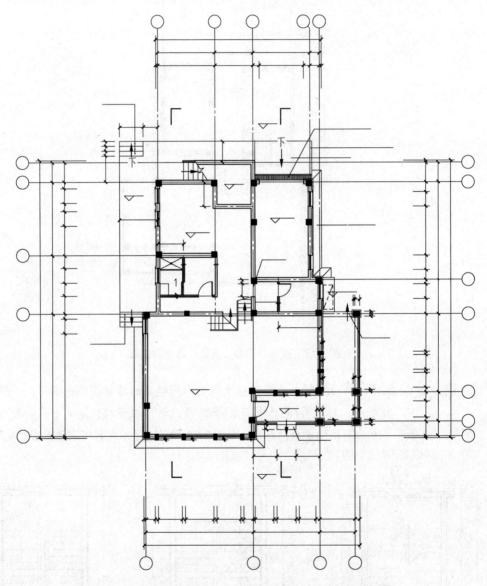

图 2-19 尺寸线、尺寸界线、定位轴线编号圆圈和标高符号等

注意：(1) 尺寸是图纸的重要组成部分，是工程施工的依据，因此尺寸标注必须注写清楚，完整而准确。

(2) 尺寸标注除总平面图用米(m)外，其他图纸均以毫米(mm)为单位。

(3) 尺寸标注符号由尺寸线、尺寸界线、尺寸起止符号和尺寸数字四部分组成。

其中，尺寸线用细实线绘制，与被注边平行，图纸本身的任何图线均不得用作尺寸线。尺寸界线用细实线绘制，垂直于被注边，一端离开图纸轮廓线不小于 2 mm，另一端超出尺寸线 2~3 mm，轮廓线、轴线和中心线可用作尺寸界线。尺寸起止符号用中粗斜线绘制，长度为 2~3 mm，倾角为 45°，半径、直径、角度和弧长的起止符号用箭头表示。国家标准规定也可以用尺寸箭头和小圆点来表示。尺寸数字一般采用 3.5 号字注写，一般情况下写数字前先在尺寸线上方或左方打好字高的上下稿线，字底的下稿线距尺寸线 0.5 mm。标注水平尺寸时，无论是在图形上方或下方，数字均应注在尺寸线上方，字头向上。标注竖直尺寸时，无论是在图形右侧或左侧，数字均应注在尺寸线左侧，字头向左。

(4) 外部尺寸一般在图形的下方及左侧分三道注写。

第一道尺寸表示外轮廓的总尺寸，即从一端外墙边到另一端外墙边的总长和总宽。本例总长为 13.62 m、总宽为 17.04 m。

第二道尺寸表示轴线间的距离，用以说明房间的开间和进深的尺寸。本例房间的开间几乎各不相同，最大房间客厅的开间是 6.80m，进深是 6.50m。

第三道尺寸表示各细部的位置及大小，如门窗洞宽和位置、墙柱的大小和位置等。本例窗户尺寸采用所在省的门窗统一表，一般在图集中附门窗表，按编号可以直接查阅到。

三道尺寸线之间应留有适当距离(一般为 10 mm，第三道尺寸线应离图形最外轮廓线 15 mm)，以便注写数字。如果房屋前后或左右不对称时，则平面图上四周都应注写三道尺寸。

(5) 加粗外墙体。

(6) 书写图名与比例。

注意：　图名、比例一般书写于整个平面图的正下方，如图 2-14 所示。

(7) 在整幅图的左下角或右上角画出指北针，如图 2-14 所示。

2.3.3　建筑工程平面图总结

通过上述建筑工程平面图的绘制，我们可以明确如下一些信息。

(1) 从图名可以了解到该图是底层平面图，比例是 1∶100。

(2) 图中有一个指北针符号，说明房屋坐北朝南(上北下南)。

(3) 从平面图的形状与总长总宽尺寸，可计算出房屋的用地面积。

(4) 从图中墙的位置及分隔情况和房间的名称，可了解到房屋内部各房间的配置、用途数量及其相互间的联系情况。

(5) 从图中定位轴线的编号及其间距，可了解到各承重构件的位置及房间的大小。本例的横向轴线为 1~7，竖向轴线为 A~H。

(6) 图中注有外部和内部尺寸，可了解到各房间的开间、进深、外墙与门窗及室内设备的大小和位置。

(7) 从图中门窗的图例及其编号，可了解到门窗的类型、数量及其位置。国家标准所规定的各种常用门窗图例包括门窗的立面和剖面图例。门窗立面图例上的斜线及平面图上的弧线，表示门窗扇的开关方向(一般在设计图上不需表示)。实线表示外开，虚线表示内开。

(8) 从图中还可了解到其他细部(如楼板、搁板、墙洞和各种卫生设备等)的配置和位置情况。

(9) 图 2-14 中还表示出了室外台阶、花池、散水和雨水管的大小与位置，并画出了剖面图的剖切符号，以便与剖面图对照查阅。

上述总结也可以作为今后从事室内设计或建筑装饰工程施工人员读图的要点。结合现场考察，一定要对所要设计或装饰的建筑物内空间的平面总体布局或室内布局有一个详细的了解，这一点至关重要。

2.3.4　其他平面图

前面比较详细地介绍了底层平面图的画法、图示的相关内容，这里仍以这幢建筑为例，简要地介绍中间层(标准层)平面图、局部平面图和屋顶平面图的内容。

1. 中间层(标准层)平面图

中间层(标准层)平面图的表达内容和要求，基本上与底层平面图相同。在楼层平面图中，不必画底层平面图中已显示的指北针、剖切符号，以及室外地面上的构配件、设施和户外标高。但各楼层平面图除了应画出本层室内的各项内容外，还应分别画出位于绘画这层平面图时所假想采用的水平剖切面以下的、面在下一层平面图中未表达的室外构配件和设施，如在二、三、四层平面图中应画出本层的室外阳台、下一层屋顶的可见遮阳板、本层过厅室外的花台等。此外，楼层平面图除开间、进深等主要尺寸以及定位轴线间的尺寸外，与底层相同的次要尺寸，可以省略。

在绘制中间层(标准层)平面图时，应特别注意楼梯间中各层楼梯图例的画法，宜参照楼梯图例，按实际情况绘制。对常见的双跑楼梯(即一个楼层至相邻楼层间的楼梯由两个梯段和一个中间平台所组成)而言，除顶层楼梯的围护栏杆、扶手、两段下行梯段和一个中间平台应全部画出外，其他各楼层则分别画出上行梯段的几级踏步，下行梯段的一整段、中间平台及其下面的下行梯段的几级踏步。上行梯段与下行梯段的折断处共用一条倾斜的折断线画出。

对于住宅中相同的建筑构造或配件，详图索引可仅在一处画出，其余各处都省略不画。如这幢建筑中的二、三、四层阳台共用一个详图，索引符号只在二层平面图的东南角阳台中画出即可，如图 2-20 所示。

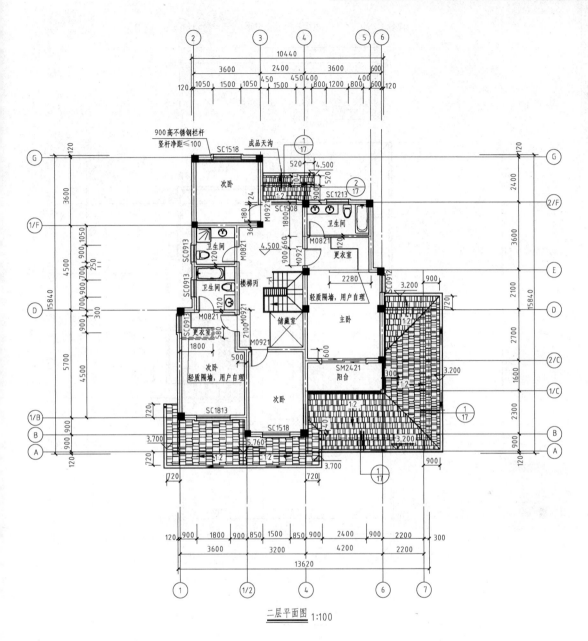

二层平面图 1:100

图 2-20　XX 别墅二层平面图

2. 屋顶平面图

屋顶平面图是俯视屋顶的平面图。用来表示屋顶的形状和大小、屋面的排水方向和坡度、檐沟鏨雨水管的位置以及水箱、烟道、屋面检修孔等的位置和大小等。由于屋顶平面图比较简单，所以通常用更小一些的比例绘制。对照图 2-21 可以看出，该屋顶为坡屋顶，坡度 1∶2，也可用 50%加箭头指向流水方向来表示。东西南北均有挑檐，屋面东西长 11.24 m，南北宽 14.94 m。坡屋面的水向四个方向先排到檐沟，再经雨水管排到地面。图中还画出了需要用详图表达局部的索引符号。

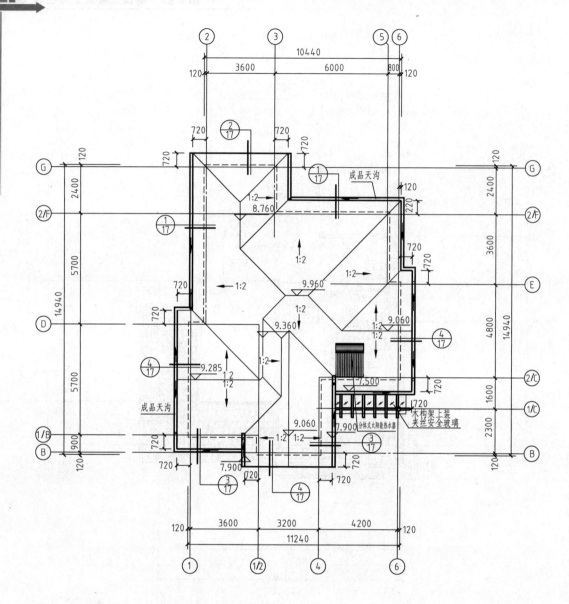

屋顶平面图1:100

图 2-21　XX 别墅屋顶平面图

2.3.5　知识拓展——总平面图

在掌握了建筑工程平面图的绘制和识读之后，如果将拟建工程四周一定范围内的新建、拟建、原有和拆除的建筑物、构筑物连同其周围的地形地物状况，用水平投影方法和相应的图例画出，就会形成一个由几个或一群建筑构成的总平面图(或称总平面布置图)。它能反映出上述建筑物的平面形状、位置、朝向和与周围环境的关系，因此成为新建筑施工的重要依据。图 2-22 所示为某校学生宿舍总平面图。

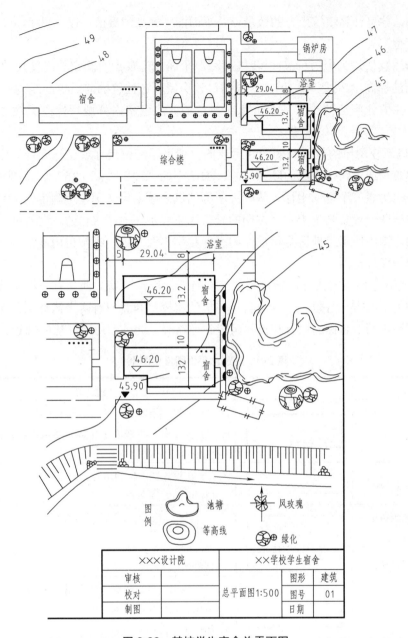

图 2-22　某校学生宿舍总平面图

一般情况下，从总平面图上我们可以得到如下信息。

(1) 总平面图以较小的比例绘制，如本例中的 1∶500。总平面图上标注的尺寸，一律以 m 为单位，这一点与建筑工程平面图是不同的。图中使用了较多的图例符号，国家标准中所规定的几种常用图例如表 2-5 所示。若所用的图例在国家标准中没有规定，则必须在图中另加说明。如图中右下角所列图例"池塘""等高线""风玫瑰""绿化"等。

(2) 了解工程的性质、用地范围和地形地物等情况。

(3) 了解地势高低。从室内底层地面和等高线的标高，可以了解该区域地势高低、雨水排除方向，并可计算填挖土方的数量。总平面图中标高的数值，以 m 为单位，一般注至小数点后两位。

图中所注数值均为绝对标高(以我国黄海海平面作为零点而测定的高度尺寸)。房屋底层室内地面的标高(本例是 46.20)，是根据拟建房屋所在位置的前后等高线的标高(图中是 45 和 47)，并估计到填挖土方基本平衡而决定的。注意室内外地坪标高标注的符号是不同的。

(4) 明确新建房屋的位置和朝向。房屋的位置可用定位尺寸或坐标确定。定位尺寸应注出与原建筑物或道路中心线的联系尺寸，如图中的"10""8""5"等。用坐标确定位置时，宜注出房屋三个角的坐标。从图上所画的风向频率玫瑰图，可确定该房屋的朝向。风向频率玫瑰图一般要画出十六个方向的长短线来表示该地区常年的风向频率。有箭头的方向为北向。图中所示该地区全年最大的风向频率为西北风。经常也用虚线画出一年某几个月的风向频率玫瑰图。

(5) 了解周围环境的情况。新建筑的东向有一池塘，池塘的西向有一挡土墙，南向有一护坡，护坡中间有一台阶；东南角有一待拆的房屋；西北向有两个篮球场；东北向有一围墙；周围还有写上名称的原有和拟建房屋、道路等。此外，还有绿化的规划。

表 2-5　建筑总平面图常用图例

名　称	图　例	说　明
新建的建筑物		(1) 用粗实线表示，可以不画出入口 (2) 需要时，可在右上角以点数或数字(高层宜用数字)表示层数
原有的建筑物		(1) 在设计图中拟利用者，均应编号说明 (2) 用细实线表示
计划扩建的预留地或建筑物		用中虚线表示
拆除的建筑物		用细实线表示
围墙及大门		上图表示砖块、混凝土或金属材料围墙 下图表示镀锌铁丝网、篱笆等围墙 如仅表示围墙时不画大门
坐标	X105.00 Y425.00 A131.51 B278.25	上图表示测量坐标 下图表示施工坐标
护坡		边坡较长时，可在一端或两端局部表示
原有的道路		

续表

名 称	图 例	说 明
计划扩建的道路		
新建的道路		"R9"表示道路转弯半径为 9cm，"47.50"为路面中心标高，"6"表示 6%，为纵向坡度，"72.00"表示变坡点间距离
拆除的道路		
挡土墙		被挡的土在"突出"的一侧
桥梁		(1)上 图表示公路桥 下图表示铁路桥 (2) 用于旱桥时应注明

2.4 建筑立面图绘制

【任务目标】

本单元通过完成一幅"××别墅建筑立面图"，来了解和掌握如下技能。

(1) 初步掌握建筑立面图的绘制步骤和方法。

(2) 掌握建筑立面图上各种图线、符号的国家标准和要求。

(3) 学会总结建筑立面图的识读原则、方法和程序。

2.4.1 建筑立面图的形成与命名

1. 建筑立面图的形成

在与房屋立面平行的投影面上所作房屋的正投影图，称为建筑立面图，简称立面图。立面图的形成如图 2-23 所示。

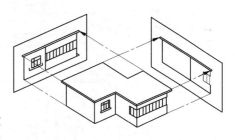

图 2-23 立面图的形成

2. 建筑立面图的命名

将主要出入口或比较能显著地反映出房屋外貌特征的那一面的立面图，称为正立面图，其余的立面图相应地称为背立面图和侧立面图。通常按房屋的朝向来命名，如南立面图、北立面图、东立面图、西立面图等，有时也按轴线编号来命名，如图 2-24～图 2-27 所示。

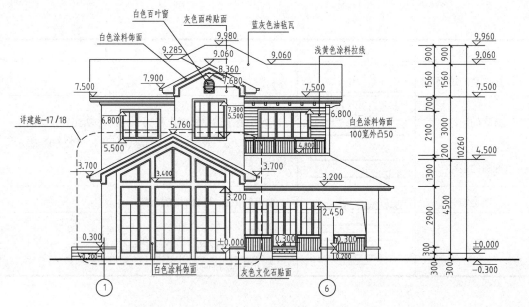

白色百叶窗
白色涂料饰面
灰色面砖贴面
蓝灰色油毡瓦
浅黄色涂料拉线
详建施-17/18
白色涂料饰面
100宽外凸50
白色涂料饰面
灰色文化石贴面

南立面图 1:100
(①~⑥轴立面图)

图 2-24　XX 别墅南立面图

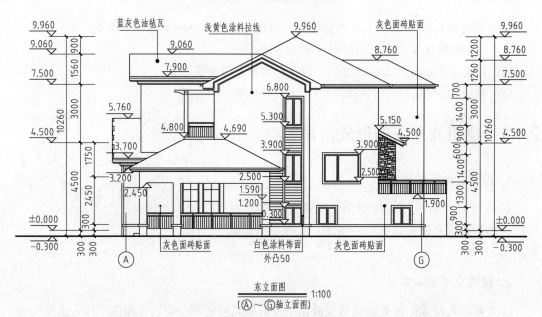

蓝灰色油毡瓦
浅黄色涂料拉线
灰色面砖贴面
灰色面砖贴面
白色涂料饰面
外凸50
灰色面砖贴面

东立面图 1:100
(Ⓐ~Ⓖ轴立面图)

图 2-25　XX 别墅东立面图

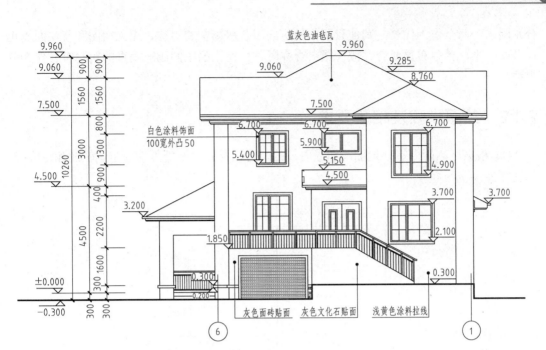

图 2-26 XX 别墅北立面图

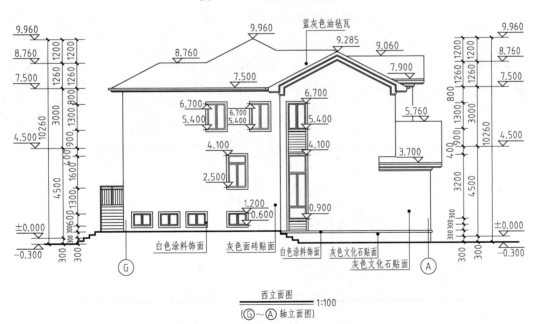

图 2-27 XX 别墅建筑西立面图

由于立面图的比例较小，如门窗扇、檐口构造、阳台栏杆和墙面复杂的装修等细部，一般用图例表示。它们的构造和作法，另用详图或文字说明。因此，习惯上对这些细部只分别画出一两个作为代表,其他只画出轮廓线。若房屋左右对称,正立面图和背立面图也可各画一半,单独布置或合并成一图;合并时,应在图的中间画一垂直的对称符号作为分界线。

2.4.2　绘图步骤及相关要求

(1) 根据标高画出室外地面线和屋面线的位置,再画出两端外墙的定位轴线和轮廓线,如图 2-28 所示。

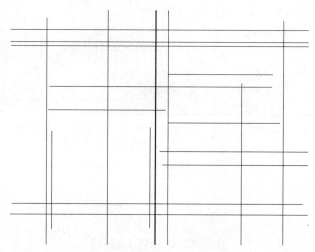

图 2-28　室外地面线和定位轴线

(2) 根据尺寸画出门窗、阳台等建筑构配件的轮廓线,如图 2-29 所示。

(3) 按门窗、阳台、屋面的立面形式画出细部,如图 2-30 所示。

图 2-29　门窗、阳台等外轮廓线

图 2-30　立面门窗、阳台细部

(4) 如有要求，可画出建筑表皮材料，也可不画，如图 2-31 所示。

图 2-31　建筑表皮材料

(5) 画定位轴线编号圆圈和标高符号，如图 2-32 所示。

图 2-32　定位轴线编号圆圈和标高符号

(6) 按图线的层次加深图线，注写标高数和文字说明，以及图名比例，如图 2-24 所示。

注意：　(1) 立面图的外轮廓线用粗实线，室外地面线也可用 1.4b 的加粗实线。

(2) 立面之内的墙面轮廓线、门窗、阳台、雨篷等构配件的轮廓线用中实线。

(3) 一些较小的构配件的轮廓线，如雨水管、门窗扇、文字说明引出线等用细实线。

2.4.3 建筑立面图的总结

(1) 从图名或轴线的编号可知该图是表示房屋南向的立面图。比例与平面图一样(1∶100)，以便对照阅读。

(2) 从图上可看到该房屋的整个外貌形状，也可了解该房屋的屋顶、门窗、雨篷、阳台、台阶、花池及勒脚等细部的形式和位置。如正门在西端、三开门，上方为三角形花格窗。中间底层有一台阶，东端有廊，二层有阳台。屋顶为坡屋顶形式。

(3) 从图中所标注的标高，知此房屋最低处(室外地坪)比室内±0.000 低 300 mm，屋顶最高处为 9.96 m，所以房屋的外墙总高度为 10.26 m。一般标高注在图形外，并要做到符号排列整齐、大小一致。若房屋左右对称时，一般注在左侧；不对称时，左右两侧均应标注。必要时为了更清楚起见，可标注在图内(如正门上方的雨篷顶标高 5.760 m,檐口高 3.700 m)。

(4) 从图中的文字说明，可以了解房屋外墙面装修的做法。如外墙立面为灰色文化石贴面，二层带阳台部分则为白色涂料铺底浅黄色涂料拉线，突出的山花墙面部分为灰色面砖贴面，屋顶为蓝灰色油毡瓦。主入口及二层窗户上的山花为白色涂料饰面。

2.5　建筑剖面图绘制

【任务目标】

本单元将通过完成一幅"××别墅建筑剖面图"，来了解和掌握如下技能。

(1) 初步掌握建筑剖面图的绘制方法和步骤。

(2) 掌握建筑剖面图上各种图线、符号的国家标准和要求。

(3) 学会总结建筑剖面图的识读原则、方法和程序。在拓展知识和技能环节，为大家准备了"断面图"的内容，以举一反三来拓展视野。

2.5.1 建筑剖面图的形成及命名

1. 剖面图的形成

假想用一个剖切平面平行于某一个投影面，把物体在某一位置剖开，将观察者和剖切平面之间的部分移去，其余部分向投影面作投影，所得到的图形为剖面图，简称剖视，如图 2-33 所示。

💡 **注意:**　剖切平面是一个假想的平面在该投影面上是移去前面部分，但其他视图仍应完整画出。

剖切符号：剖切符号由剖切位置线(亦称剖切线)、投射方向线及编号组成。剖切位置线用一组不穿越图形的粗实线表示，一般长度为 6～10 mm；在剖切线的两端用另一组垂直于剖切线的短粗实线表示投射方向，它就是投射方向线，一般长度为 4～6 mm，并在该短线方向用数字注写剖切符号的编号，注意机械制图与土木制图的不同，如图 2-34 所示。

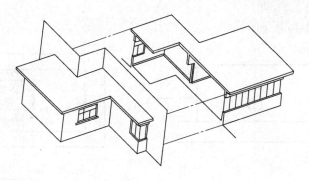

图 2-33　剖面图的形成

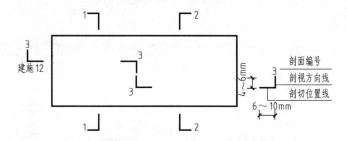

图 2-34　剖切面的位置和剖切符号

剖面图图名注写：以剖面编号来命名的，例如 1—1 剖面图、2—2 剖面图等，它应注写在剖面图的下方。

2. 剖面图的种类

1) 全剖面图

用剖切平面将物体完全剖开后所得到的视图称为全剖面图。全剖视图主要用于表达内部形状比较复杂而其外形比较简单的形体。图 2-35 所示为以机械零件支架为例的全剖面图。

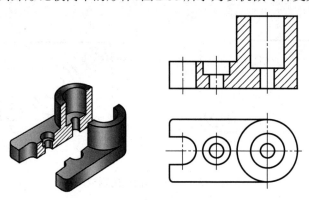

图 2-35　全剖面图

2) 半剖面图

当物体具有对称平面时，在垂直于对称平面的投影面上的投影所得到的图形，可以对称中心线为界，一半画成剖视图以表达内部结构，另一半画成视图以表达外形，这种图称

为半剖视图，如图 2-36 所示。

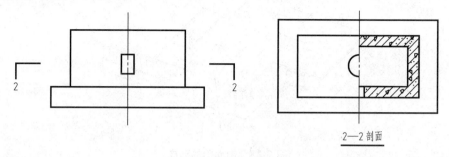

2—2 剖面

图 2-36　半剖面图

3) 阶梯剖面图

用一个或两个以上的平行平面剖切物体后所得到的剖面图，称为阶梯剖面图，如图 2-37 所示。

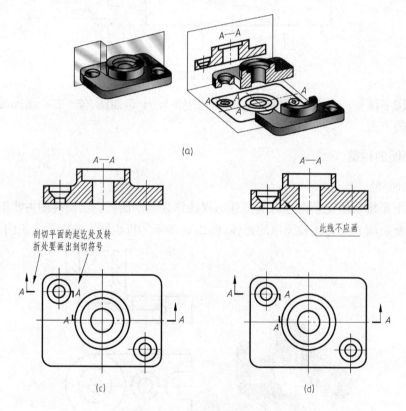

图 2-37　阶梯剖面图的形成

4) 局部剖面图

当既需要表达物体的内部结构，又需要表达物体的外形，而物体不对称时，不能用半剖视的方法，应采用局部剖视的方法。用剖切平面将物体剖开，把需表达物体内部的前方移去，但保留其他部分的外形。剖开部分和保留部分用波浪线隔开，如图 2-38 所示。

注意： (1) 波浪线表示物体的断裂痕迹，因此只有在有断裂处才有波浪线。

(2) 局部剖开部分若具有代表性，则其他几处只需画出轴线。

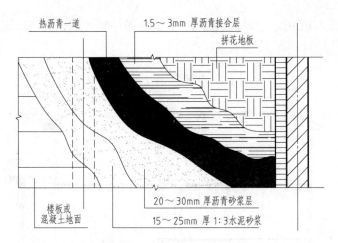

图 2-38 楼地面分层局部剖面图

建筑、建筑装饰工程中，经常采用全剖、阶梯剖和局部剖来了解建筑内部的结构与构造形式、分层情况和各部位的联系、材料及其高度等，尤其是全剖面或阶梯剖面图成为与平、立面图相互配合的重要图纸。剖切面一般横向，即平行于侧面，必要时也可纵向，即平行于正面。其位置应选择能反映出房屋内部构造比较复杂与典型的部位。剖面图的名称应与平面图上所标注的一致。如图 2-39 所示为 2—2 剖面图(大家可以在图 2-14××别墅一层平面图上找到该剖面所在位置)。

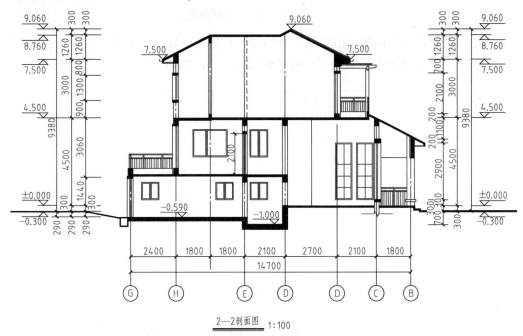

图 2-39 XX 别墅 2—2 剖面图

2.5.2 建筑剖面图的绘制

下面以绘制图 2-40 所示的××别墅 1—1 剖面图绘制为例来说明建筑剖面图的画法和要求。

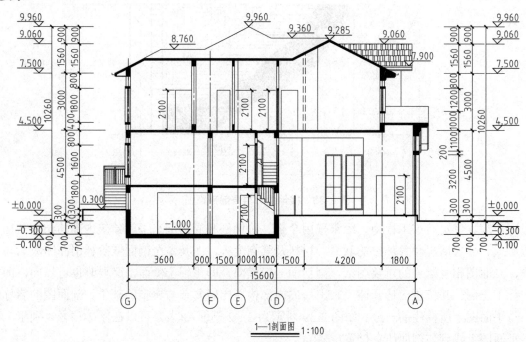

图 2-40 ××别墅 1—1 剖面图

(1) 根据剖切符号的位置画出被剖切到的墙、柱的定位轴线，室外地面以及楼面、屋面、楼梯平台处的位置线和未被剖到的外墙轮廓线，如图 2-41 所示。

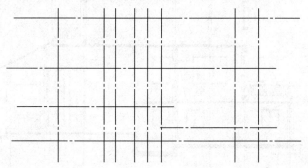

图 2-41 剖切到的墙体定位轴线、地面线、屋面、楼梯平台及未被剖到的外墙轮廓线

(2) 根据墙体、楼面、屋面以及门窗洞和洞间墙的尺寸画出墙、柱、楼面等断面和门窗的位置，如图 2-42 所示。

(3) 画出楼梯段、阳台、雨篷以及未被剖切到的内门等可见构配件的轮廓，如图 2-43 所示。

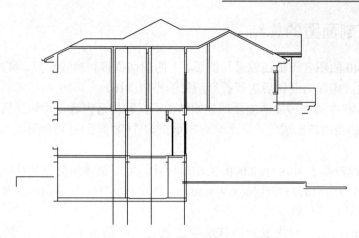

图 2-42　墙、柱、楼面等断面和门窗的位置

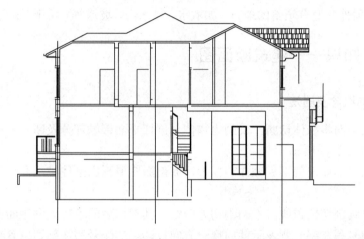

图 2-43　楼梯段、阳台、雨篷以及未被剖切到的内门等可见构配件的轮廓

(4) 画出楼梯栏杆、门窗等细部以及尺寸线、尺寸界线、标高符号等，如图 2-44 所示。

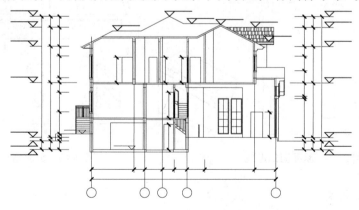

图 2-44　楼梯栏杆、门窗等细部以及尺寸标注等

(5) 按图线的层次加深图线，注写尺寸数字、标高、文字说明等，图线要求与建筑平面图相同，如图 2-40 所示。

2.5.3　建筑剖面图的总结

(1) 从图 2-40 的图名和轴线编号与图 2-4 上的剖切位置和轴线对照，可知 1—1 剖面图是一个剖切面通过楼梯间剖切后进行投影所得的横剖面图。

(2) 从图 2-40 中画出房屋地面至屋顶的结构形式和构造内容，可知此房屋的垂直方向承重构件(墙和柱)是用砖砌成的，而水平方向承重构件(梁和板)是用钢筋混凝土构成的，它们是砖混结构。

(3) 图中的标高都表示为与±0.000 的相对尺寸。如三层楼面标高是从底层地面算起为 4.500 m，与一层楼地面的高差(层高)为 4.50 m。图中只标注了门窗洞的高度尺寸。楼梯因另有详图，其尺寸可不标注。

(4) 图中屋面为结构较为复杂的坡屋顶，表明该屋顶为多向排水，最高屋脊高度为 9.960 m。

(5) 除坡屋顶外其他有倾斜的地方，如散水、排水沟、坡道等，可用"%"表示其坡度。

2.5.4　拓展知识——建筑断面图

1. 断面图的概念及画法

假想用剖切平面将物体切断，仅画出物体与剖切平面接触部分及断面材料符号的图形称为断面图，如图 2-45 所示。

断面图只画出形体被剖切后截面的投影，而剖面图要画出形体被剖开后整个余下部分的投影。

断面图中只画剖切位置线，不画剖切方向线，其剖切后的投影方向用断面编号的注写位置来表示。编号写在哪一侧表示就向哪一方向投影。如编号写在剖切位置线的下方，表示向下投影；编号写在剖切位置线的左方，表示向左投影，如图 2-46 所示。

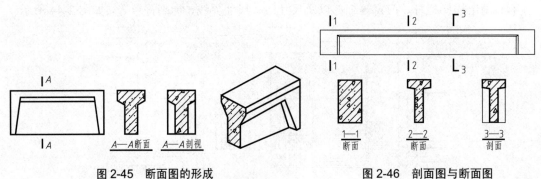

图 2-45　断面图的形成　　　　　　　　图 2-46　剖面图与断面图

2. 断面图的种类

(1) 移出断面图。断面图画在投影图之外的断面图，称为移出断面图。移出断面图的轮廓线用粗实线绘制，要画出材料的图例，如图 2-47 所示。

(2) 重合断面图。断面图画在投影图之内的断面图，称为重合断面图。重合断面图的轮廓线用细实线绘制，要画出材料的图例，如图 2-48 所示。

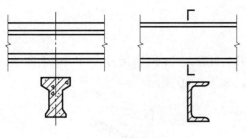

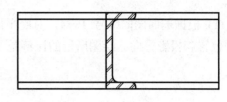

图 2-47　移出断面图　　　　　　　　图 2-48　重合断面图

2.6　建筑详图绘制

【任务目标】

本单元我们将通过完成一幅"××别墅建筑详图",来了解和掌握如下技能。

(1) 初步掌握建筑详图的绘制方法和步骤。

(2) 掌握建筑详图上各种图线、符号的国家标准和要求。

(3) 学会总结建筑详图的识读原则、方法和程序。

2.6.1　概述

由于建筑平、立、剖面图一般采用较小的比例绘制,因此房屋的许多细部构造和构配件难以在这些图纸中表达清楚,必须另外绘制比例更大(如 1∶20、1∶10、1∶5、1∶2、1∶1等)的图纸,以将其形状、大小、构造、材料等详细地表达出来,这种图纸称为建筑详图,有时也称为大样图或节点图。

建筑详图可以是建筑平面图、立面图或剖面图中某一部分的放大图,也可以是用其他方法表示的剖面或断面图。对于那些套用标准图或通用详图的建筑构配件和剖面节点,只要注明它所套用的图集名称、编号或索引符号,就不必另画详图。如门窗通常由工厂制作,然后运往工地安装,因此只需在建筑平面图、立面图中表示门窗的外形尺寸和开启方向既可,其他细部构造如截面形状、用料尺寸、安装位置、门窗扇与框的连接关系等可查阅相应标准图集。

详图数量的选择,与房屋的复杂程度及平、立、剖面图的内容及比例有关。在图示内容中,对多种材料分层构成的多层结构,如地面、楼面、屋面、墙面、散水等,除了画出各层材料的图例外,还要用文字说明各层的厚度、材料和做法。其方法是用引出线指向被说明的部位,引出的一端通过被引出部位的各构造层,另一端画若干条与引出线垂直的水平线,将文字说明注写在水平线的上方,文字说明的次序与引出构造层相一致,如图 2-49 所示。

最常见的详图有两种:外墙身详图和楼梯详图。

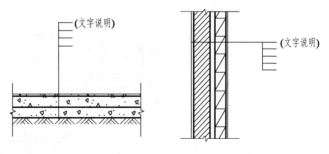

图 2-49　多层构造说明

2.6.2 外墙身详图

(1) 根据剖面图的编号 *A—A*，对照平面图 2-14 上的 *A—A* 剖切符号，可知该剖面图的剖切位置和投影方向。绘图所用的比例是 1:20，如图 2-50 所示。

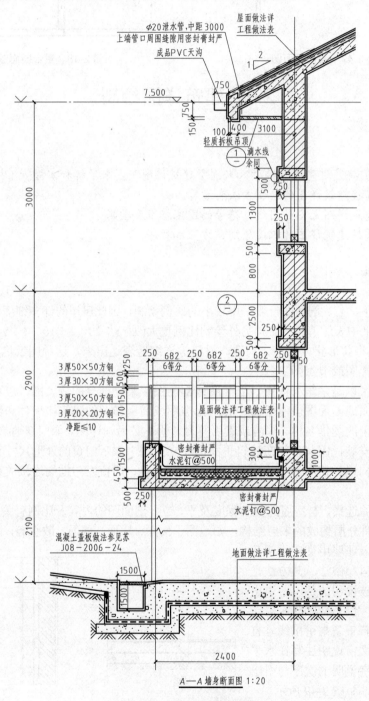

图 2-50 建筑外墙身详图

(2) 在详图中，对墙体、屋面楼层和地面的构造，采用多层构造说明方法来表示，如图 2-51 所示。

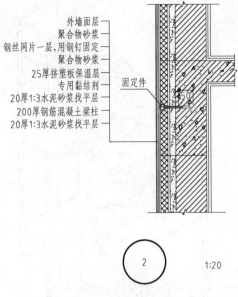

外墙面层
聚合物砂浆
钢丝网片一层,用钢钉固定
聚合物砂浆
25厚挤塑板保温层
专用黏结剂
20厚1:3水泥砂浆找平层
200厚钢筋混凝土梁柱
20厚1:3水泥砂浆找平层

固定件

2   1:20

图 2-51 建筑外墙身详图

(3) 其他如檐口、楼板与墙身连接部分、窗台、窗过梁(或圈梁)的构造，以及勒脚部分的防潮、防水和排水做法均可在墙身详图中表示出来。

(4) 在详图中，一般应注出各部位的标高、高度方向和墙身细部的尺寸。

(5) 从详图中有关文字说明，可知墙身内外表面装修的断面形式、厚度及所用的材料等。

2.6.3 拓展知识——楼梯详图

楼梯是多层房屋上下交通的主要设施。楼梯由楼梯段(简称梯段，包括踏步或斜梁)、平台(包括平台板和梁)和栏板(或栏杆)等组成，如图 2-52 所示。

楼梯详图主要表示楼梯的类型、结构形式、各部位的尺寸及装修做法。楼梯详图包括平面图、剖面图及踏步、栏板详图等，并尽可能画在同一张图纸内。平、剖面图比例要一致，以便对照阅读。踏步、栏板详图比例要大些，以便表达清楚该部分的构造情况。

1. 楼梯平面图

一般每一层楼都要画一个楼梯平面图。三层以上的房屋，若中间各层的楼梯位置及其梯段数、踏步数和大小都相同，通常只画出底层、中间层和顶层三个平面图。三个平面图画在同一张图纸内，并互相对齐，以便于阅读。楼梯平面图的剖切位置，是在该层往上走的第一梯段(休息平台下)的任一位置处。各层被剖切到的梯段，按国家标准规定，均在平面图中用一条 45° 折断线表示。在每一梯段处画有一长箭头，并注写"上"或"下"字和步级数，表明从该层楼(地)面往上或往下走多少步级可达到上(或下)一层的楼(地)面。各层平面图中应标出该楼梯间的轴线。在底层平面图应标注楼梯剖面图的剖切符号，如图 2-53 所示。

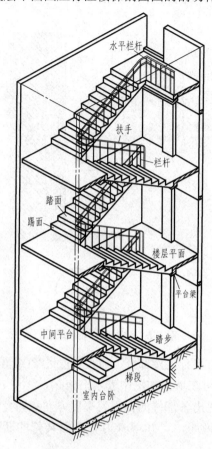

图 2-52 楼梯间的构造示意图

1) 楼梯底层平面图

楼梯底层平面图中有一个被剖切的梯段及栏板，并注有"上"字箭头；和向下的六级步级及三级步级；标出了楼梯间的轴线、开间和进深尺寸、楼地面标高。其中，8×250=2 000 尺寸表示该梯段有 8 个踏面，每个踏面宽 250 mm，梯段长 2 000 mm。图中还注明了楼梯剖面图的剖切符号 3—3，如图 2-53 所示。

2) 楼梯中间层平面图

楼梯中间层也称标准层。如图 2-54 所示有两个被剖切的梯段及栏板，注有"上 18"字箭头的一端，表示从该梯段往上走 18 步级可到达第三层楼面。另一梯段注有"下 18"，表示往下走 18 步级可到达底层地面。图中标出了楼面及休息平台标高、楼梯踏面及步级尺寸、栏板尺寸等。

3) 楼梯顶层平面图

由于剖切平面在安全栏板上方，在图中画有两段完整的梯段和楼梯平台，在梯口处只有一个注写"下"字的长箭头。图上所画的每一分格表示梯段的一级踏面。因梯段最高一级踏面与平台面或楼面重合，因此图中画出的踏面数比步级数少一格。往下走的第一梯段共有 9 级，但在图中只画 8 格，梯段长度为 8×250=2 000mm，如图 2-55 所示。

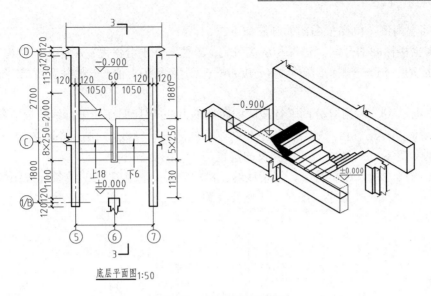

图 2-53　底层楼梯平面图

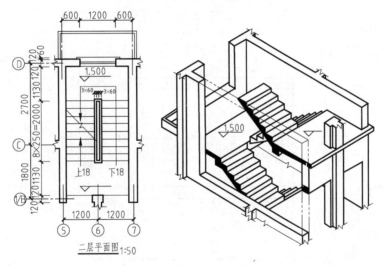

图 2-54　中间层楼梯

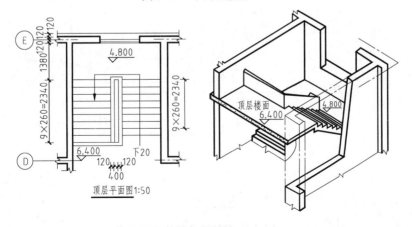

图 2-55　顶层楼梯

以中间层为例，楼梯平面图的画法如下。

(1) 根据楼梯间的开间、进深和层高确定：s 值——平台深度；a 值——楼梯宽度；b 值——踏面宽度；l 值——梯形长度，$l=(n-l)b$；n——踏步级数；k 值——梯井宽度，如图 2-56(a) 所示。

(2) 根据 l、b、n 用等分两平行线间的距离的方法(用尺面在两平行线间量取各等分点间的整数值，并打记各点，各点分别推出两平行线间的平行线)。画出踏面数(等于 n-1)，并画出墙厚、箭头、折断线、两岸和窗的位置等，见图 2-56(b)所示。

(3) 画出尺寸线、标高符号、剖切线等。经检查后，擦去多余的线条，按图纸要求最后加深图线，注写尺寸数字、图名、比例及有关文字说明，如图 2-56(c)所示。

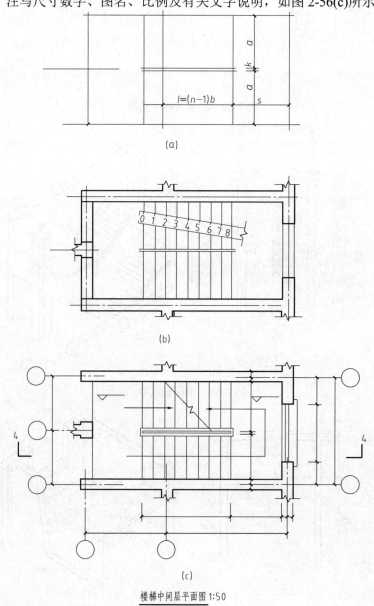

楼梯中间层平面图 1:50

图 2-56　楼梯平面图的绘制步骤

2. 楼梯剖面图

假想用一铅垂面(4—4)，通过各层的一个梯段和门窗洞，将楼梯剖开，向另一未剖到的梯段方向投影，所作的剖面图，即为楼梯剖面图，如图 2-57 所示。

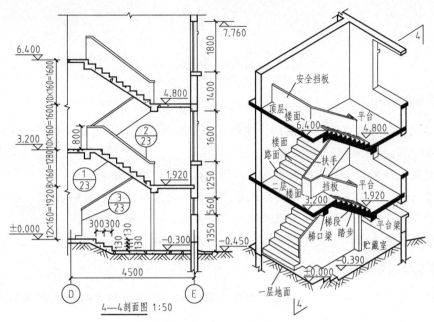

图 2-57 楼梯剖面图

本例楼梯，每层有两个梯段，称为双跑式楼梯。从图 2-57 中可知，这是一个现浇钢筋混凝土板式楼梯。被剖梯段的步级数可直接看出，未剖梯段的步级，因被遮挡而看不见，但可在其高度尺寸上标出该段步级的数目。如第一梯段的尺寸 12×160=1920 mm，表示该梯段为 12 级。习惯上，若楼梯间的屋面没有特殊之处，一般可不画出。在多层房屋中，若中间各层的楼梯构造相同，则剖面图可只画出底层、中间层和顶层剖面，中间用折断线分开。

楼梯剖面图中应注明地面、平台面、楼面等的标高和梯段，栏板的高度尺寸。梯段高度尺寸注法与平面图中梯段长度尺寸注法相同，在高度尺寸中注的是步级数，而不是踏面数(两者相差为 1)。栏杆高度尺寸是从踏面中间算至扶手顶面，一般为 900 mm，扶手坡度应与梯段坡度一致。从图中的索引符号可知，踏步、扶手和栏板都另有详图，用更大的比例画出它们的形式、大小、材料及构造情况，如图 2-58 所示。

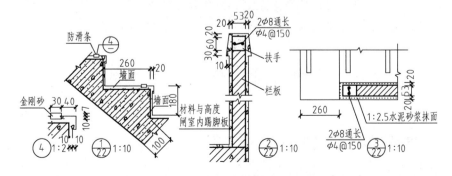

图 2-58 楼梯局部详图

第3章 建筑装饰工程施工图绘制

教学提示

1. 本章主要内容

(1) 建筑制图与装饰制图的区别；建筑装饰施工图的分类、内容和要求；建筑装饰施工图中各种图线、符号和图例。

(2) 建筑装饰工程平面图的形成原理，图示内容、识读和绘制步骤。

(3) 建筑装饰工程顶棚平面图的形成原理，图示内容、识读和绘制步骤。

(4) 建筑装饰工程立面图的形成原理，图示内容、识读和绘制步骤。

(5) 建筑装饰工程详图的图示内容、识读和绘制步骤。

2. 本章学习任务目标

(1) 了解建筑装饰施工图的分类和表达内容；熟悉建筑装饰工程施工图中各种符号及规定画法，了解常用的图例。

(2) 掌握建筑装饰工程平面图的绘制方法与步骤，完成建筑装饰工程平面图绘制任务。

(3) 掌握建筑装饰工程顶棚平面图的绘制方法与步骤，完成建筑装饰工程顶棚平面图绘制任务。

(4) 掌握建筑装饰工程立面图的绘制方法与步骤，完成建筑装饰工程立面图绘制任务。

(5) 掌握建筑装饰工程详图的绘制方法与步骤，完成建筑装饰工程详图绘制任务。

3. 本章教学方法建议

本章建议运用任务驱动教学法。课堂教学设计中，建议教师向学生提出明确的任务，以及任务完成的计划与步骤。通过教师的演示，让学生了解任务完成过程中所需要掌握的基本技能、具体完成任务过程中所涉及的国家标准相关规定。学生在完成任务过程中教师的辅助作用必不可少，应及时发现学生在完成任务过程中所出现的各种问题，并加以纠正。任务完成后的效果评价也是不可或缺的一环，对下一目标任务的启动有重要影响。

3.1 建筑装饰工程制图基本知识

3.1.1 建筑装饰施工图与建筑施工图

建筑装饰工程施工图在建筑装饰工程中是交流设计思想、确定技术问题的最重要的资料，同时也是装饰设计师表达设计思想的主要手段。因此，正确地绘制、阅读装饰工程施工图是所有学习和从事建筑装饰的人员都必须认真掌握的知识和技能。

在我国，装饰工程设计作为一门独立性的学科形成较晚，因此我国在 2011 年才出台了《房屋建筑室内装饰装修制图标准》，在此之前我国装饰工程施工图绘制一直套用建筑工程制图标准。目前我国装饰工程的制图方法主要是套用《房屋建筑室内装饰装修制图标准》、《房屋建筑制图统一标准》和《建筑制图标准》。

建筑装饰施工图是在建筑施工图的基础上绘制出来的，是用来表达装饰设计意图的主要图纸，是装饰工程施工和管理的依据。过去建筑装修的做法较为简单，多限于保护结构和满足使用者最起码的功能要求的标准上，在建筑施工图中也只以文字说明或简单的节点详图表示。随着新材料、新技术、新工艺的不断发展和人民生活水平的不断提高，人们对室内外环境质量的要求越来越高，建筑装饰设计顺应社会发展的需要，内容也日趋丰富多彩、复杂细腻。仅用建筑施工图已难以表达清楚复杂的装饰要求，于是出现了建筑装饰工程施工图(简称装饰图)，以便表达丰富的造型构思、材料及工艺要求，并指导装饰工程的施工及管理。

建筑工程制图与装饰工程制图的基本原理是一致的，从某种意义上说建筑制图是装饰制图的基础。因此学习装饰工程制图与识图首先需要学习建筑制图中的投影原理、制图的基本方法、透视图的画法以及图线、图框、比例、图例的运用等，并将这些原理、方法和标准运用到装饰工程制图中，并按这种观念去学习，可以打好装饰工程制图与识图的基础。装饰施工图可以看成是建筑施工图中的某些内容省略后加入有关装饰施工内容而成的一种施工图。二者在表达内容上各有侧重，装饰施工图侧重反映装饰件(面)的材料及其规格、构造做法、饰面颜色、尺寸标高、施工工艺以及装饰件(面)与建筑构件活的位置关系和连接方法等，建筑施工图则着重表达建筑结构形式、建筑构造、材料与做法。

3.1.2　建筑装饰图的分类、内容和要求

建筑装饰施工图按表现的阶段而不同，其阶段性文件应包括方案设计图、扩大初步设计图、施工设计图、变更设计图、竣工图。一般小规模或中等规模的装饰工程需经方案设计和施工图设计两个设计阶段；规模较大的房屋建筑室内装饰装修工程才可能需要扩大初步设计；变更设计图是在施工过程中根据现场情况需要改变原设计而绘制的图纸；竣工图是工程结束时根据具体实际施工情况绘制的图纸。

(1) 方案设计图是根据甲方的现场情况及有关规范、设计原则等绘出一组或多组装饰方案图。方案设计应包括设计说明、平面图、顶棚平面图、主要立面图、必要的分析图、效果图等，主要表达建筑装饰工程完工后的大致效果。

(2) 扩大初步设计图应包括设计说明、平面图、顶棚平面图、主要立面图、主要剖面图等。规模较大的房屋建筑室内装饰装修工程，根据需要可以绘制扩大初步设计图。扩大初步设计图的深度应符合一些规定，首先应对设计方案进一步深化，其次应能作为深化施工图的依据，再次应能作为工程概算的依据，最后应能作为主要材料和设备的订货依据。

(3) 施工设计图纸应包括平面图、顶棚平面图、立面图、剖面图、详图和节点图。主要用于指导建筑装饰工程施工。

(4) 变更设计图应包括变更原因、变更位置、变更内容等。变更设计可采取图纸的形式，也可采取文字说明的形式。

(5) 竣工图的制图深度应与施工图的制图深度一致，其内容应能完整记录施工情况，并应满足工程决算、工程维护以及存档的要求。

建筑装饰图按表现的方法不同，可分为建筑装饰工程图和透视效果图。建筑装饰工程图用作施工依据，透视效果图用作方案推敲和装饰效果预想。

一套完整的装饰工程图纸，数量较多，为了方便阅读、查找、归档，需要编制相应的图纸目录，它是设计图纸的汇总表。图纸目录一般都以表格的形式表示。图纸目录主要包括图纸序号、工程内容等，如表 3-1 所示。

表 3-1 某住宅装饰施工图目录

序 号	工程内容	序 号	工程内容
	平面图	21	一层客厅 C 立面图
1	一楼原结构平面图	22	一层客厅 D 立面图
2	二楼原结构平面图	23	一层餐厅 A 立面图
3	三楼原结构平面图	24	一层餐厅 C 立面图
4	一楼结构改造图	25	一层餐厅 D 立面图
5	二楼结构改造图	26	二层主卧 A 立面图
6	三楼结构改造图	27	二层主卧 B 立面图
7	一楼平面图布置图	28	二层主卧 C 立面图
8	二楼平面图布置图	29	二层主卧 D 立面图
9	三楼平面图布置图	30	三层书房 A 立面图
10	一楼地面铺装图	31	三层书房 B 立面图
11	二楼地面铺装图	32	三层书房 C 立面图
12	三楼地面铺装图	33	三层书房 D 立面图
13	一楼顶棚平面图		详图(大样、构造剖视图)
14	二楼顶棚平面图	34	客厅背景大样
15	三楼顶棚平面图	35	客厅吊顶 1—1 剖面图
16	一楼顶棚尺寸图	36	餐厅展柜大样
17	二楼顶棚尺寸图	37	主卧衣柜大样
18	三楼顶棚尺寸图	38	三楼书房书柜大样
	立面图		
19	一层客厅 A 立面图		
20	一层客厅 B 立面图		

另外，装饰工程设计一般分为设计准备、方案设计、施工图设计和施工监理四个阶段。在这四个阶段中，工作内容和图纸要求是不同的，作为学习制图和识图者必须了解。各阶段主要工作内容如表 3-2 所示。

表 3-2　装饰工程设计各阶段的主要工作内容

阶段	工作项目	工作内容	图纸内容	制图要求
设计准备	调查研究	1. 接受设计任务书:包括对设计内容、设计范围、设计要求、造价要求及有关文件的理解 2. 定向调查:取得建设单位意见,包括设计等级标准、造价、功能、风格等要求 3. 现场调查:包括对建筑图、结构图、设备图与现场进行核对,同时对周围环境进行了解 4. 取得工程资料:如建筑图、结构图、设备图	对图纸与现场有出入处进行修正或重新绘制	可作徒手草图,也可用器具或电脑作图,但要求尺寸准确、标注清楚,以提出供下一阶段工作的正确依据
	收集资料	1. 查阅同类设计内容的资料 2. 调查同类装饰工程 3. 收集有关规范和定额		
方案规划	方案构思	1. 整体构思,形成草图,包括平、立面图和透视草图 2. 比较各种草图,从中选定初步方案	1. 构思草图,包括透视图 2. 将建筑工程图纸转换成装饰工程图 3. 绘制室内平面、顶棚平面图及主要立面图 4. 绘制效果图	1. 要求比例正确 2. 将建筑工程图纸中有关门、窗图示和有关尺寸去掉 3. 标明主要尺寸和用料 4. 按制图规范作图,图面美观整齐 5. 绘制效果图,要求正确反映室内设计的构思和效果
	方案设计	1. 征求建设单位意见,并对委托方的要求加以分析、研究 2. 与建筑、结构、设备、电气设计方案进行初步协调 3. 完善设计方案		
	完成设计	1. 提供设计说明书 2. 提供设计图纸(平面图、立面图、剖面图、彩色效果图)		
	编制工程概算	根据方案设计的内容,参照定额,测算工程所需费用		
	编制投标文件	1. 综合说明 2. 工程总报价及分析 3. 施工的组织、进度、方法及质量保证措施等		
施工图设计	完善方案设计	1. 对方案设计进行修改、补充 2. 与建筑、结构、设备、电气设计专业充分协调	绘制室内平面图、顶棚布置图、全部立面的图纸和节点大样图	1. 深化、修正、完善设计方案 2. 要求注明详细尺寸、材料品种规格和做法
	提供装饰材料实物样板	主要装饰材料的样品,提供彩色照片		
	完成施工文件	1. 提供施工说明书 2. 完成施工图设计(施工详图、节点图、大样图)		
	编制工程预算	1. 编制说明 2. 工程预算表 3. 工料分析表		

续表

阶段	工作项目	工作内容	图纸内容	制图要求
施工监理	与施工单位协调	向施工单位说明设计意图、进行图纸交底	1. 变更和补充图纸 2. 绘制竣工图	要求正确反映工程量和用材
	完善施工图设计	根据现场情况对图纸进行局部修改、补充		
	工程验收	会同质检部门和施工单位进行工程验收		

3.1.3　建筑装饰施工图制图规范

1. 线型

建筑装饰施工图中图线的绘制方法及图线宽度应符合现行国家标准《房屋建筑制图统一标准》(GB/T50001)的规定。房屋建筑室内装饰装修制图应采用实线、虚线、单点长划线、折断线、波浪线、点线、样条曲线、云线等线型，并应选用表 1-3 所示的常用线型。

2. 字体和比例

建筑装饰施工图中手工制图字体的选择、字高及书写规则应符合现行国家标准《房屋建筑制图统一标准》(GB/T50001)的规定。具体见第 1 章内容。

图样的比例表示及要求应符合现行国家标准《房屋建筑制图统一标准》(GB/T 50001)的规定。图样的比例应根据图样用途与被绘对象的复杂程度选取。常用比例宜为 1∶1、1∶2、1∶5、1∶10、1∶15、1∶20、1∶25、1∶30、1∶40、1∶50、1∶75、1∶100、1∶150、1∶200。

绘图所用的比例，应根据房屋建筑室内装饰装修设计的不同部位、不同阶段的图纸内容和要求确定，并应符合表 1-6 的规定。对于其他特殊情况，可自定比例。

3. 剖切符号和索引符号

(1) 剖视的剖切符号应符合现行国家标准《房屋建筑制图统一标准》(GB/T50001)的规定。剖切符号应标注在需要表示装饰装修剖面内容的位置上。

剖切符号：剖视的剖切符号应由剖切位置线、投射方向线和索引符号组成。剖切位置线位于图样被剖切的部位，以粗实线绘制，长度宜为 8～10 mm，投射方向线平行于剖切位置线，由细实线绘制，一段应与索引符号相连，另一段长度与剖切位置线平行且长度相等，如图 3-1 所示。剖切索引符号应由圆圈、直径组成，圆及直径应以细实线绘制。根据图面比例，圆圈的直径可选择 8～10 mm。圆圈内应注明编号及索引图所在页码。剖切索引符号应附三角形箭头，且三角形箭头方向应与圆圈中直径、数字及字母(垂直于直径)的方向保持一致，并应随投射方向而变，如图 3-2 所示。绘制时，剖视剖切符号不应与其他图线相接触。剖视的剖切符号的编号宜采用阿拉伯数字或字母，编写顺序按剖切部位在图样中的位置由左至右、由下至上编排，并注写在索引符号内。

(2) 索引符号根据用途的不同，可分为立面索引符号、剖切索引符号、详图索引符号，设备索引符号、部品部件索引符号。

立面索引符号(也称内视符号)表示室内立面在平面上的位置及立面图所在图纸编号，应在平面图上使用立面索引符号。立面索引符号应由圆圈、水平直径组成，且圆圈及水平直径应以细实线绘制。根据图面比例，圆圈直径可选择 8～10 mm。圆圈内应注明编号及索引图所在页码。立面索引符号应附以三角形箭头，且三角形箭头方向应与投射方向一致，圆圈中水平直径、数字及字母(垂直)的方向应保持不变，如图 3-3 所示。

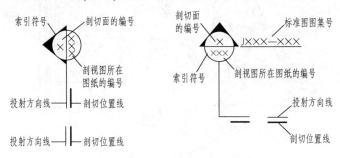

图 3-1　剖视图的剖切符号

图 3-2　剖切索引符号

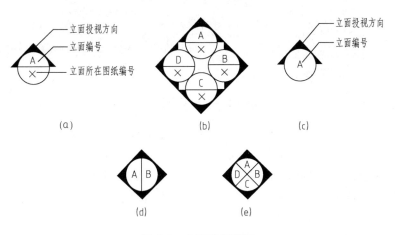

图 3-3　立面索引符号

在平面图中采用立面索引符号时，应采用阿拉伯数字或字母为立面编号代表各投视方向，并应以顺时针方向排序，如图 3-4 所示。

剖切索引符号表示剖切面在界面上的位置或图样所在图纸编号，应在被索引的界面或图样上使用剖切索引符号，如图 3-2 所示。

详图索引符号表示局部放大图样在原图上的位置及本图样所在页码，应在被索引图样上使用详图索引符号，如图 3-5 所示。

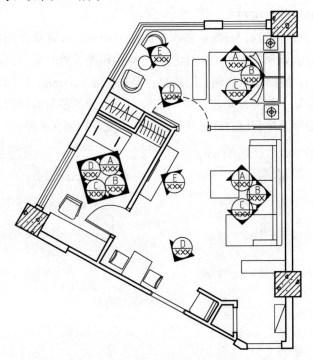

图 3-4　平面图中立面索引符号的编制

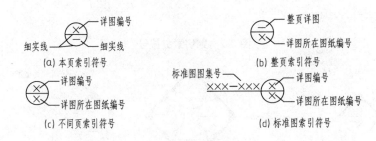

(a) 本页索引符号　　　(b) 整页索引符号

(c) 不同页索引符号　　　(d) 标准图索引符号

图 3-5　详图索引符号

　　　详图索引符号和剖切索引符号一样均应由圆圈、直径组成，圆及直径应以细实线绘制，只是详图索引符号没有三角形箭头。根据图面比例，圆圈的直径可选择 8～10 mm。圆圈内应注明编号及索引图所在页码。索引符号中的编号应用阿拉伯数字或字母表示，当引出图与被索引的详图在同一张图纸内时，应在索引符号的上半圆中用阿拉伯数字或字母注明该索引图的编号，在下半圆中间画一段水平细实线，如图 3-5(a)所示。当引出图与被索引的详图不在同一张图纸内时，应在索引符号的上半圆中用阿拉伯数字或字母注明该详图的编号，在索引符号的下半圆中用阿拉伯数字或字母注明该详图所在图纸的编号。数字较多时，可加文字标注，如图 3-5(c)、图 3-5(d)所示。

　　　设备索引符号表示各类设备(含设备、设施、家具、灯具等)的品种及对应的编号，应在图样上使用设备索引符号，如图 3-6 所示。

　　　设备索引符号应由正六边形、水平内径线组成，正六边形、水平

图 3-6　设备索引符号

内径线应以细实线绘制。根据图面比例，正六边形长轴可选择 8～12 mm。正六边形内应注明设备编号及设备品种代号，如图 3-6 所示。

索引某放大图样时，应以引出圈将被放大的图样范围完整圈出，并应由引出线连接引出图和详图索引符号。图样范围较小的引出圈，应以圆形中粗虚线绘制，如图 3-7(a)所示，范围较大的引出圈，宜以有弧角的矩形中粗虚线绘制，如图 3-7(b)所示，也可以云线绘制，如图 3-7(c)所示。

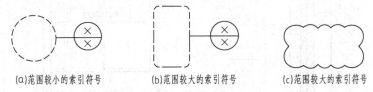

图 3-7　放大图索引符号

4. 剖面图、详图图名编号和绘制

剖面图、详图的图名编号应由圆、水平直径、图名和比例组成。圆及水平直径均应由细实线绘制，圆直径根据图面比例，可选择 8～12 mm，在图号圆圈内画一水平直径，上半圆中应用阿拉伯数字或字母注明该图样编号，下半圆中应用阿拉伯数字或字母注明该图索引符号所在图纸编号，如图 3-8(a)所示。当索引出的详图图样与索引图同在一张图纸内时，圆内可用阿拉伯数字或字母注明详图编号，也可在圆圈内画一水平直径，且上半圆中应用阿拉伯数字或字母注明编号，下半圆中间应画一段水平细实线，如图 3-8(b)所示。

图 3-8　索引符号

图名编号引出的水平直线上方宜用中文注明该图的图名，其文字宜与水平直线前端对齐或居中。比例的注写应符合标准。

5. 引出线、对称线和折断线(连接符号)

引出线的绘制应符合现行国家标准《房屋建筑制图统一标准》(GB/T 50001)的规定。引出线起止符号可采用圆点绘制也可采用箭头绘制。起止符号的大小应与本图样尺寸的比例相协调。多层构造或多个部位共用引出线，应通过被引出的各层或各部分，并应以引出线起止符号指出相应位置。引出线和文字说明的表示应符合现行国家标准《房屋建筑制图统一标准》(GB/T 50001)的规定，如图 3-9 所示。

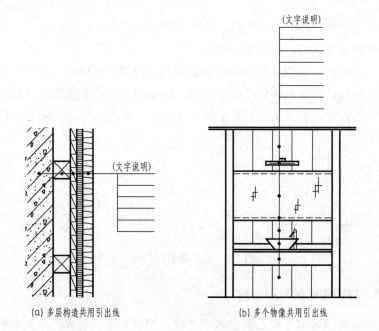

(a) 多层构造共用引出线　　　　(b) 多个物像共用引出线

图 3-9　共用引出线示意

对称符号应由对称线和分中符号组成。对称线应用细单点长划线绘制，分中符号应用细实线绘制。分中符号可采用两对平行线或英文缩写。采用平行线作为分中符号时，如图 3-10(a)所示，应符合现行国家标准《房屋建筑制图统一标准》(GB/T50001)的规定；采用英文缩写作为分中符号时，大写英文 CL 应置于对称线一端，如图 3-10(b)所示。

(a)　　　　(b)

图 3-10　对称符号

折断线(连接符号)应以折断线或波浪线表示需连接的部位。两部位相距过远时，折断线或波浪线两端靠图样一侧成标注大写拉丁字母表示连接编号。两个被连接的图样应用相同的字母编号，如图 3-11 所示。

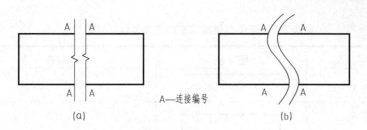

图 3-11　连接符号

6. 指北针、定位轴线、尺寸标注和标高符号

指北针的绘制应符合现行国家标准《房屋建筑制图统一标准》(GB/T 50001)的规定。指北针应绘制在房屋建筑室内装饰装修整套图纸的第一张平面图上，并应位于明显位置。

定位轴线的绘制应符合现行国家标准《房屋建筑制图统一标准》(GB/T50001)的规定。

装饰图样尺寸标注的一般标注方法应符合现行国家标准《房屋建筑制图统一标准》(GB/T50001)的规定。尺寸起止符号可用中粗斜短线绘制，并应符合现行国家标准《房屋建筑制图统一标准》(GB/T50001)的规定，也可用黑色圆点绘制，其直径宜为 1 mm。

标高符号和标注方法应符合现行国家标准《房屋建筑制图统一标准》(GB/T50001)的规定。

房屋建筑室内装饰装修中，设计空间应标注标高，标高符号可采用直角等腰三角形，也可采用涂黑的三角形或 90°对顶角的圆，标注顶棚标高时，也可采用 CH 符号表示，如图 3-12 所示。

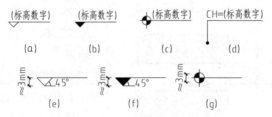

图 3-12　标高符号

7. 建筑装饰工程制图常用图例

图例是工程图的基本符号和语言，规范且形象的图例是顺利交流的保证。在使用制图图例时，应注意以下几点规定。

(1) 材料图例线一般用细线表示，线型间隔要匀称、疏密适度。

(2) 材料图例中表达同类材料的不同品种时，应在图中附加必要的说明。

(3) 因图形小，无法用材料图例表达，可采用其他方式说明。

(4) 需要自编材料图例时，编制的方法可按已设定的比例，以简化的方式画出所示实物的轮廓线或剖面，必要时辅以文字说明，以避免与其他图例混淆。

装饰制图中常用图例列举如下几个表(表 3-3～表 3-12)。

常用材料图例应按表 3-3 所示图例画法绘制。

表 3-3　常用房屋建筑室内装饰装修材料图例

序 号	名 称	图 例	备 注
1	夯实土壤		—
2	沙砾石、碎砖三合土		—
3	石材		注意厚度
4	毛石		必要时注明石料块面大小及品种
5	普通砖		包括实心砖、多孔砖、砌砖等。断面较窄不易绘出图例线时，可涂黑，并在备注中加注说明，画出该材料图例
6	轻质砌块砖		指非承重砖砌体
7	轻钢龙骨板材隔墙		注明材料品种
8	饰面砖		包括铺地砖、墙面砖、陶瓷锦砖等
9	混凝土		1. 指能承重的混凝土及钢筋混凝土 2. 各种强度等级、骨料、添加剂的混凝土 3. 在剖面图上画出钢筋时，不画图例线时，可涂黑 4. 断面图形小，不易画出图例
10	钢筋混凝土		
11	多孔材料		包括水泥珍珠岩、沥青珍珠岩、泡沫混凝土、非承重加气混凝土、软木、蛭石制品等
12	纤维材料		包括矿棉、岩棉、玻璃棉、麻丝、木丝板、纤维板等
13	泡沫塑料材料		包括聚苯乙烯、聚乙烯、聚氨酯等多孔聚合物类材料
14	密度板		注明厚度
15	实木		表示垫木、木砖或木龙骨
			表示木材横断面
			表示木材纵断面
16	胶合板		注明厚度或层数

续表

序　号	名　称	图　例	备　注
17	多层板		注明厚度或层数
18	木工板		注明厚度
19	石膏板		1. 注明厚度 2. 注明石膏板品种名称
20	金属		1. 包括各种金属，注明材料名称 2. 图形小时，可涂黑
21	液体	(平面)	注明具体液体名称
22	玻璃砖		注明厚度
23	普通玻璃	(立面)	注明材质、厚度
24	磨砂玻璃	(立面)	1. 注明材质、厚度 2. 本图例采用较均匀的点
25	夹层(夹绢、夹纸)玻璃	(立面)	注明材质、厚度
26	镜面	(立面)	注明材质、厚度
27	橡胶		—
28	塑料		包括各种软、硬塑料及有机玻璃等
29	地毯		注明种类
30	防水材料	(小尺度比例) (大尺度比例)	注明材质、厚度
31	粉刷		本图例采用较稀的点
32	窗帘	(立面)	箭头所示为开启方向

常用家具图例应按表 3-4 所示图例画法绘制。

表 3-4　常用家具图例

序　号	名　称		图　例	备　注
1	沙发	单人沙发		
		双人沙发		
		三人沙发		
2	办公桌			
3	椅	办公椅		1. 立面样式根据设计自定 2. 其他家具图例根据设计自定
		休闲椅		
		躺椅		
4	床	单人床		
		双人床		

序　号	名　称		图　例	备　注
5	橱柜	衣柜	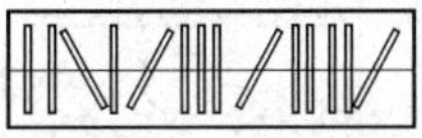	1. 柜体的长度及立面样式根据设计自定 2. 其他家具图例根据设计自定
		低柜	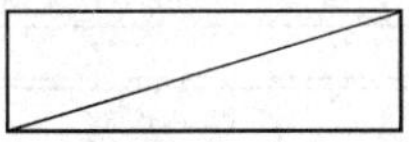	
		高柜	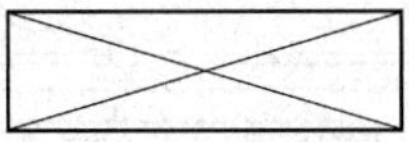	

表 3-5　常用电器图例

序　号	名　称	图　例	备　注
1	电视	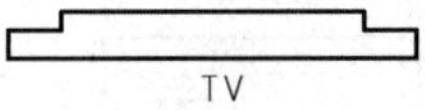 TV	
2	冰箱	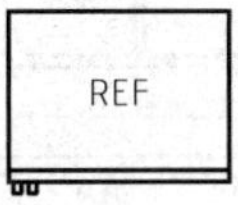 REF	
3	空调	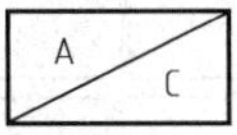 A　C	
4	洗衣机	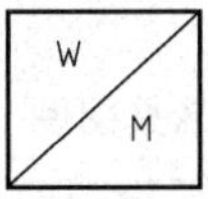 W　M	1. 立面样式根据设计自定 2. 其他电器图例根据设计自定
5	饮水机	 WD	
6	电脑	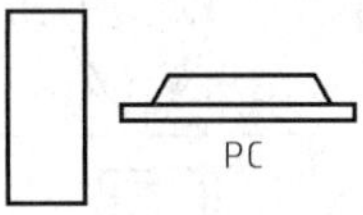 PC	
7	电话	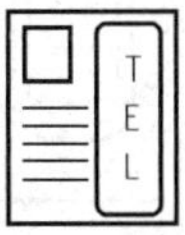 TEL	

表 3-6　常用厨具图例

序　号	名　称		图　例	备　注
1	灶具	单头灶	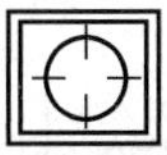	1. 立面样式根据设计自定 2. 其他厨具图例根据设计自定
		双头灶	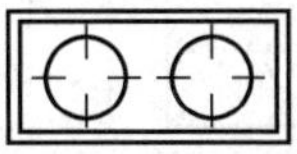	

序 号	名 称		图 例	备 注
1	灶具	三头灶		
		四头灶		1. 立面样式根据设计自定
		六头灶		2. 其他厨具图例根据设计自定
2	水槽	单盆		
		双盆		

表 3-7 常用卫生洁具图例

序 号	名 称		图 例	备 注
1	大便器	坐式		
		蹲式		1. 立面样式根据设计自定
2	小便器			2. 其他洁具图例根据设计自定
3	台盆	立式		
		台式		

续表

序　号	名　称		图　例	备　注
3	台盆	挂式	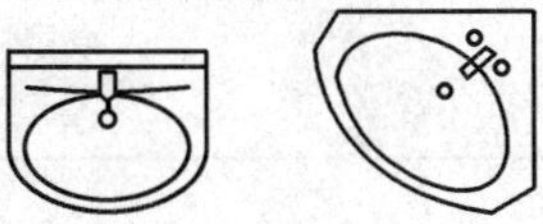	1. 立面样式根据设计自定 2. 其他洁具图例根据设计自定
4	污水池		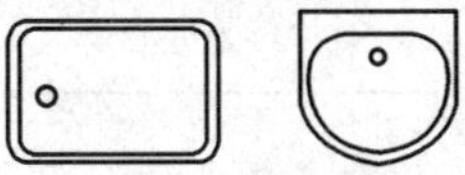	
5	浴缸	长方形	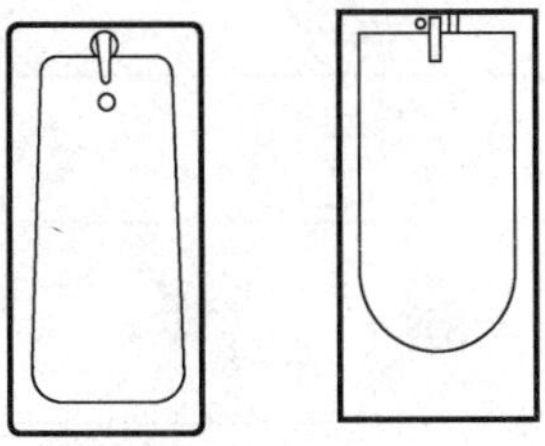	
		三角形	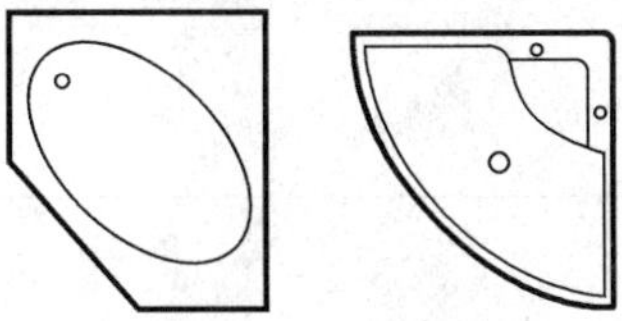	
		圆形	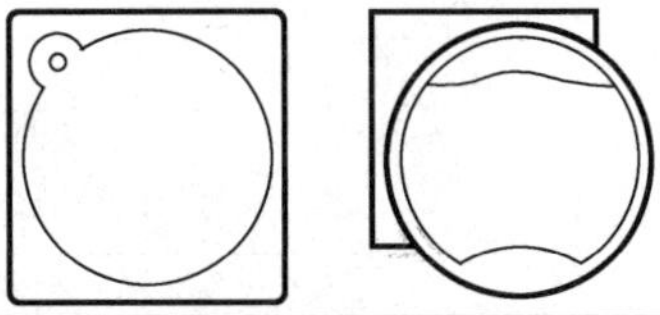	
6	沐浴房		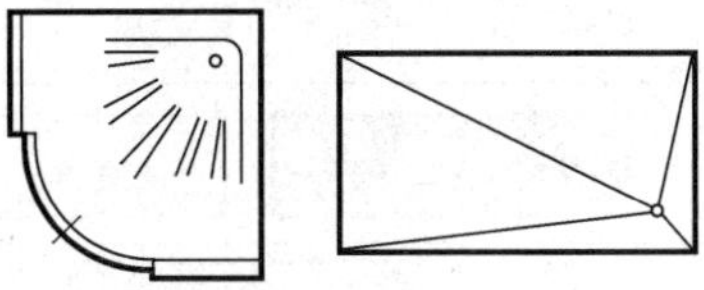	

表 3-8　室内常用景观花卉配饰图例

序　号	名　称	图　例	备　注
1	阔叶植物	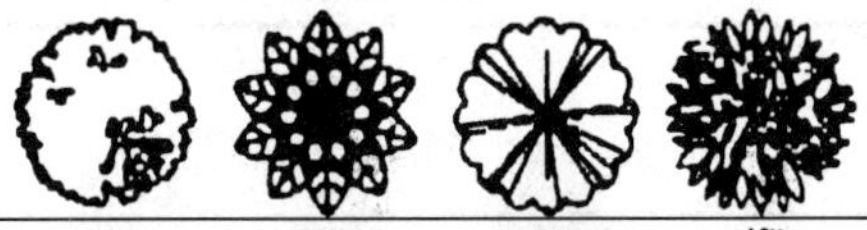	1. 立面样式根据设计自定 2. 其他景观配饰图例根据设计自定
2	针叶植物	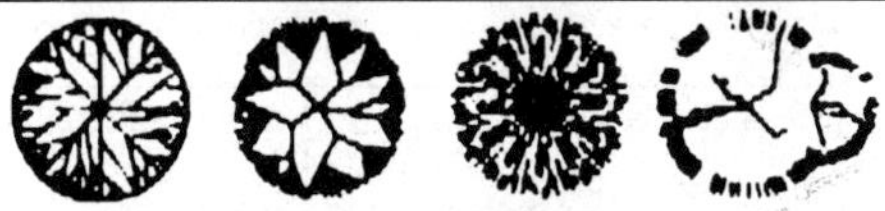	
3	落叶植物	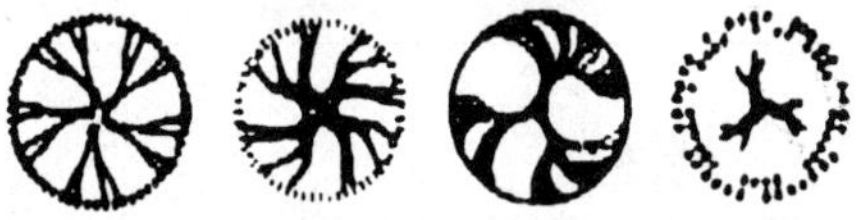	

建筑装饰工程制图与CAD

序 号	名 称		图 例	备 注
4	盆景类	树桩类		
		观花类		
		观叶类		
		山水类		
5	插花类			
6	吊挂类			1. 立面样式根据设计自定
7	棕榈植物			2. 其他景观配饰图例根据设计自定
8	水生植物			
9	假山石			
10	草坪			
11	铺地	卵石类		
		条石类		
		碎石类		

表 3-9　常用灯光照明图例

序 号	名 称	图 例
1	艺术吊灯	
2	吸顶灯	
3	筒灯	

续表

序　号	名　称	图　例
4	射灯	
5	轨道射灯	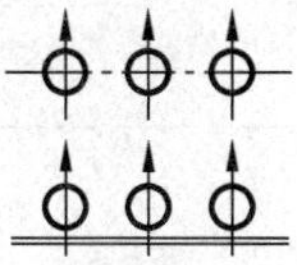
6	格栅射灯	 (单头)  (双头)  (三头)
7	格栅荧光灯	 (正方形) 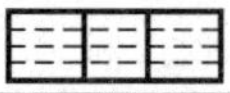 (长方形)
8	暗藏灯带	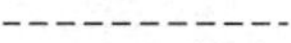 ------------
9	壁灯	
10	台灯	
11	落地灯	
12	水下灯	
13	踏步灯	
14	荧光灯	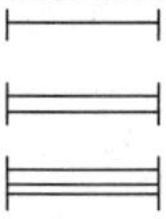
15	投光灯	
16	泛光灯	
17	聚光灯	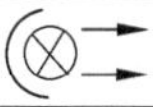

表 3-10　常用设备图例

序　号	名　称	图　例
1	送风口	 (条形) 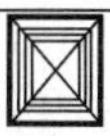 (方形)

序　号	名　称	图　例
2	回风口	▬ (条形) ▭ (方形)
3	侧送风、侧回风	↑ ↓
4	排气扇	▦
5	风机盘管	⊠ (立式明装) ▥ (卧式明装)
6	安全出口	EXIT
7	防火卷帘	—Ⓕ—
8	消防自动喷淋头	—⊙—
9	感温探测器	↓
10	感烟探测器	S
11	室内消火栓	▰ (单口) ⬛ (双口)
12	扬声器	◁

表 3-11　门窗图例

序　号	名　称	图　例	序　号	名　称	图　例
1	单扇门		5	转门	
2	双扇门		6	提升门	
3	双开折叠门		7	伸缩门	
4	内外开双层门		8	单扇推拉门	

序　号	名　称	图　例	序　号	名　称	图　例
9	内墙单扇推拉门		18	四扇门	
10	双扇推拉门		19	卷帘门	
11	MPM3-1800×2200		20	感应门	
12	MPM1-1600×2150		21	折叠门	
13	MPM5-750×2000		22	折叠门	
14	双面弹簧门		23	铁扇推拉门	
15	单扇双面弹簧门		24	MPM2-900×2100	
16	移门		25	MPM4-850×2000	
17	子母门		26	双层外开上悬窗	

序　号	名　　称	图　　例	序　号	名　　称	图　　例
27	单层内开平开窗		36	单层外开平开窗	
28	双层内外开平开窗		37	双层内外开上悬窗	
29	单层固定窗		38	立转窗	
30	单层中悬窗		39	单层外开上悬窗	
31	双层有连动杆的窗		40	双层固定窗	
32	拱形窗		41	落地玻璃窗	
33	老虎窗		42	单层内开上悬窗	
34	上推窗		43	高窗	
35	百叶窗		44	推拉窗	

表 3-12　陈设立面图例

序　号	名　称	图　例		
1	窗帘			
2	台灯			
3	壁灯			
4	落地灯			

3.2 建筑装饰工程平面图绘制

【任务目标】

本单元我们将通过完成一幅"××别墅建筑装饰平面图"来了解和掌握如下技能。

(1) 初步掌握建筑装饰平面图的绘制步骤，绘图工具正确使用方法。

(2) 掌握国家房屋建筑室内装饰装修制图标准对图纸幅面、图框、标题栏的规定。

(3) 掌握建筑装饰工程平面图上各种图线、符号的国家标准和要求。

(4) 学会总结建筑装饰平面图的识读原则、方法和程序，在拓展知识和技能环节，为大家准备了"建筑装饰工程地面铺装图"的内容来拓展视野。

3.2.1 建筑装饰工程平面图的形成

建筑装饰工程平面图一般包括平面布置图和顶棚平面图，若地面顶棚装饰较复杂，施工图的平面图应包括设计楼层的总平面图、房屋建筑现状平面图、平面定位图、各空间平面布置图、地面铺装图、索引图等。建筑装饰施工图中的平面布置图可分为陈设、家具平面布置图、部品部件平面布置图、设备设施布置图、绿化布置图、局部放大平面布置图等。

为了理解室内平面图的形成，我们可以假想有一个水平剖切平面，在窗户的高度位置上把整个房屋剖开，并揭去上面部分，然后自上而下看去，在水平剖切平面上所显示的正投影，就可称之为平面图，如图 3-13 所示。

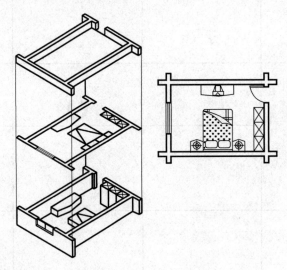

图 3-13 平面图的形成

建筑装饰平面图主要用来表示房屋室内的详细布置和装饰情况，在施工过程中，是进行结构改造、地面铺设和家具陈设布置等工作的依据。建筑装饰平面图应包括墙体的设置、功能区域划分、家具陈设布置、地面材料的选用等内容，如图 3-14 所示。

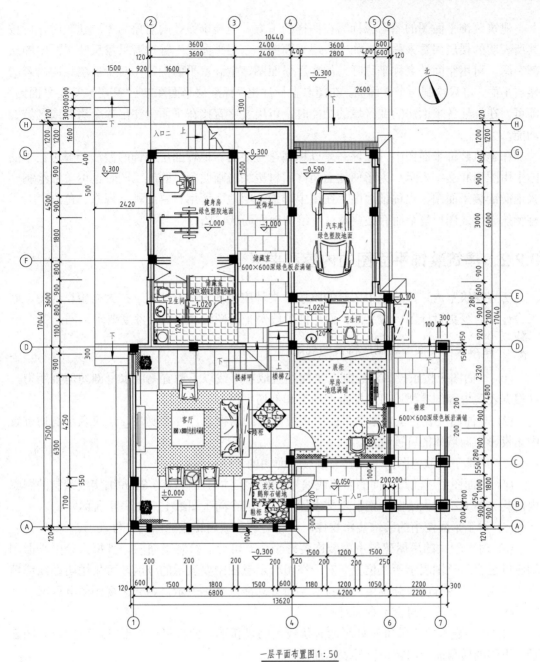

一层平面布置图1∶50

图 3-14　XX 别墅一层平面布置图

　　建筑平面图是建筑装饰平面设计的基础和依据，在表示方法上，与建筑装饰工程平面图既有区别又有联系。建筑设计的平面图主要表明室内各房间的位置，表现室内空间中的交通关系等，在建筑设计的平面图中一般不表示详细的家具、陈设、铺地的布置。图 3-14为在建筑设计平面图基础上所做的建筑装饰平面图，在建筑装饰平面图中必须表现上述物体的位置、大小。在装饰工程施工图的平面中还需要标注有关设施的定位尺寸，这些尺寸主要包括固定隔断、固定家具之间的距离尺寸，有的还标注了铺地、家具、景观小品等尺寸。

建筑装饰平面图的图名应标写在图样的下方。当装饰设计的对象为多层建筑时，可按其所表明的楼层层数来称呼，如"一层平面图、二层平面图"等。若只需反映平面中的局部空间，可用空间的名称来称呼，如客厅平面图、主卧室平面图等。对于多层相同内容的楼层平面，可只绘制一个平面图，在图名上标注出"标准层平面图"或"某层～某层平面图"即可。在标注各平面房间或区域的功能时，可用文字直接在平面中注出各个房间或区域的功能。

在建筑装饰平面图中，地坪高差以标高符号注明。地坪面层装饰的做法一般可在平面图中用图形和文字表示，为了使地面装修用材更加清晰明确，画施工图时也可单独绘制一张地面铺装平面图，也称铺地图，在图中详细注明地面所用材料品种、规格、色彩。对于有特殊造型或图形复杂而有必要时，可绘制地面局部详图。

3.2.2　建筑装饰平面图的内容和要求

房屋建筑室内装饰装修中图纸的阶段性文件应包括方案设计图、扩大初步设计图、施工设计图，变更设计图、竣工图。而不同阶段对平面图的表达内容深度要求不同。

1. 建筑装饰平面图绘制应符合的规定

(1) 平面图应按正投影法绘制，平面图宜取视平线以下适宜高度水平剖切俯视所得，并根据表现内容的需要，可增加剖视高度和剖切平面。

(2) 平面图应表达室内水平界面中正投影方向的物象，且需要时，还应表示剖切位置中正投影方向墙体的可视物像。

(3) 局部平面放大图的方向宜与楼层平面图的方向一致。

(4) 平面图中应注写房间的名称或编号，编号应注写在直径为 6mm 细实线绘制的圆圈内，其字体大小应大于图中索引用文字标注，并应在同张图纸上列出房间名称表。

(5) 对于平面图中的装饰装修物件，可注写名称或用相应的图例符号表示。

(6) 对于较大的房屋建筑室内装饰装修平面，可分区绘制平面图，且每张分区平面图均应以组合示意图表示所在位置。对于在组合示意图中要表示的分区，可采用阴影线或填充色块表示，各分区应分别用大写拉丁字母或功能区名称表示，各分区视图的分区部位及编号应一致，并应与组合示意图对应。

(7) 房屋建筑室内装饰装修平面起伏较大的呈弧形、曲折形或异形时，可用展开图表示，不同的转角面应用转角符号表示连接。

(8) 在同一张平面图内，对于不在设计范围内的局部区域应用阴影线或填充色块的方式表示。

(9) 为表示室内立面在平面上的位置，应在平面图上表示出相应的索引符号。

(10) 对于平面图上未被剖切到的墙体立面的洞、龛等，在平面图中可用细虚线连接表明其位置。

(11) 房屋建筑图内各种平面中出现异形的凹凸形状时，可用剖面图表示。

2. 方案设计的平面图绘制应符合的规定

(1) 宜标明房屋建筑室内装饰装修设计的区域位置及范围。

(2) 宜标明房屋建筑室内装饰装修设计中对原房屋建筑改造的内容。

(3) 宜标注轴线编号，并应使轴线编号与原房屋建筑图相符。

(4) 宜标注总尺寸及主要空间的定位尺寸。

(5) 宜标明房屋建筑室内装饰装修设计后的所有室内外墙体、门窗、管道井、电梯、自动扶梯、楼梯、平台和阳台等位置。

(6) 宜标明主要使用房间的名称和主要部位的尺寸，并应标明楼梯的上下方向。

(7) 宜标明主要部位固定和可移动的装饰造型、隔断、构件家具、陈设、厨卫设施、灯具以及其他配置、配饰的名称和位置。

(8) 宜标明主要装饰装修材料和部品部件的名称。

(9) 宜标注房屋建筑室内地面的装饰装修设计标高。

(10) 宜标注指北针、图纸名称、制图比例以及必要的索引符号、编号。

(11) 根据需要，宜绘制主要房间的放大平面图。

(12) 根据需要宜绘制反映方案特性的分析图，并宜包括：功能分区、空间组合、交通分析、消防分析、分期建设等图示。

3. 扩大初步设计平面图绘制应标明或标注的内容

(1) 房屋建筑室内装饰装修设计的区域位置及范围。

(2) 房屋建筑室内装饰装修中对原房屋建筑改造的内容及定位尺寸。

(3) 房屋建筑图中柱网、承重墙以及需要装饰装修设计的非承重墙、房屋建筑设施、设备的位置和尺寸。

(4) 轴线编号，并应使轴线编号与原房屋建筑图相符。

(5) 轴线间尺寸及总尺寸。

(6) 房屋建筑室内装饰装修设计后的所有室内外墙体、门窗、管道井、电梯、自动扶梯、楼梯、平台、阳台、台阶、坡道等位置和使用的主要材料。

(7) 房间的名称和主要部位的尺寸，楼梯的上下方向。

(8) 固定的和可移动的装饰装修造型、隔断、构件、家具、陈设、厨卫设施、灯具以及其他配置，配饰的名称和位置。

(9) 定制部品部件的内容及所在位置。

(10) 门窗、橱柜或其他构件的开启方向和方式。

(11) 主要装饰装修材料和部品部件的名称。

(12) 房屋建筑平面或空间的防火分区和防火分区分隔位置，及安全出口位置示意，并应单独成图，只有一个防火分区，可不注防火分区面积。

(13) 房屋建筑室内地面设计标高。

(14) 索引符号、编号、指北针、图纸名称和制图比例。

4. 施工设计图

施工设计图的平面图应包括设计楼层的总平面图，房屋建筑原始平面图、各空间平面布置图、平面定位图、地面铺装图、索引图等。

(1) 总平面图应符合下列规定。

应全面反映房屋建筑室内装饰装修设计部位平面与毗邻环境的关系，包括交通流线、功能布局等；应详细注明设计后对房屋建筑的改造内容；应标明需做特殊要求的部位；在图纸空间允许的情况下，可在平面图旁绘制需要注释的大样图。

(2) 平面布置图可分为陈设、家具平面布置图、部品部件平面布置图、设备设施布置图、绿化布置图、局部放大平面布置图等。平面布置图应符合下列规定。

陈设、家具平面布置图应标注陈设品的名称、位置、大小、必要的尺寸以及布置中需要说明的问题；应标注固定家具和可移动家具及隔断的位置、布置方向，以及柜门或橱门开启方向，并应标注家具的定位尺寸和其他必要的尺寸。必要时，还应确定家具上电器摆放的位置。

部品部件平面布置图应标注部品部件的名称、位置、尺寸、安装方法和需要说明的问题。设备设施布置图应标明设备设施的位置、名称和需要说明的问题。规模较小的房屋建筑室内装饰装修中陈设、家具平面布置图，设备设施布置图以及绿化布置图，可合并。规模较大的房屋建筑室内装饰装修中应有绿化布置图，应标注绿化品种、定位尺寸和其他必要尺寸。

房屋建筑单层面积较大时，可根据需要绘制局部放大平面布置图，但应在各分区平面布置图适当位置上绘出分区组合示意图，并应明显表示本分区部位编号。

应标注所需的构造节点详图的索引号。

当照明、绿化、陈设、家具、部品部件或设备设施另行委托设计时，可根据需要绘制照明、绿化、陈设、家具、部品部件及设备设施的示意性和控制性布置图。

对于对称平面，对称部分的内部尺寸可省略，对称轴部位应用对称符号表示，轴线号不得省略，楼层标准层可共用同一平面，但应注明层次范围及各层的标高。

(3) 平面定位图应表达与原房屋建筑图的关系，并应体现平面图的定位尺寸。平面定位图应标注下列内容。

房屋建筑室内装饰装修设计对原房屋建筑或原房屋建筑室内装饰装修的改造状况；房屋建筑室内装饰装修设计中新设计的墙体和管井等的定位尺寸、墙体厚度与材料种类，并注明做法；房屋建筑室内装饰装修设计中新设计的门窗洞定位尺寸、洞口宽度与高度尺寸、材料种类、门窗编号等；房屋建筑室内装饰装修设计中新设计的楼梯，自动扶梯、平台、台阶、坡道等的定位尺寸、设计标高及其他必要尺寸，并注明材料及其做法；固定隔断、固定家具、装饰造型、台面、栏杆等的定位尺寸和其他必要尺寸，并注明材料及其做法。

(4) 施工设计图中的地面铺装图应标注下列内容。

地面装饰材料的种类、拼接图案、不同材料的分界线；地面装饰的定位尺寸、规格和异形材料的尺寸、施工做法；地面装饰嵌条、台阶和梯段防滑条的定位尺寸、材料种类及做法。

(5) 房屋建筑室内装饰装修设计应绘制索引图。索引图应注明立面、剖面、详图和节点图的索引符号及编号，并可增加文字说明帮助索引。在图面比较拥挤的情况下，可适当缩小图面比例。

3.2.3　绘图步骤及相关要求

以绘制图 3-14 所示某别墅底层平面图为例来说明建筑装饰工程平面图的画法和各种要求。室内平面图与建筑平面图的画法基本相同，这里做一些基本的介绍。

(1) 根据开间及进深画出定位轴线，如图 3-15 所示。

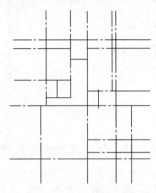

图 3-15　绘制定位轴线

💡 **注意：**(1) 在动笔之前应设置图形界限，确定图纸幅面以及需绘制的建筑总尺寸，从而确定合适的制图比例。一般总平面布置图，总顶棚平面布置图的绘图比例有 1∶200、1∶150、1∶100，一般局部平面布置图、局部顶棚平面布置图绘图比例有 1∶50、1∶75、1∶100。

(2) 装饰平面图的应表达轴线、定位轴线编号、轴线间尺寸及总尺寸，并应使轴线编号与原房屋建筑图相符。

(3) 一般墙体的定位轴线用细点划线。轴线编号的圆圈用细实线绘制，其直径为 8 mm。在圆圈内写上编号，平面图上水平方向的编号用阿拉伯数字，从左向右依次编写。垂直方向的编号，用大写拉丁字母自下而上顺次编写(由 A～E)。I、O 及 Z 三个字母不得作轴线编号，以免与数字 1、0 及 2 混淆。

(2) 根据墙体厚度、门窗洞口和洞间墙尺寸画出墙体、柱断面和门窗洞的位置，如图 3-16 所示。

💡 **注意：**(1) 墙体线为粗实线，画时先以 2H 铅笔以细实线画出，待整个图画好后再以 HB 铅笔加粗。

(2) 钢筋混凝土墙、柱断面按柱的尺寸画出后，待后期整体涂黑。

(3) 根据尺寸画出楼梯、门窗、台阶、散水等建筑细部，如图 3-17 所示。

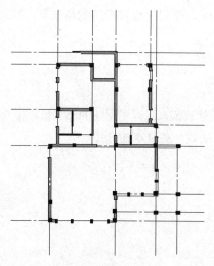

图 3-16　绘制墙体

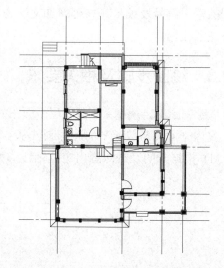

图 3-17　绘制楼梯、门窗、台阶、散水等建筑细部

💡 **注意：** (1) 楼梯、门窗、台阶、散水等建筑细部外轮廓线为中实线或细实线，建筑细部内部轮廓为细实线。

(2) 门窗按门窗图例统一画出(图例具体见第 2 章)。

(3) 室内装饰平面图中楼梯间的绘制基本要求同建筑平面图，在室内装饰平面图楼梯的绘制中，一般除了注明楼面、地面和楼梯平台的标高外，还应注明楼梯地面用材。

(4) 根据尺寸画出家具、陈设、绿化、地面铺设材质等装修细部，如图 3-18 所示。

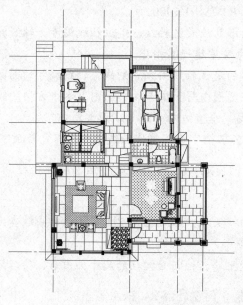

图 3-18　绘制家具、陈设、绿化、地面铺设材质等装修细部

注意：　(1)　家具、陈设、设备、设施的外轮廓线一般用中实线或细实线绘制，家具陈设等内部轮廓线用细实线绘制，地面材质、绿化等均用细实线，室内细部包括家具与陈设、固定设备、设施、绿化、景观、地面、灯具、壁画、浮雕等，一般可参考常用室内工程图例。

(2)　在比例尺较小的图样中，可以适当简化，画出家具、陈设或各类设施的外轮廓即可。

(3)　在比例尺较大的图样中，可以详细绘制家具、陈设、设备设施的内容和款式，并加注必要文字标注。

(5)　画出尺寸线、尺寸界线、定位轴线编号圆圈和标高符号等，如图 3-19 所示。

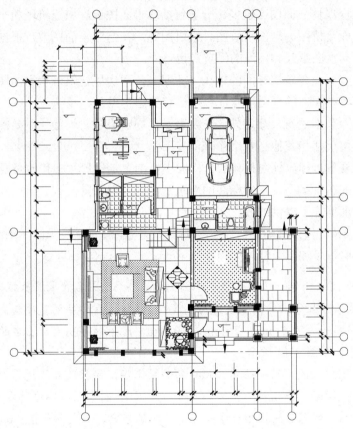

图 3-19　绘制尺寸线、尺寸界线、定位轴线编号圆圈和标高符号

注意：　(1)　装饰图样尺寸标注的一般标注方法同建筑平面图的规定。

(2)　尺寸标注除标高用米(m)外，其他尺寸均以毫米(mm)为单位。

(3)　尺寸标注符号由尺寸线、尺寸界线、尺寸起止符号和尺寸数字四部分组成。

尺寸线用细实线绘制，与被注边平行，图样本身的任何图线均不得用作尺寸线。

尺寸界线用细实线绘制，垂直于被注边，一端离开图样轮廓线不小于 2 mm，另一端超出尺寸线 2~3mm，轮廓线、轴线和中心线可用作尺寸界线。

尺寸起止符号用中粗斜线绘制，长度 2~3 mm，倾角 45°，半径、直径、角度和弧长的起止符号用箭头表示。尺寸起止符号也可用黑色圆点绘制，圆点直径宜为 1 mm。

尺寸数字一般采用 2.5 或 3.5 号字注写，字底的下边线距尺寸线 0.5 mm，标注水平尺寸时，数字均应注在尺寸线上方，字头向上。标注竖直尺寸时，数字均应注在尺寸线左侧，字头向左。

尺寸线之间应留有适当距离(一般为 10 mm，最里面尺寸线应离图形最外轮廓线 15 mm)，以便注写数字。

室内平面图中最基本的尺寸标注是原有建筑中留下来的和新增的柱与墙的轴线间的尺寸和总尺寸，即建筑平面图中的第一道尺寸表示外轮廓的总尺寸和第二道尺寸表示轴线间的距离。这两道尺寸在室内平面图中是必须保留的。

一些大型工程项目平面图比较多，一般包括总平面图、房屋建筑现状平面图、各空间平面布置图、平面定位图、地面铺装图、索引图等。在这些平面图中，根据图纸需要表示的重点内容的不同，图纸尺寸标注的侧重点也不同。

总平面图重点标出建筑墙柱间的轴线尺寸即可。而房屋建筑现状平面图则要清晰反映整个建筑结构和各种配件的平面尺寸，包括已有的固定设备、设施。

平面布置图除基本建筑尺寸之外，还要表示出固定设备、设施，重要的隔墙、隔断、家具、陈设的定位尺寸和其他必要尺寸。

地面铺装图要重点标出地面材料的分格大小及图案定位尺寸和其他必要尺寸。

总之，不同的图纸类型，尺寸标注的侧重点尽同，但目的一致，就是要把室内设计方案表达完整，为现场施工提供细致、完整的尺寸数据。

(6) 加粗外墙体、柱体填黑，标注文字(标注尺寸数字、文字、图名和比例等)，标出地面标高、立面索引符号和指北针，如图 3-14 所示。

💡 **注意：** (1) 图名、比例一般书于整个平面图的正下方，图名宜采用长仿宋体(矢量字体)或黑体，长仿宋体的宽度是与高度的 0.7 倍，黑体字的宽度与高度应相同，图名字高一般为 5 mm、7 mm 或 10 mm，比例的字高宜比图名的字高小一号或二号，如图 3-14 所示。

(2) 图中空间名称一般用 5 mm 高的黑体字，材料及其他说明中的汉字，宜采用高不小于 3.5 mm 的长仿宋体(矢量字体)，同一图纸字体种类不应超过两种。

(3) 拉丁字母、阿拉伯数字与罗马数字的字高，不应小于 2.5 mm。字体采用单线简体或 ROMAN 字体。数量的数值注写，应采用正体阿拉伯数字。

(4) 标高符号和标注方法与建筑平面图表示方法相同。

房屋建筑室内装饰装修平面图中，设计空间应标注标高，标高符号可采用直角等腰三角形，也可采用涂黑的三角形或 90° 对顶角的圆，标注顶棚标高时，也可采用 CH 符号表示，如图 3-12 所示。

(5) 立面索引符号表示室内立面在平面上的位置及立面图所在图纸编号，应在平面图上使用立面索引符号。立面索引符号应由圆圈、水平直径组成，且圆圈及水平直径应以细实线绘制。根据图面比例，圆圈直径可选择 8～10 mm。圆圈内应注明编号及索引图所在页码。立面索引符号应附以三角形箭头，且三角形箭头方向应与投射方向一致，圆圈中水平直径、数字及字母(垂直)的方向应保持不变，如图 3-3 所示。

在平面图中采用立面索引符号时，应采用阿拉伯数字或字母为立面编号代表各投视方向，并应以顺时针方向排序，如图 3-4 所示。

(6) 在整幅图的左下角或右上角画出指北针，指北针的绘制要求同建筑工程平面图。

3.2.4　建筑装饰工程平面图的总结

通过上述建筑工程平面图的绘制，我们可以明确如下一些信息。

(1) 从图名可了解到该图是一层平面图，比例是 1∶50，图中有一个指北针符号，说明房屋坐北朝南(上北下南)。

(2) 从平面图的形状与总长为 13.62m，总宽为 17.04m，可计算出房屋的用地面积。

(3) 从图中墙的位置及分隔情况和房间的名称，可了解到房屋内部各房间的配置、用途数量及其相互间的联系情况。

(4) 从图中定位轴线的编号及其间距，可了解到各承重构件的位置及房间的大小，了解到各房间的开间、进深。本例中客厅的开间为 6.8m，进深为 7.5m。

(5) 从图中门窗的图例，可了解到门窗的类型、数量及其位置。本例中车库为卷帘门，西边卫生间的门为推拉门，其他均为平开门。

(6) 从图中还可了解到家具、陈设、设备的配置和位置情况，了解到各个空间的交通流线情况。本例中客厅的主要家具是沙发、电视柜和玄关的鞋柜，该空间主背景墙是①轴线内侧的电视背景墙。

(7) 从图中还可了解到每个空间地面所用的材料品种规格。本例中玄关地面铺设鹅卵石，客厅地面用的是 800×800 玻化砖，琴房地面铺的是地毯，车库和健身是塑胶地板地面，走道走廊是板岩地面，卫生间是用 300×300 防滑地砖铺设。

(8) 从图中还可了解到地面的标高尺寸，立面索引符号等，本例中地面标高落差较大，客厅琴房与健身房之间地面标高相差 1m，与车库地面标高相差 0.41 m。该图纸表达了客厅和琴房的立面图。

上述总结可以看出室内设计平面图重点表达家居陈设设备的布局和地面用材，要了解顶棚墙面等的设计还要阅读其他界面装饰设计图。

3.2.5　知识拓展——地面铺装图

地面铺装图是表示地面做法的图样。当地面做法比较复杂时，既有多种材料，又有多变的形式组合时，就需要制作地面铺装图，如图 3-20 所示。若地面做法非常简单时，在平面布置图上标注地面做法即可。

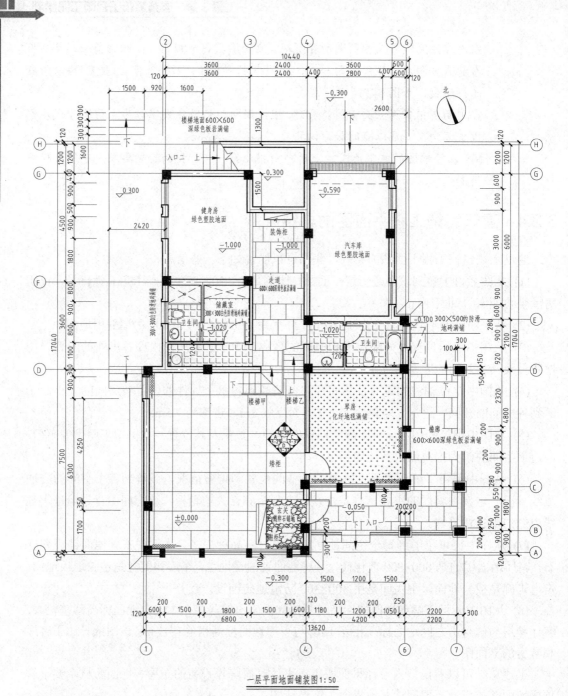

一层平面地面铺装图1：50

图 3-20 XX 别墅一层地面铺装图

地面铺装图的主要内容如下。

(1) 原有墙、柱、门、窗、楼梯、电梯、管道井、阳台、露台、栏杆、台阶、坡道等的平面尺寸及必要的文字标注。

(2) 地坪界面的空间内容及关系，固定于地面的设施和设备，如固定家具、设备与造景，及其平面尺寸和必要的材料说明。

(3) 地坪材料的名称、规格及编号。如作分格，应标出分格大小；如作图案，要标注尺寸，必要时可另画详图，并标注出详图索引符号。

(4) 如果地面有其他地埋式设备，则需要表达出来，如埋地灯、暗藏光源、地插座等。

(5) 注明地坪相对标高。地坪如有标高上的落差，需要节点剖切，则表达出剖切的节点索引号。

(6) 楼地面标高、楼梯平台标高。

(7) 轴线编号、轴线尺寸和总尺寸。

(8) 图名、比例及相关编号。

3.3　建筑装饰工程顶棚平面图绘制

【任务目标】

本单元我们将通过完成一幅"××别墅建筑一层顶棚平面布置图"，来了解和掌握如下技能。

(1) 初步掌握建筑装饰顶棚平面图的绘制步骤，绘图工具正确使用方法。

(2) 掌握建筑装饰工程顶棚平面图上各种图线、符号的国家标准(GB)和要求。

(3) 学会总结建筑装饰顶棚平面图的识读原则、方法和程序，在拓展知识和技能环节，为大家准备了"建筑装饰工程顶棚尺寸图"的内容，作为举一反三来拓展视野。

3.3.1　建筑装饰顶棚平面图的形成

顶棚平面图是假想用一剖切平面通过门洞的上方将房屋剖开后，对剖切平面上方的部分作镜像投影所得图样，用以表达顶棚造型、材料、灯具、消防和空调系统的位置。如图 3-21 所示。为了理解室内顶棚的图示方法，我们可以设想与顶棚相对的地面为整片的镜面，顶棚的所有形象都可以映射在镜面上，这个镜面就是投影面，镜面呈现的图像就是顶棚的正投影图。用此方法绘出的顶棚平面图所显示的图像，其纵横轴线排列与平面图完全一致，便于相互对照，更易于清晰识读。

顶棚平面图所用比例一般与平面布置图相同，线型要求也与平面图一致，顶棚平面图图像中纵横轴线排列也应与平面图完全一致。

建筑装饰平面图一般包括平面布置图和顶棚平面图,施工图中的顶棚平面图应包括装饰装修楼层的顶棚总平面图、顶棚装饰灯具布置图、顶棚综合布点图、各空间顶棚平面图等。

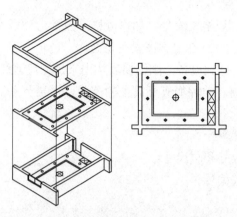

图 3-21　顶棚平面图的形成——镜像投影

3.3.2　顶棚平面图的内容和要求

顶棚平面图中应省去平面图中门的符号，并应用细实线连接门洞以表明位置。墙体立面的洞、龛等，在顶棚平面中可用细虚线连接表明其位置。顶棚平面图应表示出镜像投影后水平界面上的物像，且需要时，还应表示剖切位置中投影方向的墙体的可视内容。平面为圆形、弧形、曲折形、异形的顶棚平面，可用展开图表示，不同的转角面应用转角符号表示连接，画法应符合现行国家标准《建筑制图标准》(GB/T50104)的规定。房屋建筑室内顶棚上出现异形的凹凸形状时，可用剖面图表示。

房屋建筑室内装饰装修图纸的深度应满足各阶段的深度要求，顶棚平面图的图纸深度同样应满足各阶段的深度要求。

(1) 方案设计的顶棚平面图应符合下列规定。

应标注轴线编号，并应使轴线编号与原房屋建筑图相符；应标注总尺寸及主要空间的定位尺寸；应标明房屋建筑室内装饰装修设计调整过后的所有室内外墙体、管道井，天窗等的位置；应标明装饰造型、灯具、防火卷帘以及主要设施、设备、主要饰品的位置；应标明顶棚的主要装饰装修材料及饰品的名称；应标注顶棚主要装饰装修造型位置的设计标高；应标注图纸名称、制图比例以及必要的索引符号、编号。

(2) 扩大初步设计的顶棚平面图应标明或标注下列内容。

房屋建筑图中柱网、承重墙以及房屋建筑室内装饰装修设计需要的非承重墙；轴线编号，并使轴线编号与原房屋建筑图相符；轴线间尺寸及总尺寸；房屋建筑室内装饰装修设计调整过后的所有室内外墙体、管井、天窗等的位置，必要部位的名称和主要尺寸；装饰造型、灯具、防火卷帘以及主要设施、设备、主要饰品的位置；顶棚的主要饰品的名称；顶棚主要部位的设计标高；索引符号、编号、指北针、图纸名称和制图比例。

(3) 施工图中的顶棚平面图应包括装饰装修楼层的顶棚总平面图、顶棚装饰灯具布置图、顶棚综合布点图、各空间顶棚平面图等。

① 施工图中顶棚总平面图的绘制应符合下列规定。

应全面反映顶棚平面的总体情况，包括顶棚造型、顶棚装饰、灯具布置、消防设施及其他设备布置等内容；应标明需做特殊工艺或造型的部位；应标注顶棚装饰材料的种类，拼接图案、不同材料的分界线；在图纸空间允许的情况下，可在平面图旁边绘制需要注释的大样图。

② 施工图中各个空间顶棚平面图的绘制应符合下列规定。

应标明顶棚造型、天窗、构件、装饰垂挂物及其他装饰配置和饰品的位置，注明定位尺寸、标高或高度、材料名称和做法；房屋建筑单层面积较大时，可根据需要单独绘制局部的放大顶棚图，但应在各放大顶棚图的适当位置上绘出分区组合示意图，并应明显地表示本分区部位编号；应标注所需的构造节点详图的索引号；表述内容单一的顶棚平面，可缩小比例绘制；对于对称平面，对称部分的内部尺寸可省略，对称轴部位应用对称符号表示，但轴线号不得省略，楼层标准层可共用同一顶棚平面，但应注明层次范围及各层的标高。

③ 施工图中的顶棚综合布点图应标明顶棚装饰装修造型与设备设施的位置、尺寸关系。

④ 施工图中顶棚装饰灯具布置图的绘制应标注所有明装和暗藏的灯具(包括火灾和事故照明灯具)、发光顶棚、空调风口、喷头、探测器、扬声器、挡烟垂壁、防火卷帘、防火挑檐、疏散和指示标志牌等的位置，标明定位尺寸、材料名称、编号及做法。

3.3.3　绘图步骤及相关要求

(1) 绘制建筑平面图，画出建筑轴线、墙柱、门窗、楼梯和雨棚等，如图 3-22 所示。

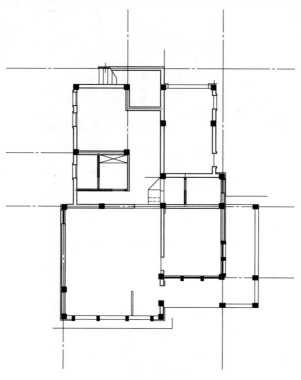

图 3-22　绘制建筑平面图

注意： (1) 由于室内顶棚平面图和室内平面图的形成过程基本相同，都是窗台上方位置将房间剖开形成水平剖面图，所以其剖切到的墙、柱线完全一致，绘制顺序和绘制要求也基本相同(顶棚平面图门的表达不同)，要注意墙和柱子的结构线要用粗实线。

(2) 室内顶棚平面图包括顶棚平面布置图和顶棚尺寸图，室内顶棚平面图的比例尺一般较小，常用比例有 1：200，1：150，1：100，1：50，一般根据建筑面积大小及图纸幅面大小确定制图比例。

(3) 顶棚平面图中应删去平面图中门的符号，并应用细实线连接门洞以表明位置。墙体立面的洞、龛等，在顶棚平面中可用细虚线连接表明其位置。

(4) 室内顶棚平面图要绘制雨棚、阳台顶部和楼梯底部的镜面投影。

(2) 根据尺寸画出顶棚造型，如图 3-23 所示。

按正投影原理，顶棚上的吊顶、浮雕等造型均应画在顶棚平面图上。当有些浮雕、线脚或装饰图案比较复杂时，可以用轮廓线示意的方法表示，然后另外绘制一张详图。

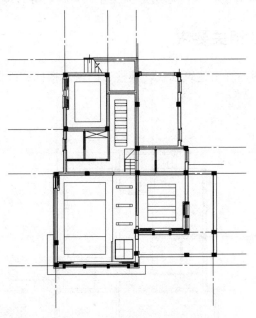

图 3-23　根据尺寸画出顶棚造型

注意： (1) 顶棚平面图实际上是水平剖面图。一般情况下，凡是剖到的墙、柱轮廓线应用粗实线表示；室内顶棚造型投影线用中实线表示，其余投影线及各类灯具、设备等用细实线表示。注意，吊顶暗藏灯带用细虚线表示。

(2) 顶棚平面图应表达顶棚造型、顶棚装饰等内容；若顶棚设计有图案，应表达拼接图案、不同材料的分界线；若造型图案较为复杂的情况下，可另外绘制需要注释的大样图。

(3) 绘制灯具、通风、烟感器和喷淋等设备，并进行顶棚装饰材料填充，如图 3-24 所示。

💡 **注意：**　(1) 室内常用的灯具一般有吊灯、筒灯、射灯、吸顶灯、镜前灯、灯带等类型，其种类繁多，因此在目前的装饰行业基本形成了统一的灯具图例(表 3-9)，在绘制天花平面图时直接引用图例即可。

(2) 通风口、烟感器、喷淋等也同样可以引用图例(表 3-10)，但由于其专业性强，一般需要相关资料和技术人员的配合才能完成，如果条件不具备，可暂且不画。

(3) 吊顶的装饰材料，一般有石膏板、纸面石膏板、矿棉板、胶合板、塑料扣板、铝合金条板、铝合金方板、铝合金格栅、铝塑板、玻璃等。对于不同材料的装饰吊顶，需要用线条、网格或其他形式表示。将材料填充之后，对于特殊材料和工艺的装饰部分，需要进行必要的文字标注。

(4) 一套室内装饰图纸中，同种装饰材料应该用同种纹理填充。

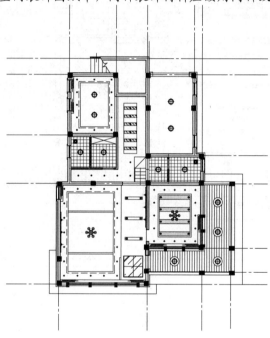

图 3-24　绘制灯具、通风、烟感器和喷淋等设备

(4) 根据设计要求进行文字标注和尺寸标注，并标注室内标高和图名比例，如图 3-25 所示。

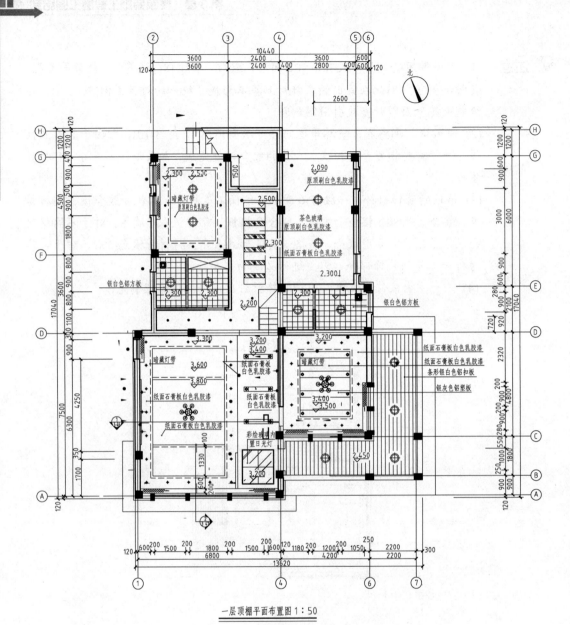

一层顶棚平面布置图1：50

图 3-25 ××别墅一层顶棚平面布置图

💡 **注意：** (1) 顶棚每个造型部位、每个分层吊顶均要进行材料标注，对于特殊材料和工艺的装饰部分，需要进行必要的构造做法文字标注。

(2) 顶棚平面图要表达房屋建筑室内装饰装修设计调整过后的所有室内外墙体、管井、天窗等必要部位的名称；灯具等主要设施、设备、主要饰品的名称。

(3) 标高单位采用 m 为单位，标高尺寸数值小数点后保留三位小数，标高符号用细线画出，一般标注该顶棚底面距本层楼面的相对高度。顶棚工程应该表达所有顶棚底面和分层吊顶标高。

(4) 参照室内顶棚平面图的制图规范进行尺寸标注。

顶棚平面图要表达轴线编号，并使轴线编号与原房屋建筑图相符；轴线间尺寸及总尺寸；房屋建筑室内装饰装修设计调整过后的所有室内外墙体、管井、天窗等的位置，必要部位的名称和主要尺寸；装饰造型、灯具、防火卷帘以及主要设施、设备、主要饰品的位置；顶棚的主要饰品的名称；顶棚主要部位的设计标高；索引符号、编号、指北针、图纸名称和制图比例。

(5) 加粗墙体轮廓线。

(6) 在图下方标注图名和比例尺，图名、比例一般书于整个平面图的正下方。

3.3.4　建筑装饰工程顶棚平面图的总结

通过上述建筑工程顶棚平面图的绘制，我们可以明确如下一些信息。

(1) 从图名可了解到该图是一层顶棚平面布置图，比例是 1∶50。

(2) 从图中定位轴线的编号及其间距，可了解到各承重构件的位置及房间的大小。本例的横向轴线为 1～9，竖向轴线为 A～E。

(3) 图中注有外部和内部尺寸，可了解到各房间的开间、进深、外墙与门窗的大小和位置。

(4) 从图中顶部造型和材料标注，可了解到顶部吊顶距离地面的高度，顶部造型尺寸，顶部面层做法。

(5) 从图中还可了解到灯具、设备的配置和位置情况。

3.3.5　知识拓展——顶棚尺寸图

当室内设计吊顶工程比较复杂时，为将设计意图表达清晰完整，一般需要绘制顶棚尺寸图，如图 3-26 所示。

其主要内容如下。

(1) 剖切线上的建筑与室内空间的造型关系及门窗洞口的位置。

(2) 室内顶棚详细的装修安装尺寸。

(3) 顶棚上的灯具及其他装饰物的定位尺寸。

(4) 窗帘、窗帘轨道及相关尺寸。

(5) 风口、烟感、温感、喷淋、广播、检查口等设备安装的定位尺寸。

(6) 天棚吊顶的装修材料及造型排列图样和相关尺寸。

(7) 顶棚的标高关系。

(8) 表达出轴号及轴线关系。

对于一般的室内装饰工程，通常只需要画出顶棚布置图即可。当遇到大型工程或比较复杂的顶棚装饰工程时，就需要另作顶棚装修尺寸图，来详细表示其工程做法及尺寸。

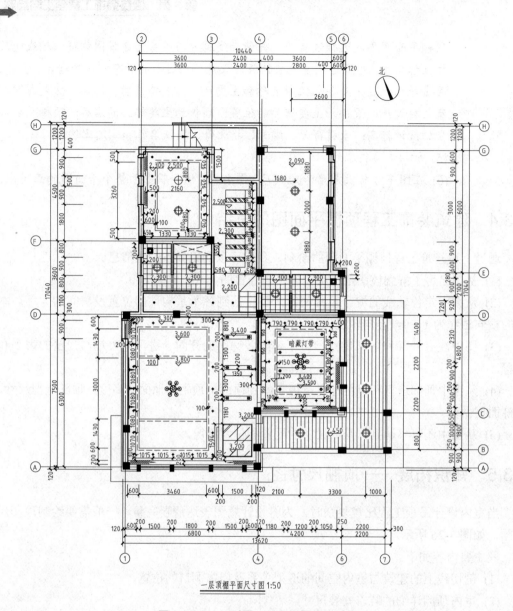

一层顶棚平面尺寸图 1:50

图 3-26　××别墅一层顶棚平面尺寸图

3.4　建筑装饰立面图绘制

【任务目标】

本单元通过完成一幅"××别墅建筑装饰立面图",来了解和掌握如下技能。

(1) 初步掌握建筑装饰立面图的绘制步骤和方法。

(2) 掌握建筑装饰立面图上各种图线、符号的国家标准和要求。

(3) 学会总结建筑装饰立面图的识读原则、方法和程序。

3.4.1　建筑装饰立面图的形成与命名

1. 建筑装饰立面图的形成

房屋建筑室内装饰装修立面图和建筑立面图一样应按正投影法绘制，即建筑装饰立面图是室内各垂直界面的正投影图。形象地说，装饰立面图是人立于室内向各内墙面观看而得的正投影图，简称立面图，如图 3-27 所示为室内某一方向的立面图。

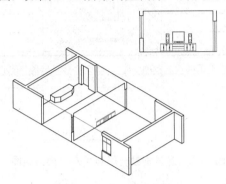

图 3-27　装饰立面图的形成

装饰立面图主要用来表达内墙立面的造型、所用材料及其规格、色彩与工艺要求以及装饰构件等。立面方案图一般可以不考虑活动的陈设与吊顶，因其与墙面不存在结构上的必然联系(若是与墙面连在一起的固定设施，则应画出)，所以不需要画出此房间以外的多余部分，通常只用粗实线表示此房间周边结构构件的内缘即可，如图 3-28 所示，即为某客厅电视背景的立面方案图。但是立面施工图应绘制立面左右两端的墙体构造或界面轮廓线、原楼地面至装修楼地面的构造层、顶棚面层、装饰装修的构造层，还要表达内墙立面的造型、所用材料及其规格、色彩与工艺要求以及装饰构件等，如图 3-29 所示，即为某客厅电视背景的立面施工图。

立面图一般与平面图采用相同的比例，若有特殊需要时亦可采用较大的比例，以便清晰地表达各细部，有利于施工，当墙面无复杂的造型与墙裙时可省略立面图。

2. 建筑装饰立面图的命名

立面图宜根据平面图中立面索引编号标注图名，一般用 A、B、C、D 等指示符号来表示立面的指示方向，图名一般为"空间名称+立面方向符号"，再加"立面图"，如"客厅 A 立面图""客厅 B 立面图""客厅 C 立面图""客厅 D 立面图"等。如图 3-28～图 1-32 所示。在平面设计图中标出指北针，也可按东西南北方向指示各立面。对于局部立面的表达，还可直接使用此物体或方位的名称，如屏风立面、客厅电视柜立面等。

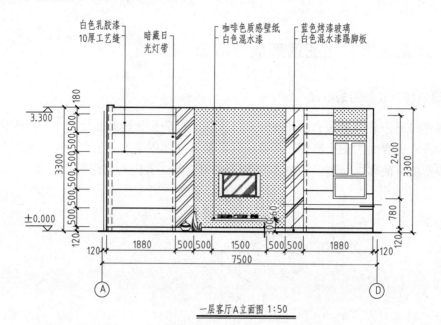

一层客厅A立面图 1:50

图 3-28　××别墅一层客厅 A 立面方案图

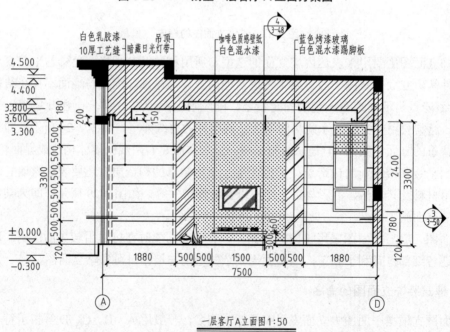

一层客厅A立面图 1:50

图 3-29　××别墅一层客厅 A 立面施工图

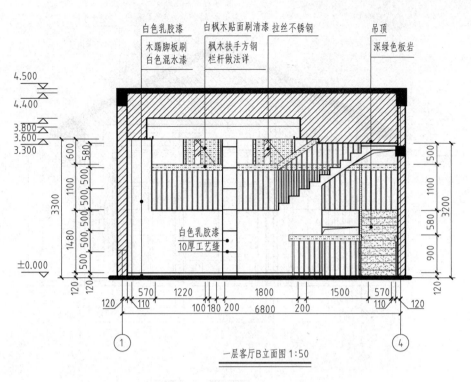

图 3-30　××别墅一层客厅 B 立面图

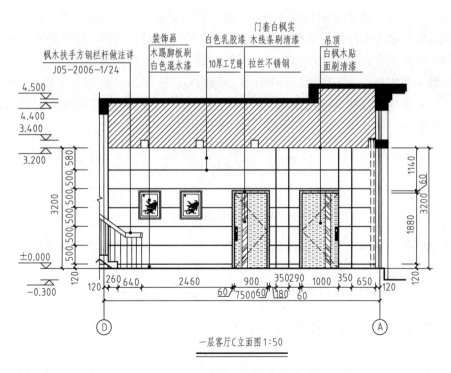

图 3-31　××别墅一层客厅 C 立面图

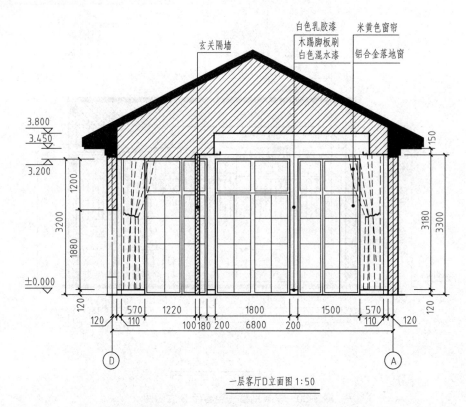

图 3-32　××别墅一层客厅 D 立面图

　　立面图图名也常用立面图名编号表达，立面图的图名编号应由圆、水平直径、图名和比例组成。圆及水平直径均应由细实线绘制，圆直径根据图面比例，可选择 8～12mm，在图号圆圈内画一水平直径，上半圆中应用阿拉伯数字或字母注明该图样编号，下半圆中应用阿拉伯数字或字母注明该图索引符号所在图纸编号，如图 3-33 所示。图名编号引出的水平直线上方宜用中文注明该图的图名，其文字宜与水平直线前端对齐或居中。图名比例的注写应符合标准。

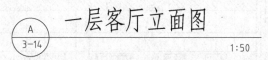

图 3-33　被索引出的图样的图名编写

　　一个空间各向立面图应尽可能画在同一图纸上，甚至可把相邻的立面图连接起来，以便展示室内空间的整体布局。立面图中地坪线、墙等剖面轮廓用粗实线，1∶50 以上大比例图应表示的材料图例、门窗洞口、家具陈设轮廓用中实线，其余用细实线绘制。

3.4.2　建筑装饰立面图的绘图内容

　　立面图应表达室内垂直界面中投影方向的物体，需要时，还应表示剖切位置中投影方向的墙体、顶棚、地面的可视内容。

立面图的两端应标注房屋建筑平面定位轴线编号。

平面为圆形、弧形、曲折形、异形的室内立面，可用展开图表示，不同的转角面应用转角符号表示连接，画法应符合现行国家标准《建筑制图标准》(GB/T50104)的规定。

对称式装饰装修面或物体等，在不影响物像表现的情况下，立面图可绘制一半，并应在对称轴线处画对称符号。

在房屋建筑室内装饰装修立面图上。相同的装饰装修构造样式可选择一个样式绘出完整图样，其余部分可只画图样轮廓线。

在房屋建筑室内装饰装修立面图上，表面分隔线应表示清楚，并应用文字说明各部位所用材料及色彩等。

圆形或弧线形的立面图应以细实线表示出该立面的弧度感，如图 3-34 所示。

房屋建筑室内装饰装修立面图的绘制内容除应符合本上述规定外，图纸深度应满足各阶段的深度要求。

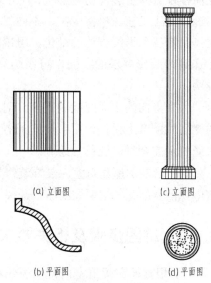

(a) 立面图　　　　(c) 立面图
(b) 平面图　　　　(d) 平面图

图 3-34　圆形或弧形图样立面图

1. 方案设计立面图绘制

(1) 方案设计的立面图绘制应符合下列规定。

应标注立面范围内的轴线和轴线编号，以及立面两端轴线之间的尺寸。

应绘制有代表性的立面、标明房屋建筑室内装饰装修完成面的底界面线和装饰装修完成面的顶界面线、标注房屋建筑室内主要部位装饰装修完成面的净高，并应根据需要标注楼层的层高。

应绘制墙面和柱面的装饰装修造型、固定隔断、固定家具，门窗、栏杆、台阶等立面形状和位置，并应标注主要部位的定位尺寸。

应标注主要装饰装修材料和部品部件的名称。

应标注图纸名称、制图比例以及必要的索引符号、编号。

(2) 扩大初步设计立面图绘制应绘制、标注或标明符合下列内容。

绘制需要设计的主要立面；标注立面两端的轴线、轴线编号和尺寸。

(3) 标注房屋建筑室内装饰装修完成面的地面至顶棚的净高。

绘制房屋建筑室内墙面和柱面的装饰装修造型、固定隔断、固定家具、门窗、栏杆、台阶、坡道等立面形状和位置，标注主要部位的定位尺寸；标明立面主要装饰装修材料和部品部件的名称；标注索引符号、编号、图纸名称和制图比例。

2. 施工图中立面图的绘制

施工图中立面图的绘制应符合下列规定。

应绘制立面左右两端的墙体构造或界面轮廓线、原楼地面至装修楼地面的构造层、顶棚面层、装饰装修的构造层；应标注设计范围内立面造型的定位尺寸及细部尺寸；应标注立面投视方向上装饰物的形状、尺寸及关键控制标高；应标明立面上装饰装修材料的种类、名称、施工工艺、拼接图案、不同材料的分界线；应标注所需的构造节点详图的索引号；对需要特殊和详细表达的部位，可单独绘制其局部放大立面图，并应标明其索引位置；无特殊装饰装修要求的立面，可不画立面图，但应在施工说明中或相邻立面的图纸上予以说明。

各个方向的立面应绘制齐全，对于差异小、左右对称的立面可简略，但应在与其对称的立面的图纸上予以说明；中庭或看不到的局部立面，可在相关剖面图上表示，当剖面图未能表示完全时，应单独绘制。

对于影响房屋建筑室内装饰装修效果的装饰物、家具、陈设品、灯具、电源插座、通信和电视信号插孔、空调控制器、开关、按钮、消火栓等物体，宜在立面图中绘制出其位置。

3.4.3 绘图步骤及相关要求

(1) 根据标高画出室内楼地面线和吊顶线的位置，再画出两端外墙的定位轴线和轮廓线，如图 3-35 所示。

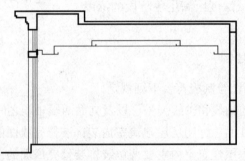

图 3-35 画出室内楼地面线、吊顶线、两端墙的定位轴线和轮廓线

(2) 根据尺寸画出装饰装修造型、固定隔断、固定家具，门窗、栏杆、台阶等立面形状和位置的轮廓线，如图 3-36 所示。

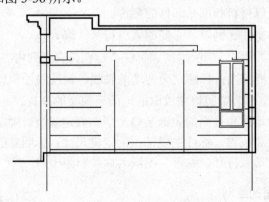

图 3-36 画装饰装修造型、固定隔断、固定家具，门窗、栏杆、台阶等轮廓线

(3) 按装饰装修造型、固定家具陈设等的立面形式画出细部，并画出建筑装饰装修面层材料，如图 3-37 所示。

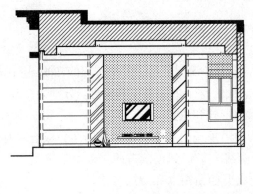

图 3-37　可画出家具陈设细部和建筑装饰装修面层材料

(4) 画定位轴线编号圆圈、标高符号、详图或剖切索引符号、尺寸标注线和文字引线，如图 3-38 所示。

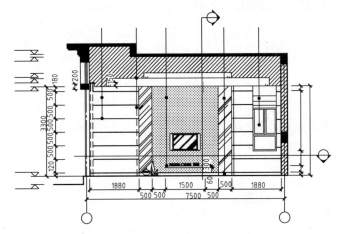

图 3-38　画定位轴线编号圆圈和标高符号

(5) 按图线的层次加深图线，注写尺寸数字和文字说明和图名，如图 3-29 所示。

注意：　(1) 室内立面图的常用比例是 1∶50～1∶30，在这个比例范围内，基本可以清晰地表达出室内立面上的形体。

(2) 立面图的外轮廓线用粗实线，室内楼地面线也可用粗实线。

(3) 立面之内的墙面装修主要造型线、固定隔断、固定家具，门窗、阳台等构配件的轮廓线用中实线。

(4) 一些较小的构配件的轮廓线如墙面装修细部造型线、门窗扇、固定家具细部轮廓、阳台细部轮廓、材料纹理、文字说明引出线等用细实线。

(5) 固定在墙上的家具陈设在立面图中必须表达，活动家具陈设可以不表达，但对于影响房屋建筑室内装饰装修效果的装饰物、家具、陈设品、灯具、电源插座、通信和电视信号插孔、空调控制器、开关、按钮、消火栓等物体，宜在立面图中绘制出其位置。

(6) 立面图的图名一定要与平面图中的立面索引符号对应。

3.4.4 建筑装饰立面图的总结

(1) 从图名或轴线的编号可知该图是表示客厅 A 向的立面图。比例与平面图一样(1∶50)。

(2) 从图上可看到该墙面的整个内墙高度和宽度，分别为 7.5m 和 3.5m，也可了解立面造型、家具、门窗等细部的形式和位置。如该立面有一个窗。中间有一电视和电视柜，整个墙面下方是踢脚线，墙面用垂直的造型轮廓线将墙面分成五块对称的墙面造型形式。

(3) 从图中的顶棚轮廓线，了解到顶部有两个跌级形造型，每个跌级形都设有暗藏灯带。A 轴墙面内侧还设有暗装的窗帘盒和双层窗帘。

(4) 从图中的文字说明，了解到房屋内墙面装修的做法。如电视背景用的是咖啡色壁纸，壁纸的两边用的是烤漆玻璃，整个墙面的两侧用的是白色乳胶漆，两侧墙面做了 10mm 水平工艺缝和暗藏灯带。从图中的尺寸标注，了解到房屋内墙面装修造型尺寸，墙面踢脚高 120mm，电视后面壁纸墙面的宽 2.5m，烤漆玻璃墙面宽 0.5m，两边白色乳胶漆墙面宽 1.88m。

3.4.5 拓展知识——方案设计的立面图绘制

立面方案图一般不考虑活动的陈设与吊顶，因其与墙面不存在结构上的必然联系(若是与墙面连在一起的固定设施，则应画出)，所以可以不需要画出此房间以外的多余的部分，通常只用粗实线表示此房间周边结构构件的内缘即可，如图 3-39～图 3-41 及图 3-28 所示。

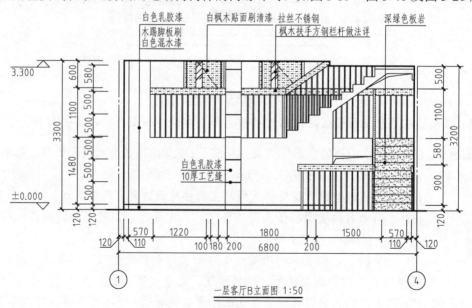

图 3-39　××别墅一层客厅 B 立面方案图

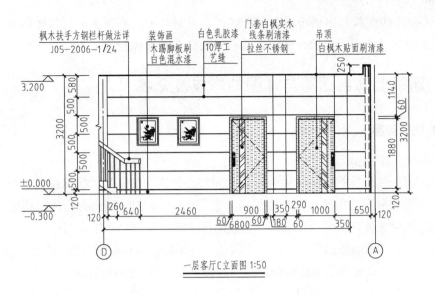

图 3-40　××别墅一层客厅 C 立面方案图

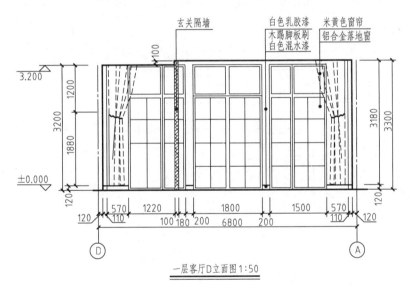

图 3-41　××别墅一层客厅 D 立面方案图

3.5　建筑装饰剖面图与详图绘制

【任务目标】

本单元我们将通过完成一幅"××别墅建筑装饰剖面图与详图",来了解和掌握如下技能。

(1) 初步掌握建筑装饰剖面图与详图的分类、绘制方法步骤。

(2) 掌握建筑装饰剖面图与详图上各种图线、符号的国家标准和要求。

(3) 学会总结建筑装饰剖面图与详图的识读原则、方法和程序，在拓展知识和技能环节，为大家准备了不同类型的详图，作为举一反三来拓展视野。

3.5.1 建筑装饰剖面图与详图的形成及命名

1. 装饰剖面图

(1) 装饰剖面图形成。

装饰剖面图和建筑剖面图形成原理是相同的。装饰剖面图是在房屋建筑室内装饰装修设计中表达内部形态的图样。它是假想用一剖切面(平面或曲面)剖开物体，将处在观察者和剖切面之间的部分移去后，剩余部分向投影面上投射得到的正投影图。

通常情况下，剖面图因其表达内容不同可分为两种，一种是表示空间关系的大剖面图，另一种是表示装饰构配件具体构造的局部剖面图。3.2 节所讲的室内立面施工图属于前者，用来表示室内空间关系，反映房屋和室内设计的具体情况的剖面图。本节所讲的是局部剖面图，是用来表示局部空间关系，反映局部构造做法和构造用材的剖面图，如图 4-42、图 4-43 所示。

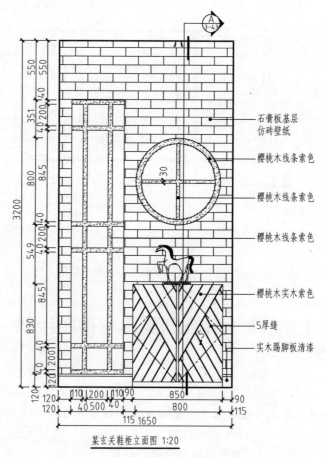

某玄关鞋柜立面图 1:20

图 3-42　某玄关鞋柜立面图

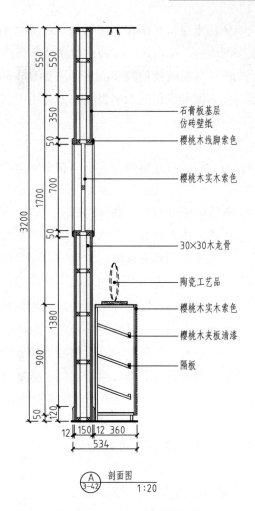

石膏板基层
仿砖壁纸

樱桃木线脚索色

樱桃木实木索色

30×30木龙骨

陶瓷工艺品

樱桃木实木索色

樱桃木夹板清漆

隔板

剖面图
1:20

图 3-43　某玄关鞋柜 A 剖面图

剖切符号和剖切索引符号：剖视的剖切符号应由剖切位置线、投射方向线和索引符号组成。剖切位置线位于图样被剖切的部位。以粗实线绘制，长度宜为 8～10 mm。投射方向线平行于剖切位置线，由细实线绘制，一段应与索引符号相连，另一段长度与剖切位置线平行且长度相等。剖切索引符号和详图索引符号均应由圆圈、直径组成，圆及直径应以细实线绘制。根据图面比例，圆圈的直径可选择 8～10 mm。圆圈内应注明编号及索引图所在页码。剖切索引符号应附三角形箭头，且三角形箭头方向应与圆圈中直径、数字及字母(垂直于直径)的方向保持一致，并应随投射方向而变。绘制时，剖视剖切符号不应与其他图线相接触，如图 3-1 所示。剖视的剖切符号的编号宜采用阿拉伯数字或字母，编写顺序按剖切部位在图样中的位置由左至右、由下至上编排，并注写在索引符号内。

剖面图图名：剖面图图名应由圆、水平直径、图名和比例组成。圆及水平直径均应由细实线绘制，圆直径根据图面比例，可选择 8～12mm，如图 3-1 所示。剖面图图名编号的绘制应符合下列规定：当索引出的详图图样与索引图不在一张图纸内时，应在剖面图图名的图号圆圈内画一水平直径，上半圆中应用阿拉伯数字或字母注明该图样编号，下半圆中应用阿拉伯数字或字母注明该图索引符号所在图纸编号,如图 3-8(a)所示。当索引出的详图图样与索引图同在一张图纸内时,圆内可用阿拉伯数字或字母注明详图编号,也可在圆圈内画一水平直径,且上半圆中应用阿拉伯数字或字母注明编号,下半圆中间应画一段水平细实线,图 3-8(b)所示。图名编号引出的水平直线上方宜用中文注明该图的图名,其文字宜与水平直线前端对齐或居中。

(2) 装饰剖面图的种类。

装饰剖面图和建筑剖面图一样,按照剖切方式不同有全剖面图、半剖面图、阶梯剖面图和分层剖面图(具体内容见第 2 章)。按照剖切的对象不同装饰剖面图有楼地面剖面图、顶棚剖面图、墙面剖面图、隔墙隔断剖面图、家具剖面图、楼梯剖面图等。

建筑装饰工程中,在室内界面中有些界面非常简单,可不必绘制剖面图。但是构造比较复杂的界面经常采用全剖和局部剖面图来展现建筑装饰内部的结构与构造形式、分层情况与各部位的联系、材料及其高度等,尤其是全剖面或局部剖面图成为与平、立面图相互配合的重要图样。剖切面一般可以横向,即平行于侧面,也可纵向,即平行于正面。剖面图的数量与剖切位量,视房屋和室内设计的具体情况而定,总的原则是能够充分表达设计意图。选择剖切位置时,应选择最有效的部位,其位置应选择能反映出房屋内部构造比较复杂与典型的部位,能反映出室内设计的装饰、装修部位,把室内设计最精彩、最有代表性的部分表示出来。注意剖切位置最好贯通被剖界面的全长或全高,如图 3-42 所示。如果剖面图不能将装饰构造做法表达清楚,还需要将某个构造节点放大,就形成节点大样图,又称为节点详图,如图 3-47、图 3-49 和图 3-50 均为节点详图。

剖面图的名称应与平立面图上所标注的一致,如图 3-43 所示 A 剖面图。大家可以在图 3-42 某玄关鞋柜立面图上可以找到该剖面所在位置,图 3-44 所示 1 剖面图和图 3-45 所示 2 剖面图,大家可以在图 3-25 客厅顶棚布置图上可以找到该剖面所在位置,图 3-46 和图 3-48 可以在图 3-29 客厅 A 立面图上可以找到该剖面所在位置。

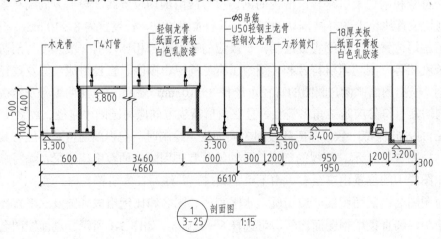

图 3-44 客厅吊顶 1 剖面图

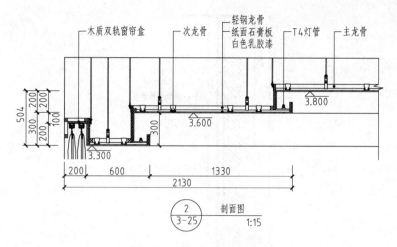

图 3-45　客厅吊顶 2 剖面图

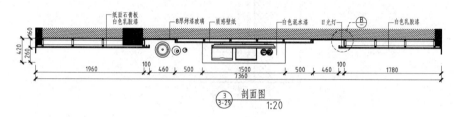

图 3-46　客厅 A 立面水平剖面图

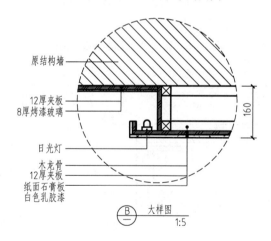

图 3-47　3 剖面图 B 节点大样图

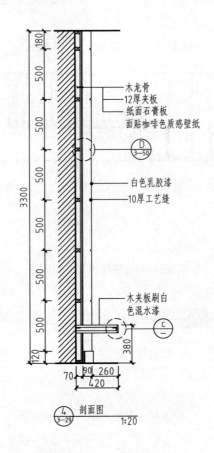

木龙骨
12厚夹板
纸面石膏板
面贴咖啡色质感壁纸

白色乳胶漆
10厚工艺缝

木夹板刷白色混水漆

剖面图
1:20

图 3-48 客厅 A 立面垂直剖面图

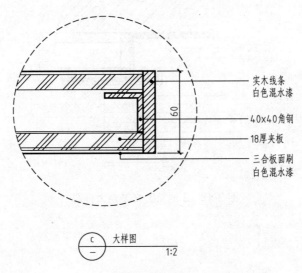

实木线条
白色混水漆

40×40角钢

18厚夹板

三合板面刷
白色混水漆

大样图
1:2

图 3-49 4 剖面图 C 节点大样图

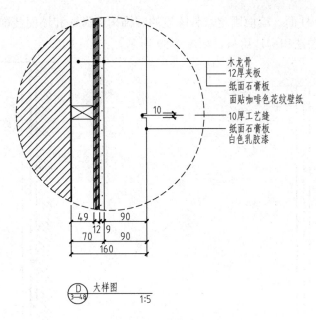

木龙骨
12厚夹板
纸面石膏板
面贴咖啡色花纹壁纸

10厚工艺缝

纸面石膏板
白色乳胶漆

$\dfrac{D}{3-48}$ 大样图　1:5

图 3-50　4 剖面图 D 节点大样图

2. 详图

　　在建筑装饰工程制图中对物体的细部或构件、配件用较大的比例将其形状、大小、材料和做法详细表示出来的图样，在房屋建筑室内装饰装修设计中指表现细部形态的图样，称为详图，又称"大样图"。

　　装饰设计详图是对室内平、立、剖面图中内容的补充。装饰设计施工图需要表现细部的做法，但在平面图、顶棚平面图、立面图中因受图幅、比例、视图方向的限制，一般无法表达这些细部。为此必须将这些细部引出，并将它们的比例放大或进行剖切，绘制出内容详细、构造清楚的图形。

　　详图根据其形成可分为大样详图和构造剖视详图。大样详图按照对象不同又可以分为平面详图(图 3-54)、立面详图、家具详图(图 3-72、3-73)、门窗详图(图 3-67)、楼梯详图(图 3-74)、节点详图(图 3-47、图 3-49 和图 3-50)等。

　　装饰详图其图示内容反映了装饰件内部和装饰件之间的详细构造及尺寸、材料名称规格、饰面颜色、衔接收口做法和工艺要求等。在绘制装饰设计详图时，要做到图例构造清晰明确、尺寸标注细致，定位轴线、索引符号、控制性标高、图示比例等也应标注正确。对图样中的用材做法、材质色彩、规格大小等可用文字标注清楚。

3.5.2　建筑装饰剖切详图的绘制

　　以图 3-48 所示的"××别墅客厅 A 立面垂直剖面图"绘制为例说明装饰剖面图的画法和对图线的要求。

　　(1) 根据剖切符号的位置画出被剖切到的墙、柱、室内楼地面、吊顶面的位置线和未被剖到的墙面轮廓线，如图 3-51 所示。

(2) 根据墙体、柱面、墙面固定家具陈设的装饰构造做法和墙面装饰构造尺寸画出墙、柱等断面装饰构造做法和构造用材，如图 3-52 所示。

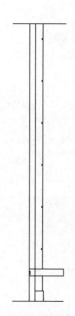

图 3-51 画墙、柱、室内楼地面、吊顶面的
位置线和未被剖到的墙面轮廓线

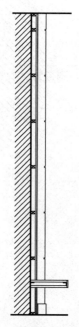

图 3-52 画出墙、柱等断面装饰
构造做法和构造用材

(3) 画出墙面、柱面和固定家具陈设构造细部以及尺寸线、尺寸界线、节点索引符号等，如图 3-53 所示。

(4) 按图线的层次加深图线，注写尺寸数字、标高、文字说明等，图线要求与建筑平面图相同，如图 3-48 所示。

3.5.3　建筑装饰剖面图的内容

(1) 从图名和客厅 A 立面图上的剖切位置对照，可知 4 剖面图是一个剖切面垂直通过整个客厅 A 立面电视柜位置，剖切后进行投影所得的垂直剖面图。

(2) 从图中画出该墙面楼地面至吊顶底的墙面结构形式和构造内容，可知此房屋的垂直方向承重构件(墙和柱)是用砖砌成的，墙面装饰构造层有四层，从里到外分别是木龙骨、12 厚夹板、纸面石膏板和白色乳胶漆饰面。

(3) 从图中画出该墙面固定家具电视柜结构形式和构造内容，可知此电视柜是固定的，电视柜的

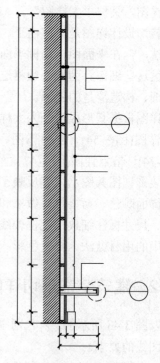

图 3-53 画出墙面构造细部以及尺寸线、
尺寸界线、节点索引符号等

骨架是用的 40×40 的角钢，电视柜的基面材料是 18 厚夹板，面层是用三夹板面刷白色混水漆。

(4) 图中尺寸标注可知，电视柜的台面距离地面 380mm，踢脚线高 120mm，墙面凹缝造型间距 500mm，每个凹缝的宽 10mm。

(5) 该剖面图根据装饰构造表达需要，索引了两个节点详图，分别是 C 详图和 D 详图，C 详图主要表达电视柜的构造做法，D 详图主要细部表达凹缝和墙纸墙面的构造做法。

3.5.4　拓展知识——建筑装饰工程常见部位详图

(1) 楼地面(图 3-54、图 3-55)。

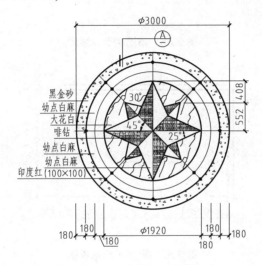

图 3-54　某地面拼花详图

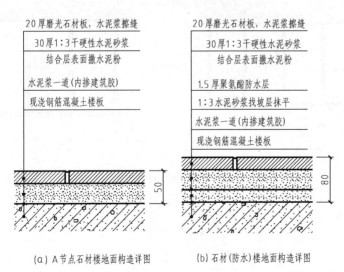

图 3-55　楼地面构造详图

(2) 顶棚(图 3-56～图 3-61)。

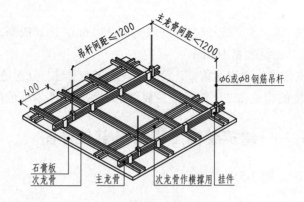

图 3-56　吊顶构造示意图

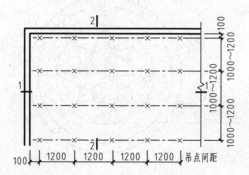

图 3-57　吊顶吊点布置图

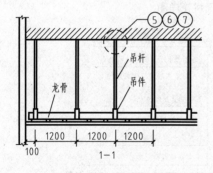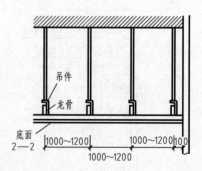

图 3-58　吊顶剖面图

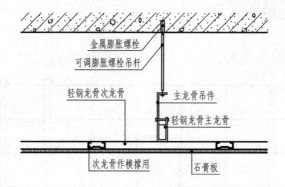

图 3-59　吊筋连接固定节点构造图

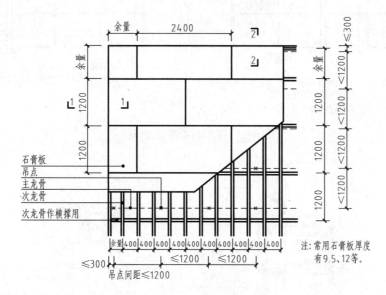

图 3-60　吊顶分层构造示意图

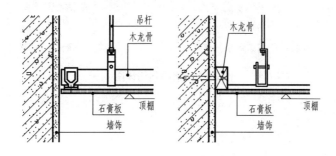

1—1 剖面　　　　　　　　　2—2 剖面

图 3-61　吊顶与墙面交界处理节点构造

(3) 墙面(图 3-62～图 3-66)。

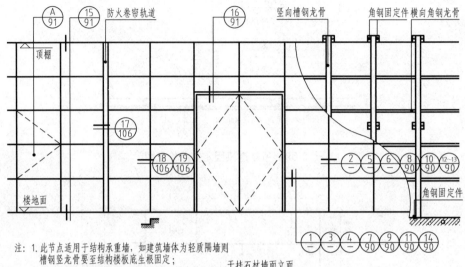

注: 1. 此节点适用于结构承重墙, 如建筑墙体为轻质隔墙则
槽钢竖龙骨要至结构楼板底生根固定;
2. 所有钢骨架均需作防锈处理(做法由个体设计决定)。

干挂石材墙面立面

图 3-62   某石材墙面立面详图

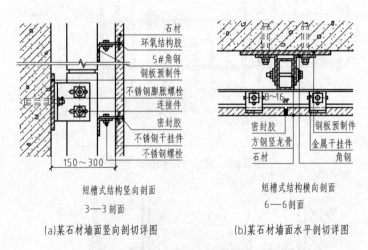

(a)某石材墙面竖向剖切详图   (b)某石材墙面水平剖切详图

图 3-63   墙面剖切详图

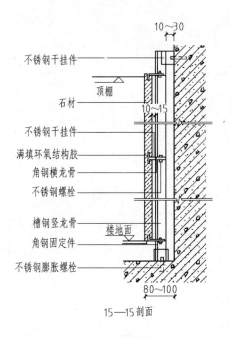

15—15 剖面

图 3-64　某石材墙面整体竖向剖切详图

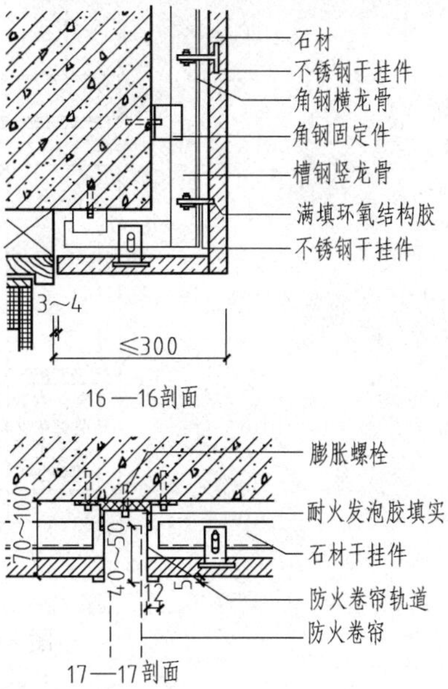

16—16 剖面

17—17 剖面

图 3-65　某石材墙面门洞和轨道剖切详图

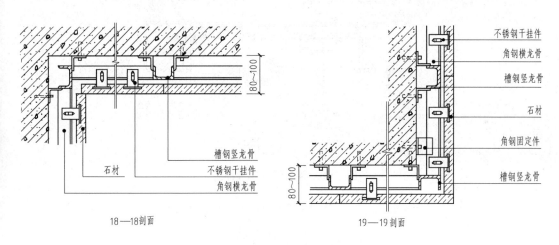

18—18 剖面

19—19 剖面

图 3-66　某石材墙面阴角阳角剖切构造详图

(4) 门窗(图 3-67～图 3-69)。

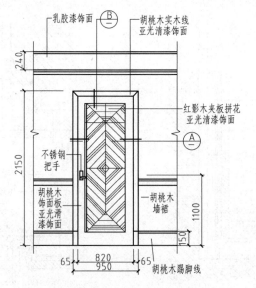

图 3-67　某木门立面详图

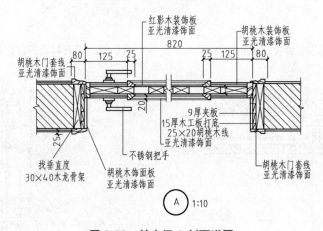

图 3-68　某木门 A 剖面详图

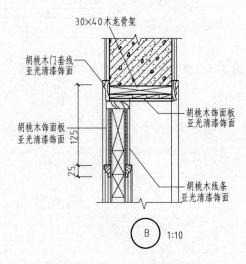

图 3-69　某木门 B 剖面构造详图

(5) 隔墙(图 3-70、图 3-71)。

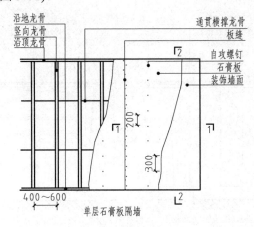

图 3-70　轻钢龙骨石膏板隔墙分层剖面构造图

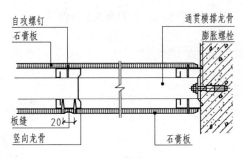

1—1 剖面

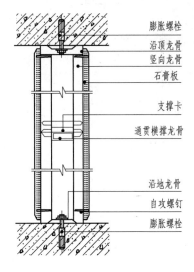

2—2 剖面

图 3-71　轻钢龙骨石膏板隔墙剖面构造图

(6) 家具(图 3-72、图 3-73)。

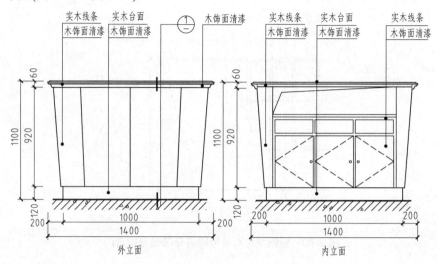

图 3-72　某家具立面详图

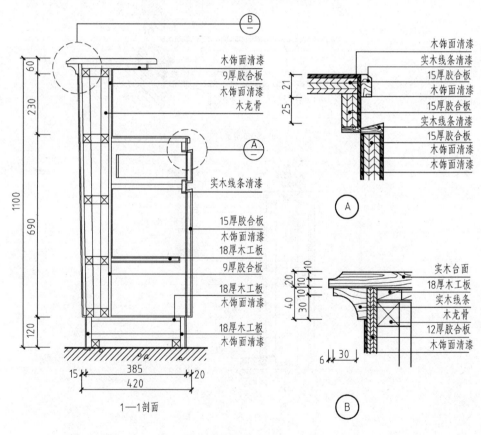

图 3-73　某家具剖面和节点详图

(7) 楼梯(图 3-74)。

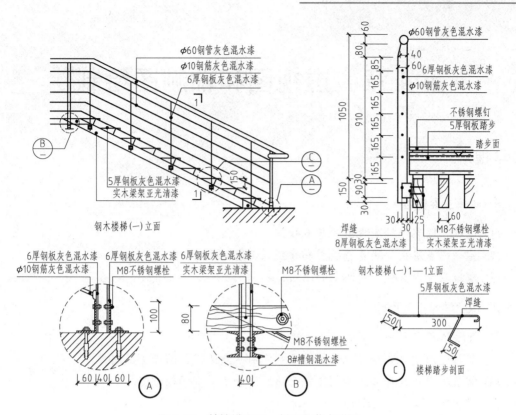

φ60钢管灰色混水漆
φ10钢筋灰色混水漆
6厚钢板灰色混水漆

5厚钢板灰色混水漆
实木梁架亚光清漆

钢木楼梯(一)立面

φ60钢管灰色混水漆
40
60 6厚钢板灰色混水漆
φ10钢筋灰色混水漆
不锈钢螺钉
5厚钢板踏步
踏步面

焊缝
8厚钢板灰色混水漆
M8不锈钢螺栓
实木梁架亚光清漆

6厚钢板灰色混水漆
φ10钢筋灰色混水漆
M8不锈钢螺栓

6厚钢板灰色混水漆
6厚钢板灰色混水漆
实木梁架亚光清漆
M8不锈钢螺栓
M8不锈钢螺栓
8#槽钢混水漆

A
B

钢木楼梯(一)1—1立面

5厚钢板灰色混水漆
焊缝
300

C   楼梯踏步剖面

图 3-74 某楼梯立面、剖面和节点详图

第 4 章　透视图和轴测图绘制

教学提示

1. 本章主要内容

(1) 透视、阴影和轴测投影的基本知识。

(2) 室内一点透视、两点透视图和建筑轴测图的画法。

(3) 建筑及室内透视图中阴影的画法。

2. 本章学习任务目标

(1) 了解透视与阴影形成的基本原理。

(2) 掌握运用室内装饰工程施工图绘制室内一点透视、两点透视图。

(3) 掌握运用建筑施工图绘制建筑、建筑群和室内空间轴测图。

(4) 掌握建筑及室内透视图中阴影的画法。

3. 本章教学方法建议

本章建议采用任务驱动教学法。在课堂教学设计中，教师向学生提出明确的任务，通过教师对任务完成的演示，以及学生"跟老师画"的互动，掌握任务完成的方法与步骤。为增强学生完成任务的能力，课堂教学任务完成后，安排学生随堂运用第 3 章所绘制的某别墅平面图与立面图作为底图，来绘制别墅客厅的一点和两点透视图，运用第 2 章所绘制的建筑施工图来绘制建筑轴测图。在学生完成任务的过程中，及时发现学生出现的各种问题并加以纠正，然后准确地对全体学生的任务完成能力给出客观评价。

4.1　透视的基本知识

4.1.1　什么是透视

建筑与建筑装饰设计过程中的设计评价，特别是在方案或设计后的效果展示中，常常需要画出建筑物或室内从某处观看的直观形象，以检验设计效果。通过渲染而成的有材料、色彩、光影和环境衬托的"效果图"，更是建筑及建筑装饰设计不可缺少的图纸。

为此，需要设置记载视觉中几何形状的平面，称画面，再给出一点作为视点。在图 4-1 中，从视点"S"向形体上的各点引视线，相当于从 S 点观看该形体，再把观看到的景象沿着该视线记载在画面 P 上，从而得出众多视线与画面相交成的图形即透视。按照投影的观点，透视是以视点为投射中心的中心投影。

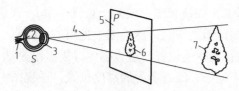

图 4-1　透视图的成像原理

透视图形象直观，既符合人们的视觉印象，又能将设计师构思的方案比较真实地预现，故一直是建筑设计人员用来表达设计意念，推敲设计构思的重要手段，如图 4-2 所示。

图 4-2　某建筑透视图

绘制透视图的方法有很多，目前较常用的有计算机绘制的三维效果图、徒手草图以及严格按照透视作图原理，利用尺规绘制的透视图。这三种透视作图方法都必须符合透视投影原理。

4.1.2　透视投影的术语和符号表达

透视投影的形成过程如图 4-3 所示：从投射中心 S 向立体引投射线，投射线与投影面 P 的交点所组成的图形，即为立体的透视投影；透视投影正是归纳了人的单眼观看物体时，在视网膜上成像的过程(人的眼睛相当于透视投影的投射中心)。

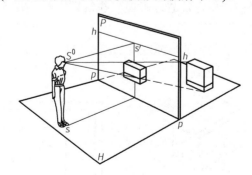

图 4-3　透视投影的形成过程

在绘制透视图时，经常要用到一些术语，我们必须弄清楚其含义，这样有助于理解透视图的形成过程和掌握透视图的作图方法。

H——基面，即地面；室内空间基础平面。

P——投影画面：铅垂面，在透视图中成为一直线，用 pp 表示。

pp——地平线：画面与地面的交线，透视图中也用 GL 表示。

S——站点：观察者进行观察的位置，透视图中，视点用 S^0 表示，与 S 重合。

hh——视平线：平行于地面，眼睛所处的高度位置，透视图中也有将其标注为 HL。

F——灭点：不平行于画面的视线或视面的消失点，也可将其标注为 V_C。

心点——视点 S 在画面上的正投影 S^0。

主视线——即投射线，是视点与形体上的点的连线。

视距——视点到画面的距离。

视高——视点到基面的距离。

4.1.3　透视投影图的特点

(1) 近高远低。在透视中，距画面近处高，远处低。

(2) 近宽远窄。同样宽的部分，在透视中距画面近的宽，远的窄。

(3) 平行画面的线仍平行。

(4) 相交线交汇于一点。

4.1.4　透视图的分类

由于建筑物与透视画面的相对位置不同，长、宽、高三组主要方向的轮廓线可能与画面平行或相交，平行的轮廓线没有灭点，所以透视图一般以画面上灭点的多少分三类。

1. 一点透视

当画面垂直于基面且建筑物有两个主向轮廓线平行于画面时，则所作透视图中，这两组轮廓线不会有灭点，第三个主向轮廓线必与画面垂直，其灭点是主点，这样产生的透视图称为一点透视。由于这一透视位置中，建筑物有一主要立面平行于画面，故又称平行透视。一点透视的图像平衡、稳定，适合表现一些气氛庄严、横向场面宽广、具有纵向深度的建筑群，如政府大楼、图书馆、纪念堂等。此外，一些小空间的室内透视，多灭点易造成透视变形过大，为了显示室内家具或庭院的正确比例关系，一般也适合用一点透视，如图 4-4 所示。

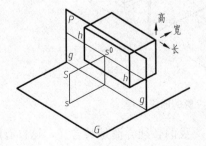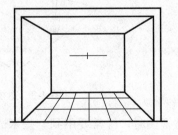

图 4-4　一点透视的形成和一点透视实例

2．两点透视

若建筑物仅有高度方向轮廓线与画面平行，而另两组轮廓线均与画面相交，则在画面上形成两个方向灭点 F_x、F_y，这样画出的透视图称两点透视。由于两个立面均与画面成一定倾角，又称成角透视。两点透视主要用来绘制建筑物外形、室内等，如图 4-5 所示。

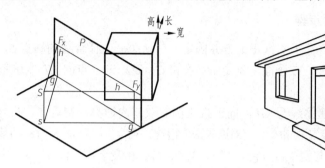

图 4-5　两点透视的形成和两点透视实例

3．三点透视

当画面倾斜于基面时，建筑物的三组主向轮廓线均与画面相交，所以有三个方向的灭点，这样画出的透视图称为三点透视。

三点透视主要用于绘制高耸的建筑物，如图 4-6 所示。

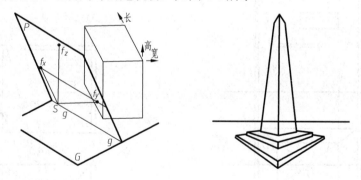

图 4-6　三点透视的形成与三点透视实例

4.2　透视图绘制

【任务目标】

本单元我们将通过绘制"透视图"，来了解和掌握如下技能。

(1) 初步掌握运用视线迹点法和量点法两种方法绘制室内一点透视图。

(2) 初步掌握运用视线迹点法和量点法两种方法绘制室内两点透视图。

(3) 掌握透视图绘制过程中的增补作图，曲线、曲面和曲面立体的透视，以及作图视点的选择等方法。

4.2.1 一点透视图的绘制

一点透视也称平行透视，其作图方法较为简单，主要有视线基点法和量点法两种。

1. 视线迹点法作图步骤

(1) 将室内平面图放置于图纸正上方并固定，在画面上选择合适的站点 S，在透视图中站点 S 与视点 S' 相重合。在画面上确定 HL 线和 GL 线，过 S 点向 HL 线引垂线，其交点为灭点 V_C。

(2) 延长平面图两墙体线至 GL，向上按比例截取室内净高，得到 5、3、4、6 点，并分别与 V_C 相连接。连接 S 与 4(2)、6(8)点与 PP 相交，得 $4'$ $(2')$、$6'$ $(8')$基点，从该基点向下引垂直线，分别与消失线 V_C5、V_C3、V_C4、V_C6 相交于 7、1、2、8，完成该室内空间的透视框架，其中，34、56 为真高线，如图 4-7 所示。

(3) 画出墙面上的门窗。分别连接 Sb、Sc，得 b'、c'，向下作垂线至 71 线，在墙体线(真高线)上自下而上依比例量取门的高度 B_1，连接 V_C、B_1，交 12 于 B_1'，过 B_1' 作水平线与上述两垂线相交，得 B、C 两点，完成门的透视投影。按上述步骤，可以画出另一墙体上窗户的透视投影，如图 4-8 所示。

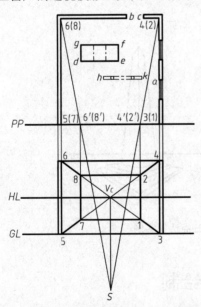

图 4-7　依据平面图画出室内透视框架

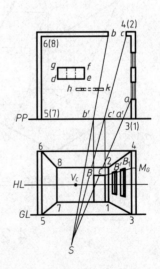

图 4-8　依据平面图运用视线基点画出门窗

(4) 绘制室内家具与陈设及设备。以办公桌为例，在平面图中，将办公桌的投影线 de、gf 延长至墙体线 65，得交点 $e_1(d_1)$、$f_1(g_1)$，并与 V_C 相连，在 PP 画面上得基点 e_1' (d_1')、f_1' (g_1')，以该点向下作垂直线与 57 线相交于 e_1^0、f_1^0，再过 e_1^0、f_1^0 作水平线。连接 V_Ce、V_Cd、V_Cf、V_Cg，得到基点 e'、d'、f'、g'，向下作垂线，与上述两水平线相交，便得到办公桌的基透视 $e^0f^0g^0d^0$。在 56 真高线上按比例量取桌高 Z_G，与 V_C 相连，过 V_CZ_G 线

与 e_1' e_1^0、f_1' f_1^0 两垂线的交点分别作水平线，再从 e^0、f^0、g^0、d^0 四点向上作垂线，与两水平线相交，围合出桌面的透视，再以上述方法，作出桌面下抽屉的透视。至此，一个完整的办公桌便被置于该空间中了，如图 4-9 所示。请同学们自己动手将日光灯作到该透视图中。

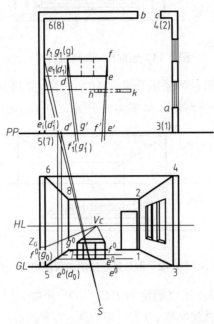

图 4-9 依据平面图运用视线基点画室内家具陈设与设备

2. 量点法作图步骤

(1) 按建筑装饰施工图中立面图的比例，确定 $ABB'A'$ 画幅，定视平线 HL，注意视平线的高度一般以中国人的平均身高(1.65～1.70m)来确定，不宜过高或过低，确定灭点 V_C 和量点 M，作 A、B、B'、A' 各点的透视消失线，延长 AB 到 D_0，使 $AD_0 = AD$ 实长，即室内平面图上的开间或进深长，视效果图而定。作 AD_0 线依需要等距上各点 1、2、3、4 至 M 连线，得到 $ABCD$ 基面透视，如图 4-10 所示。

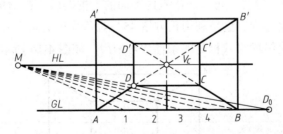

图 4-10 依据平面图绘制基本透视框架

(2) 作 1、2、3、4 各点透视消失线，将 1、2、3、4、5 与 M 点连线在 AD 线上的交点(迹点)作水平线，与上述消失线一道，构成 $ABCD$ 基面透视网格。同时作其他各面分间平行线。AA' 和 BB' 为真高线，如图 4-11 所示。

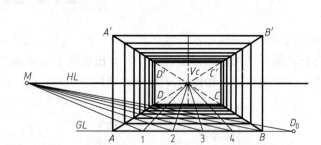

图 4-11 绘制出地面透视网格

（3）若 M 点越出图幅较远，可采用分量点 $M/2$ 作图，并将 AD_0 线上的量距也相应缩短 1/2，同样可得 $ABCD$ 基面透视网格，如图 4-12 所示。

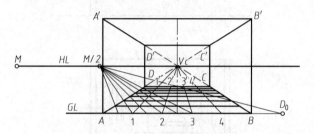

图 4-12 用分量点绘制透视网格

（4）也可用正立面图的缩小比例确定为 $DCC'D'$ 画幅。以 $M/2$ 量点从内向外反求其室内透视，可得同样的基面透视网格。CC' 和 DD' 为真高线，如图 4-13 所示。

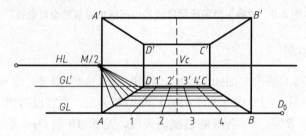

图 4-13 以 $DCC'D'$ 为画面利用量点从内向外画

（5）当进深和开间相等时，可以求出室内界面的大框架后，在 $ABCD$ 的透视基面上用对角线作等距水平分格透视。这是利用正方格 45° 对角线相交原理来绘制，同样可得到基面透视网格，但必须是纵横格数相等的条件才可施用，如图 4-14 所示。

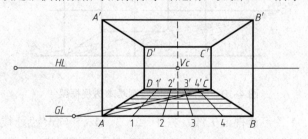

图 4-14 用 45° 对角线相交原理画基面透视网格

(6) 室内界面处理和家具的画法：结合施工图中的平面图和立面图，运用透视网格和量点依次画出。图 4-15 是运用分量点法作的室内一点透视图，它的平面、顶棚和立面均采用上述方法绘制，只是分量点取 $M/2$，两侧墙面的分段线也用 1/2，标记于画面的底端。

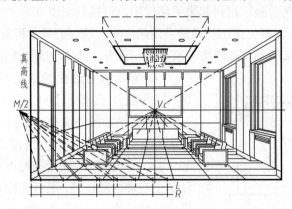

图 4-15　用分量点法绘制的室内一点透视

图 4-16 是用对角线作等距水平分格透视的方法求作的基面网格，同时又以空间过渡的漏花隔断墙作真高立面。这样，既有利于用同一方法前后引伸基面透视网格，又可直接运用选定的比例画出复杂的立面墙饰。

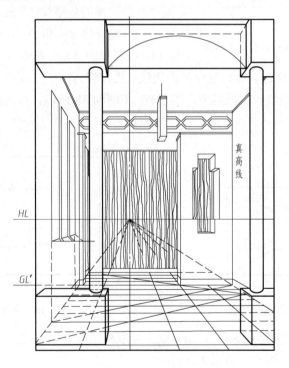

图 4-16　用对角线等距水平分格作一点透视

3. 视线迹点法和量点法综合作图步骤

掌握了视线迹点法和量点法绘制室内一点透视图的基本方法后，在实际绘制室内一点透视图的过程中，将两种画法结合起来灵活运用，可以起到事半功倍的效果。如下例在绘制室内一点透视图中，就是先运用视线迹点法确定室内透视的基本框架和家具的准确位置，然后再运用量点法来绘制室内的网格、家具与陈设等。具体步骤如下。

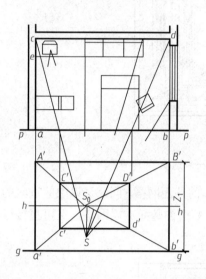

图 4-17　用视线迹点法确定透视基本框架

(1) 确定室内透视基本框架。将画面平行于正墙，视点稍偏左，做出基线 gg、视平线 hh 和灭点 S_0。

(2) 做墙角线的透视。左侧墙面的上下墙角线与画面相交于 A' 和 a'，它们的透视方向分别是 $A'S_0$ 和 $a'S_0$，用视线迹点法可求得墙角 $C'c'$。用同样的方法做出右墙面的透视，最后连接 CD 和 cd，得到整个正墙面的透视，如图 4-17 所示。

(3) 画顶棚的分格。在 $A'B'$ (室内开间)上等分，将各等分点与 S_0 连线。自 B' 点自右向左，依据平面图室内进深，找出对应点，与 D' 相连，延长至 hh 线上，得量点 M，沿与上述各消失线的交点作水平线，即得到整个顶棚的分格线。本例采用开间与进深相等的方法，直接连接 A' 和 D'，如图 4-18 所示。

(4) 画窗户的透视。在 $B'b'$ 墙角上以立面图窗台高度量取 Z_2，与 S_0 相连，得到窗台的消失线。用同样方法求出窗户上沿消失线，用视线迹点法确定窗户两边沿线，即得到窗户的透视，如图 4-18 所示，再画出窗户的中点，如图 4-19 所示。

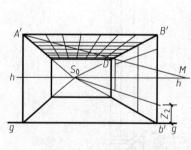

图 4-18　作顶棚分格线

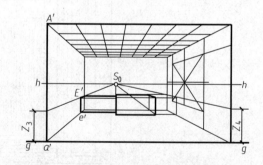

图 4-19　画窗户的透视

(5) 画柜子和沙发的透视。在 $A'a'$ 线上量取柜子高 Z_5，再连接 S_0，画出柜子的轮廓线。沙发的轮廓线画法相同，如图 4-20 所示。

(6) 画椅子和茶几的透视。可用视线迹点法求出椅子、茶几在地面的基透视，然后画出其透视；也可把椅子延伸至左墙面，茶几延伸到正墙面来求出其在地面的基透视，然后画出其透视，如图 4-21 所示。

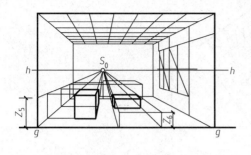

图 4-20 画柜子和沙发的透视

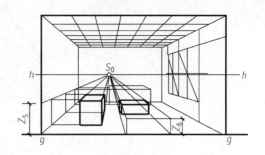

图 4-21 画椅子、茶几的透视

(7) 进行细部加工,完善整个画面,如图 4-22 所示。

图 4-22 完善整个画面

4.2.2 两点透视图的绘制

两点透视也称成角透视,物体的两个立面均与画面成倾斜角度。目前常采用迹点法和量点法来做图,下面分别介绍如下。

1. 迹点法作两点透视

迹点法作两点透视有视线迹点法和基线迹点法两种,我们以室内为例分别给予介绍。

下面以图 4-23 为例,来介绍视线迹点法作图步骤。

(1) 将已知条件的平面图画好网格。通过平面 AB、BC 两边线或延长线作画面 PP 线,得 a'、c' 两交点。选择好视中心和视距 D,自 S 点分别引二线平行 AB、BC 交于 PP 线 V_1'、V_2' (或与 C' 重合)。

(2) 在 S 点与诸网格起讫点之间作连线,在画面上得到各点的视线迹点。

(3) 在适宜的地方作立面图 GL 和 HL 二线,自 V_1'、V_2' 引垂线于 HL 线上,V_1、V_2 分别为 AB、BC 平行线的消失点。

(4) 引 PP 线上 a'、c' 迹点垂线于立面,定出室内高度,分别向 V_1、V_2 作消失线,得室内一角透视轮廓。

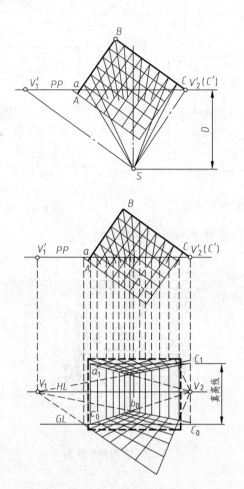

图 4-23　用视线迹点法所作的室内两点透视图

(5) 引 PP 线上各视线迹点垂线交于 a_0b_0 和 b_0c_0 线上，并分别向 V_1、V_2 作消失线，得室内成角基面透视网格，其他类推。

图 4-24 是运用视线迹点法绘制带坡顶房屋的两点透视的过程。

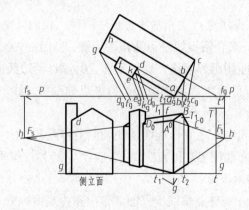

图 4-24　带坡顶房屋的两点透视

图 4-25 为基线迹点法作两点透视步骤。

基线迹点法的作图步骤可省略视线迹点法的第二步骤，而将平面图上的纵横网格与画面 PP 的交点作为全部迹点，直接置于基线 GL 上，并通过此点分别向 V_1、V_2 作消失线，从而得到室内基面透视网格。但要对各平行线组分别标记，以免引错方位。

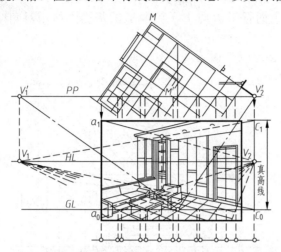

图 4-25　基线迹点法作室内两点透视图

2. 量点法作两点透视

用量点法作两点透视较为简便，它以基线作为度量线，将房间宽、深的实际尺寸标在量线上，利用所建立的量点，求得透视图中相应尺度各点的透视。

下面以图 4-26 为例来介绍用量点法作图的步骤。

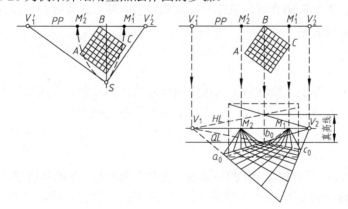

图 4-26　量点法画室内两点透视

(1) 将已知条件平面图作任意夹角置于画面前(注：一般情况下，与画面成 60° 夹角)，B 点在画面上，是真高线迹点。

(2) 按视距求得二灭点后，分别以 V_1'、V_2' 为圆心，$V_1'S$、$V_2'S$ 为半径作弧交于画面得 M_1' 和 M_2'，投至立面图视平线 HL 上，得 M_1 和 M_2 为量点。

(3) 自 B 作垂线交 GL 线于 b_0，分别作 b_0V_1、b_0V_2 二消失线，以基线作为量线，分别

在 b_0 点两侧度量 AB、BC 两段各点，并分别向 M_1、M_2 作投射线交于 a_0b_0 和 b_0c_0 线上，得各点向 V_1、V_2 作消失线，得各点透视位置。

(4) 按 AB 和 BC 线上各点分别向 V_1 和 V_2 作消失线，即得地面基面透视网格。同法，在点垂线上量取真高，可逐步做出顶棚透视网格，以及墙面分间。

为作图方便，将画面置于 B 点上，门洞后的基面网格用对角线延伸方法求得，如图 4-27 所示。

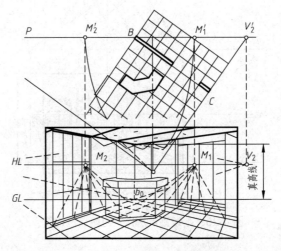

图 4-27　量点法画室内两点透视

4.2.3　透视的增补作图

具体作图时，人们运用几何学原理，逐渐积累了一些行之有效的作图方法，为透视图的绘制提供了极大的方便。

1. 分比法

在画法几何中，我们已经学习了几何作图中对线段的等分。在透视投影中，画面上相交线上的点所分该直线上两线段长度之比，虽然不具备正投影的特征，但同样可以在空间用平行线分等比的作图法，遵循透视特性把这一作图过程实现在透视图中，来求得画面相交线上定比分点的透视。

在图 4-28 中，A^0B^0 是线段 AB 的基透视。如果要将线段 AB 的基透视 A^0B^0 等长延长，需要在透视图作辅助的水平线 A^0L^0 和视平线 hh，在 A^0L^0 上依需要截取 $A^0B_1^0$ 和 $B_1^0E_1^0$ 线段，并使 $A_1^0B_1^0=B_1^0E_1^0$。连接 $B_1^0B^0$，并延长交 hh 于 F_0，连接 $F_0E_1^0$，交 A^0B^0 延长线上点 E^0，A^0E^0 则为 AB 线段等长延长的基透。同样，如右图所示，则为 AB 的等长多段延长。

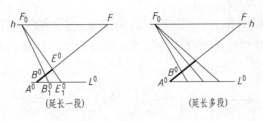

图 4-28　水平线段的等长延长

应用举例如图 4-29 和图 4-30 所示。

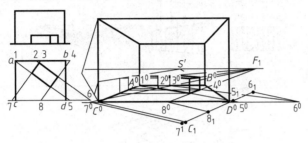

图 4-29　分比法增补地面上的形体

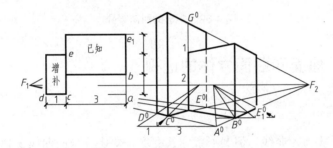

图 4-30　分比法增补建筑形体

2. 对角线法

在图 4-31 中，有一铅垂的矩形平面的透视 $A^0B^0C^0D^0$，设欲把该矩形在空间划分成等宽的五个竖条长方形，即作出等距的四条竖向划分线(铅垂线)的透视。在铅垂线上以任意单位进行五等分，将等分点与灭点相连接，得到五条水平线的透视，然后连接对角线，与水平线的交点即为等分长方形的点。水平面分成 3 长条的作法见图右侧所示。

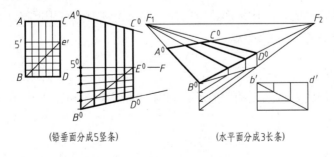

(铅垂面分成5竖条)　　　　(水平面分成3长条)

图 4-31　作矩形平面内等分

在图 4-32 中，已知铅垂和水平的矩形平面的透视 $A^0B^0C^0D^0$，利用空间矩形对角线的交点为矩形中心的性质，可把矩形沿任一边的方向等分为二，再在已经分成的矩形中，反复上述作法。

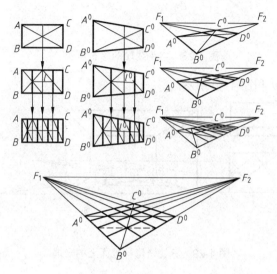

图 4-32　矩形的两向等分

4.2.4　曲线、曲面和曲面立体的透视

1. 曲线的透视

曲线的透视一般仍为曲线，但其形状和长度均有变化。平面曲线在画面上时，其透视即为本身，形状和大小都不变；当平面曲线与画面平行时，其透视为相似图形；又当平面曲线所在平面通过视点时，其透视成一直线。

曲线的透视作图法有如下几种。

(1) 辅助线法。

作曲线的透视时，可在其上取一系列足以确定和显示曲线形状的点，先求出这些点的透视，再用曲线连接起来即可，如图 4-33 所示。

(2) 网格法。

作平面曲线的透视时，或作平面或空间曲线的次透视时，可用网格法，图 4-34 为用网格法绘制墙面上镂空花的透视情况。

2. 圆的透视

这里只介绍常用的八点法作圆周的透视椭圆，如图 4-35 和图 4-36 所示。

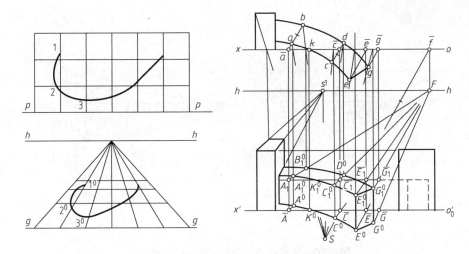

图 4-33　曲线的透视

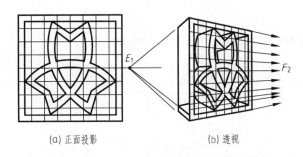

(a) 正面投影　　　　　(b) 透视

图 4-34　用网格法绘制的平面曲线透视

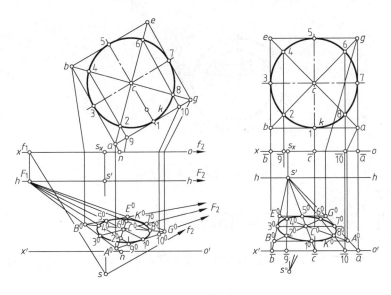

图 4-35　水平圆周的透视作图——八点法

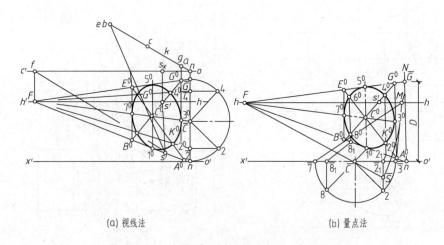

(a) 视线法　　　　　　　　　　　　　(b) 量点法

图 4-36　竖直圆周的透视作图——八点法

3. 圆柱的透视

作出两个底圆周的透视，再作出切于它们的外形素线，就可以形成圆柱的透视，如图 4-37 所示。

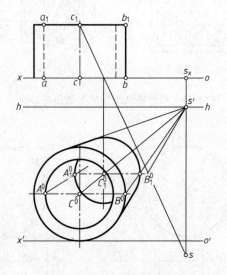

图 4-37　空心圆柱的透视

4.2.5　视点、视高和画面与建筑的关系

透视图中视点、视高和画面位置的选择至关重要，并会影响画面的最终效果。

1. 视点

确定视点的位置包括视距和站位两个问题。其原则是：保证视角大小适宜，如图 4-38(a) 所示，过站点 e 作一左一右两条外围视线与基线相交，这两个交点之间的距离也称为画幅宽度，一般情况下视距 D 取 $1.5\sim 2.0\,B$ 为宜；视点位置在画幅宽度 B 的中部 $1/3$ 范围内，一般越接近中垂线的位置越好，以保证画面不失真，如图 4-38(b)所示。图 4-39 和图 4-40 给出了不同视距和同一建筑不同视点的透视效果，读者在透视作图中应注意总结和积累经验。

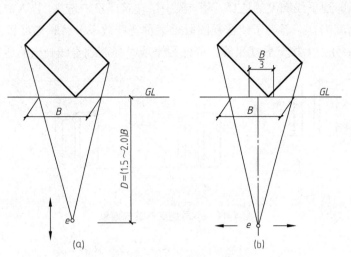

图 4-38　视点位置的选择

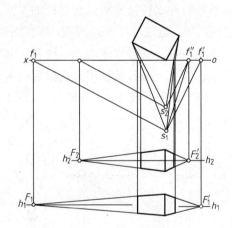

图 4-39　不同视距时的透视效果

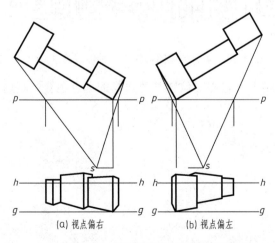

(a) 视点偏右　　　　　(b) 视点偏左

图 4-40　不同视点位置时的透视效果

2. 视高

视高的选择即视平线高度的选择，对一般中层建筑或室内透视，以人的身高 1.5~1.8 m 确定视平线的高度为宜。但为了使透视图取得某种特殊效果，有时也可将视高适当提高或降低。图 4-41 中分别为按一般视平线、降低视平线、提高视平线画出的透视图效果。

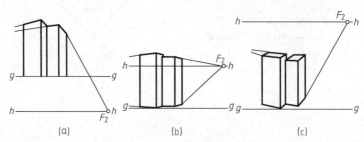

图 4-41　不同视高的透视效果

3. 画面

画面位置的确定视建筑形体的外观特征和对画透视图的要求而定。前面说过，对只有一个主立面形状较复杂的建筑形体，适宜选用一点透视，即作图时令该主立面与画面平行。对于两个主立面的形状都需要表现时，则适宜选用二点透视。其中若还有主次之分，可令更主要的主立面对画面的倾角相对小一些。从使用三角板或度量方便考虑，将建筑立面与画面的倾角(也称偏转角)定为 30°、60° 或 45°、45°，如图 4-42 所示。

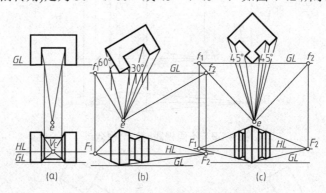

图 4-42　画面与建筑形体的三种位置关系

视点和建筑物不变的情况下，画面位置与建筑物的远近也会影响透视效果，如图 4-43 所示。

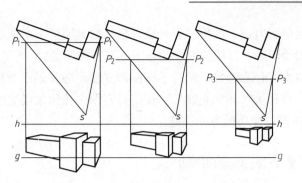

图 4-43　画面前后位置变化时的透视效果

4.3　透视图中阴影的绘制

【任务目标】

本单元我们将通过绘制阳光下和灯光下的"室内阴影"，来了解和掌握如下技能。

(1) 初步了解阴影的基本知识。

(2) 掌握阳光下室内透视图中阴影的画法。

(3) 掌握辐射光(灯光)下室内透视图中阴影的画法。

4.3.1　阴影的基本知识

物体在光的照射下，直接受光的部分，称阳面；背光部分，称阴面；阳面与阴面的交线，称阴线。当照射的光线受到阻挡时，物体上原来迎光的表面将出现阴暗部分，称为影或为落影。影的轮廓线称为影线，影所在平面称为承影面，阴面和影合称为阴影，如图 4-44 所示。

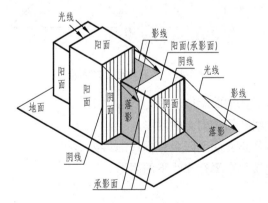

图 4-44　阴影及概念和术语

在现实环境中，光线基本上可分为三类：平行光线、辐射光线和漫射光线。由于漫射光线不可能产生稳定明确的阴线与影线，因此不做讨论。

在投影图中加绘阴影时，一般用平行光线来描绘日光照射下产生的阴影。室内透视图中也用辐射光线来加绘阴影，以模拟单个的球形灯光下的阴影。

平行光线的方向本可任意选择，但为了作图的方便，通常采用一种特定方向的平行光线，称为常用光线，也称为"45°光线"。在正投影图中按照常用光线求作阴影，能充分发挥45°三角板的作用，使做图方便快捷。

4.3.2　平行光线下阴影的绘制

光线与画面平行，自右上到左下，也可反之，其投影如图4-45所示。

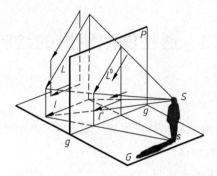

图 4-45　画面平行光线的透视

下面几例是点和直线在画面平行光线下落影的求法。

图4-46所示为点在地面落影的求法。

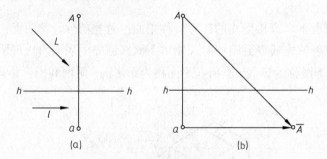

图 4-46　点在地面上的落影

图4-47所示为铅垂线在地面上的落影。

图4-48所示为铅垂线在铅垂面上的落影。

图4-49所示为建筑物正立面上阳台和檐口的落影形状。

图4-50所示为一建筑物在平行光线下的阴影。

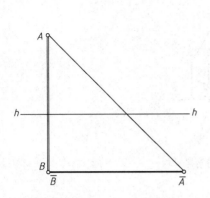

图 4-47　铅垂线在地面的落影

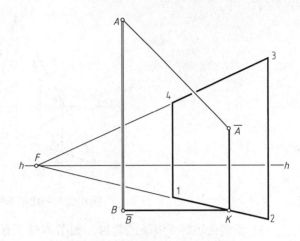

图 4-48　铅垂线在铅垂面的落影

图 4-49　建筑物正立面上阳台的落影

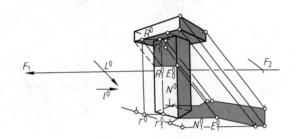

图 4-50　方帽方柱的影子

可以结合此例画出第 2 章所画"××别墅起居室透视图"平行光下室内的影子。

4.3.3　辐射光线下阴影的绘制

(1) 点在辐射光线下的落影，如图 4-51 所示。

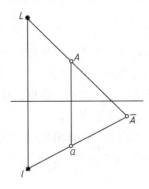

图 4-51　点的落影

(2) 铅垂线在辐射光线下的落影，如图 4-52 所示。

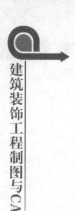

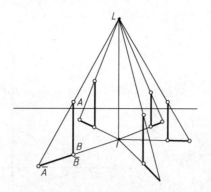

图 4-52　一组铅垂线的落影

(3) 斜线在辐射光线下的落影，如图 4-53 所示。

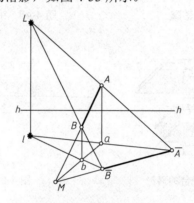

图 4-53　一般斜线的落影

图 4-54 所示为室内灯光(L)下影子的求法，具体做法如下。

L_0 为灯泡 L 的吊链顶端，可视为灯泡(L)在顶棚的基透视，点 l 灯泡在地面上的基透视，再借助灭点 F_x、F_y，求得灯泡在左右墙面上的基透视 l_1 和 l_2。明确求出灯泡的这些基透视，有助于绘制家具的落影。

桌、凳的铅垂阴线在地面上的落影都集中指向灯光在地面上的基透视 l。比如阴线 Aa 的落影 $a\overline{A}$，就是自基透视 l 引直线 la，并延长，与光线 LA 相交于点 $\overline{A}$，就得落影 $a\overline{A}$。其余的铅垂阴线，如 Bb、Cc 等都是如此。家具上所有垂直于左墙面的阴线，落于左墙面上的影，都集中指向左墙面上的基透视 l_1，比如，紧靠左墙面的桌面阴线 AD，在左墙面上的落影 D3 就是引自灯泡 L 左墙面上的基透视 l_1。

桌面阴线 AD 上有一段落影于凳面上，先画出凳面左墙面上的基透视 $e'g'$，与光线基透视 l_1D 相交于点 4，过点 4 引直线指向灭点 F_x、F_x4 线延长，在凳面范围内的一段，就是 AD 线在凳面上的落影。

镜框的阴线 MN 是一斜线，MN 线在右墙面上的基透视是铅垂线 Mm''，过点 M 引线至 F_y，与 Mm'' 线相交于 m'' 点。Mm'' 线是垂直于右墙面上的直线，故此直线在右墙面上的落影指向 l_2，$l_2 m''$ 与光线 LM 相交于点 $\overline{M}$，NM 线就是 MN 线在右墙面的落影。过 $\overline{M}$ 点向灭点 F_x 引直线，就得到镜框上水平边线的落影。

其余的落影，由读者自己分析，想必不难解决。

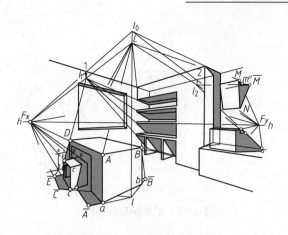

图4-54　灯光下室内两点透视阴影

同学们可照此做法来绘制 4.2 节课堂训练所画"××别墅客厅透视图"中家具和设备的影子。

4.4　轴测投影图绘制

【任务目标】

本单元我们将通过绘制"正等轴测图"和"水平斜轴测图"，来了解和掌握如下技能。

(1) 了解轴测投影图的形成和作用。

(2) 掌握建筑、建筑群或室内正等轴测图的画法。

(3) 掌握建筑、建筑群或室内水平斜轴测图的画法。

4.4.1　轴测投影概述

正投影图的优点是能够完整、准确地表达形体的形状和大小，而且作图简便，但缺乏立体感，没有经过专门训练的人是读不懂的。而轴测投影，能在一个投影中同时反映出形体的长、宽、高和不平行于投影方向的平面，因而具有较好的立体感，较易看出各部分的形状，并可沿长、宽、高三个向度标注尺寸；缺点是形体表达不全面，而且轴测投影不反映实形，存在变形。作为较透视图易画的图纸，轴测投影图在建筑总规划、给排水、暖通和室内装饰结构构造表现中常作为主要辅助性图纸来表达其立体形态。

根据平行投影的原理，把形体连同确定其空间位置的三根坐标轴 OX、OY、OZ 一起，沿不平行于这三根坐标轴和由这三根坐标轴所确定的坐标面的方向 S，投影到新投影面 P，所得的投影称为轴测投影，如图4-55所示。

投影面 P 或 Q 称为轴测投影面；三根坐标轴 OX、OY、OZ 的轴测投影 O_1X_1、O_1Y_1、O_1Z_1 称为轴测轴；轴测轴之间的夹角称为轴间角；轴测轴上某段长度和它的实长之比 p、q、r 称为轴向变形系数。

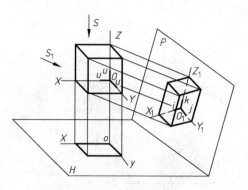

图 4-55　轴测投影的形成

4.4.2　轴测投影的特性

平行性：凡在空间平行的线段，其轴测投影仍平行。其中在空间平行于某坐标轴(X、Y、Z)的线段，其轴测投影也平行于相应的轴测轴。

定比性：点分空间线段长之比，等于其对应轴测投影长之比。

从属性：点属于空间直线，则该点的轴测投影必属于该直线的轴测投影。

点分空间线段长之比，等于其对应轴测投影长之比。

4.4.3　轴测投影的分类

轴测投影图按照投影方向与轴测投影面是否垂直可以分为正轴测图和斜轴测图。用正投影法得到的轴测投影称为正轴测图，用斜投影法得到的轴测投影称为斜轴测图。

根据轴向伸缩系数的不同，轴测图又可分为正等轴测图、正二等轴测图、正面斜轴测图和水平斜轴测图，如图 4-56～图 4-59 所示。

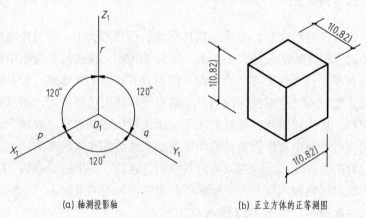

(a) 轴测投影轴　　　　　　　　(b) 正立方体的正等测图

图 4-56　正等轴测图的轴间角及画法

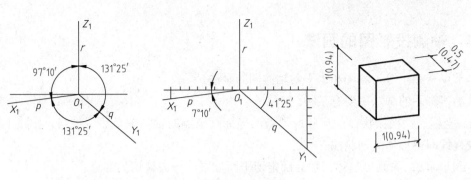

(a) 轴间角　　　　　(b) 轴测投影轴的简化画法　　　　(c) 正立方体的正二测图

图 4-57　正二等轴测图的轴间角及画法

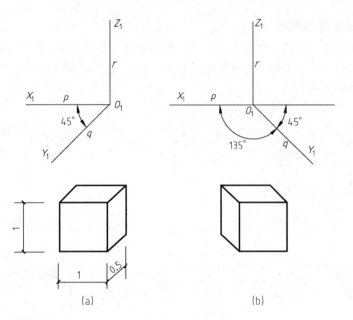

(a)　　　　　　　　　　(b)

图 4-58　正面斜轴测图的轴间角及画法

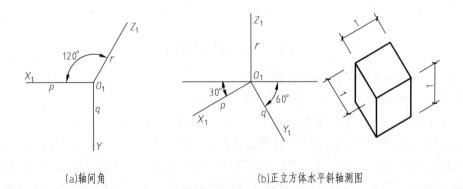

(a)轴间角　　　　　　　　　　(b)正立方体水平斜轴测图

图 4-59　水平斜轴测图

4.4.4　轴测投影图的画法

本节仅介绍正等轴测图和水平斜轴测图的画法。

轴测投影图的画法主要有三种。

(1) 坐标法：根据物体的尺寸或顶点的坐标画出点的轴测图，然后将同一棱线上的两点连成直线即得形体的轴测图。

(2) 切割法：先画出基体，然后确定切平面位置，擦去被切的部分。

(3) 综合法：坐标法和切割法综合使用。

1. 正等轴测图

1) 六棱柱的正等轴测图

$p=q=r=0.82$，为了作图方便取 $p=q=r=1$，相当于将正投影的对应尺寸放大 $1/0.82≈1.22$ 倍；轴间角为 $120°$，一般使 OZ 处于铅垂位置，OX、OY 分别与水平线成 $30°$，图 4-60 为六棱柱的正等轴测图。

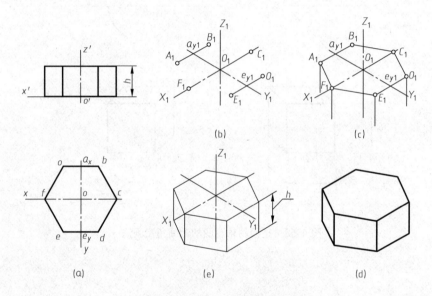

图 4-60　六棱柱的正等轴测图

2) 平行于坐标面的圆的正等轴测图

平行于坐标面的圆的正等轴测图的画法如图 4-61 所示。

平行于坐标面的圆，其轴测图是椭圆。画图方法有坐标定点法(八点法——适合于所有轴测图)和四心近似椭圆画法。由于坐标定点法作图较繁，所以常用四心近似椭圆画法。

四心近似椭圆画法，就是用光滑连接的四段圆弧代替椭圆，作图时需要求出这四段圆弧的圆心、切点及半径。下面以图示的水平圆为例说明四心近似椭圆画法的作图步骤。

(1) 以圆心 O 为坐标原点，OX、OY 为坐标轴，作圆的外切正方形，a、b、c、d 为四个切点。

(2) 在 *OX*、*OY* 轴上，按 *OA=OB=OC=OD=d*/2 得到四点，并作圆的外切正方形的正等轴测图——菱形，其长对角线为椭圆的长轴，短对角线为椭圆的短轴。

(3) 分别以 1、2 为圆心，1*D*、2*B* 为半径作大圆弧，并以 *O* 为圆心做两大圆弧的内切圆交长轴于 3、4 两点。

(4) 连接 13、23、24、14 分别交两大圆弧于 *H*、*E*、*F*、*G* 点。以 3、4 为圆心，3*E*、4*G* 为半径作小圆弧 *EH*、*GF*，即得到近似椭圆。

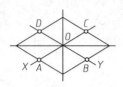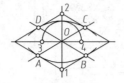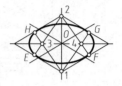

图 4-61　平行于坐标面的圆的正等轴测图

图 4-62 是平行于各坐标面的圆的正等轴测图。由图可知，它们的形状大小相同，画法一样，只是长短轴方向不同。各椭圆长、短轴的方向如下。

平行于 *XOY* 坐标面的圆的正等轴测图，其长轴垂直于 *OZ* 轴，短轴平行于 *OZ* 轴。

平行于 *XOZ* 坐标面的圆的正等轴测图，其长轴垂直于 *OY* 轴，短轴平行于 *OY* 轴。

平行于 *YOZ* 坐标面的圆的正等轴测图，其长轴垂直于 *OX* 轴，短轴平行于 *OX* 轴。

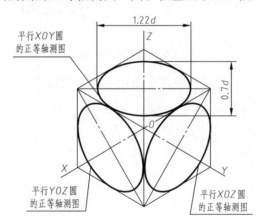

图 4-62　平行于各坐标面的圆的正等轴测图

同学们可依据上述正等轴测图的画法，参照第 2 章所画的××别墅的建筑平面图和四个立面图，来画出该别墅的正等轴测图。

2. 水平斜轴测图

由于正等轴测图 *p=q=r=*1，轴间角为 90°、120° 和 150°，因此画水平斜轴测图时，一般据水平斜轴测图轴测轴的位置，将建筑群的总平面图逆时针旋转 30° 角，作出其轴测投影。然后由建筑物各角竖起棱线，据轴向变形系数 *r=*1 量取建筑物高度方向的尺寸，并连接各点，擦去多余的线，加深图线得到该建筑群的水平斜轴测图，该图往往也称鸟瞰图，如图 4-63 所示。

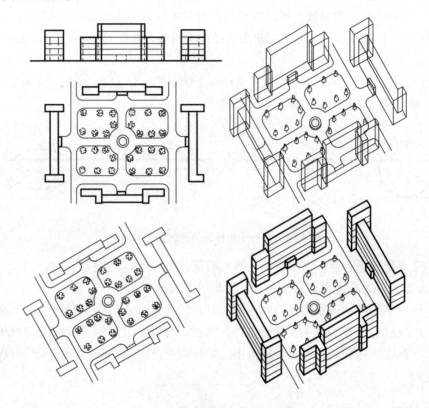

图 4-63　某建筑群水平斜轴测图

我们可以以第 2 章××别墅的建筑平面图和四个立面图来绘制出该别墅水平斜轴测图。

下篇　CAD 制图

第 5 章　AutoCAD 的基础知识

教学提示

1. 本章主要内容

(1) AutoCAD 的发展简介和工作空间组成。

(2) AutoCAD 2012 的基本操作，如命令执行方式、坐标系统、数据的输入方法等。

(3) 常用绘图辅助工具，如对象捕捉、正交、对象捕捉追踪等。

(4) 视图显示的操作。

2. 本章学习任务目标

(1) 熟悉 AutoCAD 2012 的界面组成，了解各区域的功能。

(2) 熟悉 AutoCAD 2012 鼠标和键盘的基本操作。

(3) 了解 AutoCAD 常见的几种命令执行方式。

(4) 理解 AutoCAD 的坐标系统，学会正确区分和运用绝对坐标、相对坐标、绝对极坐标和相对极坐标。

(5) 掌握数据输入的几种方法及技巧。

(6) 掌握常用的几种绘图辅助工具及运用技巧。

(7) 掌握调整视图显示的方法。

3. 本章教学方法建议

本章课堂教学设计中，建议教师采用教师讲授、示范与学生练习相结合的方法。通过教师的讲授与示范，使学生系统了解 AutoCAD 软件的基础知识，通过学生的练习基本掌握软件的常规操作方法，为后面的制图打下良好基础。

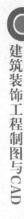

5.1 AutoCAD 简介

【学习目标】

初步了解 AutoCAD 软件，认识 AutoCAD 2012 的用户界面。

5.1.1 AutoCAD 的发展简介

CAD (Computer Aided Design)即计算机辅助设计，是计算机技术在绘图领域的重要应用方式之一。AutoCAD 是由美国 Autodesk 公司于 20 世纪 80 年代初开发的通用计算机辅助绘图与设计软件包，主要用于二维及三维设计，用户可以用它来创建、浏览、管理、打印、输出、共享及准确使用富含信息的设计图形，具有易于掌握、使用方便、体系结构开放等特点，深受广大工程技术人员的欢迎。AutoCAD 自 1982 年问世以来，已经进行了多次升级，从而使其功能越来越强大，且日渐完善。如今，AutoCAD 已广泛应用于机械、建筑、电子、航天、造船、石油化工、土木工程、纺织、轻工业等领域。在中国，AutoCAD 已成为工程设计领域中应用最为广泛的计算机辅助设计软件之一。

AutoCAD 每个版本间会有所不同，高版本 CAD 软件主要在三维绘图、加载项、智能命令行、同步联网等功能有所提高，但基本的界面形式、基本命令的使用方法等方面有很高的兼容性和相通性，而且目前高校教学以及相关行业、企业的应用中，仍以 Auto CAD 2007-Auto CAD 2012 为主流，故而本书以 AutoCAD 2012 为基础进行软件应用的介绍。

5.1.2 AutoCAD 2012 用户界面的选择

AutoCAD 2012 提供了四种用户界面，分别是二维草图与注释、三维基础、三维建模、AutoCAD 经典。

用户可以通过下面提供的方式进行用户界面的切换。

(1) 在"快速访问工具栏"的"切换工作空间"快捷菜单来进行切换。

(2) 在菜单栏"工具"→"工作空间"的子菜单中进行选择，切换各个工作空间。

(3) 工具栏中的"工作空间控制"来进行切换。

用户还可以根据工作需要来自定义工作空间或修改默认的工作空间。要创建或更改工作空间，可以使用以下方法。

显示、隐藏或重新排列工具栏和窗口，修改功能区设置，然后通过状态栏的工作空间图标、"工作空间"工具栏或"窗口"菜单或者使用 WORKSPACE 命令保存当前工作空间。

要进行更多的更改，可以打开"自定义用户界面"对话框来设置工作空间环境。在用户界面的选择上，可以根据绘图需要和操作习惯进行选择。若用户选择"草图与注释"选项后，用户主界面变换成如图 5-1 所示，此界面主要用于二维草图的绘制及相关文字与尺寸的注释等，此界面是 AutoCAD 2012 的默认用户界面。

　　若用户切换到"三维基础"选项后，界面就会如图 5-2 所示，此界面主要显示特定于三维建模的基础工具。若用户切换到"三维建模"选项后，界面就会如图 5-3 所示，此界面主要显示三维建模特有工具。其中的工具栏、菜单和选项板等仅显示与三维模型制作相关的，其他不需用的界面项都被隐藏起来了，使得用户操作起来一目了然，方便快捷，工作屏幕区域又最大化。

　　"AutoCAD 经典"即 AutoCAD 经典的用户主界面，如图 5-4 所示，它继承了以往版本的界面特征，方便了老用户的操作使用。

图 5-1　"草图与注释"用户界面

图 5-2　"三维基础"用户界面

图 5-3　"三维建模"用户界面

图 5-4　"AutoCAD 经典"用户界面

5.1.3　AutoCAD 2012 的工作空间的组成

　　工作空间是由分组组织的菜单、工具栏、选项板和功能区控制面板组成的集合，使用户可以在专门的、面向任务的绘图环境中工作。使用工作空间时，只会显示与任务相关的菜单、工具栏和选项板。此外，工作空间还可以自动显示功能区，即带有特定于任务的控制面板的特殊选项板。

　　由于用户界面的选择不同，工作空间会有略微不同，本章主要以"二维草图与注释"界面的工作空间为例进行讲解。

1. 应用程序菜单

　　应用程序菜单，位于 AutoCAD 界面的左上角，如图 5-5 所示，通过改善的应用程序菜单能更方便地访问公用工具。用户在这里可以新建、打开、保存、输出、发布 AutoCAD 文件、

图 5-5　应用程序菜单

打印、调用图形实用工具及关闭图形。

在应用程序菜单的上面有"搜索"工具，用户在这里可以搜索快速访问工具栏、应用程序菜单和当前加载的功能区中的命令。

应用程序菜单上面的按钮提供轻松访问最近打开的文档，这些最近的文档除了可按大小、类型和规则列表排序外，还可按照日期顺序排列，并且文档可以用图标或图像的方式进行显示。

程序菜单的下方还有"选项"按钮，单击它可打开如图 5-6 所示的对话框，进行相关内容设置。

2. 快速访问工具栏

快速访问工具栏位于应用程序窗口顶部(功能区上方或下方)，可提供对定义的命令集的直接访问，如图 5-7 所示。快速访问工具栏始终位于程序中的同一位置，但显示在其上的命令会随当前工作空间的不同而有所不同。

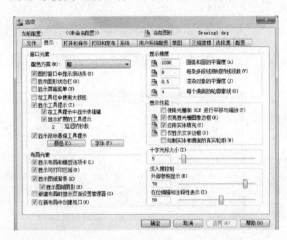

图 5-6 "选项"面板对话框

图 5-7 快速访问工具栏

自定义快速访问工具栏与自定义功能区面板或工具栏类似，可以添加、删除和重新定位命令和控件，按用户的工作方式调整用户界面元素。通过快速访问工具栏右侧的下拉箭头，用户可以选择显示传统的菜单栏。

定义快速访问工具栏后，可以通过将其指定给"工作空间内容"窗格下的工作空间的"快速访问工具栏"节点，使其显示在应用程序窗口中。

若要向快速访问工具栏中添加功能区的按钮，可在功能区中单击鼠标右键，然后单击"添加到快速访问工具栏"，按钮便会添加到快速访问工具栏中默认命令的右侧。

3. 功能区

功能区是显示基于任务的命令和控件的选项板，它基本上包括了创建文件所需的所有工具，结合了 AutoCAD 经典空间中菜单栏和工具栏的特点。

使用选项板及功能区是 AutoCAD 2012 中辅助图中十分重要的手段之一，用户操作时只需用鼠标点击相应的选项板，然后选择单击功能区上的图标，系统就可以执行相应的命令操作。在绘制设计图纸时非常方便，简单明了，易上手，尤其适合处于初级阶段的用户。

在功能区中，有些命令按钮是单一型的，有些是嵌套的，它提供的是一组相关的命令。对于嵌套的命令按钮，用鼠标单击图标右下角的三角下拉按钮，就会弹出嵌套的各个按钮，然后移动鼠标到需用选用的那个图标处单击就可以切换过来了，如图 5-8 所示。

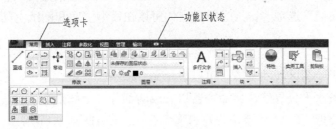

图 5-8　功能区

提示：用户可以通过功能区选项卡右侧的按钮，来切换功能区的显示效果，包括"最小化为面板标题""最小化为选项卡"和"显示完整的功能区"三种形式。

4. 状态栏

状态栏位于用户界面的最下面一行，用于显示光标的坐标值、绘图工具、导航工具以及用于快速查看和注释缩放的工具，如图 5-9 所示。用户可以以图标或文字的形式查看图形工具按钮。通过捕捉工具、极轴工具、对象捕捉工具和对象追踪工具的快捷菜单，用户可以轻松更改这些绘图工具的设置。

用户可以预览打开的图形和图形中的布局，并在其间进行切换；可以使用导航工具在打开的图形之间进行切换以及查看图形中的模型；还可以显示用于缩放注释的工具。通过工作空间按钮，用户可以切换工作空间。锁定按钮可锁定工具栏和窗口的当前位置。要展开图形显示区域，可以单击"全屏显示"按钮。用户还可以通过状态栏的快捷菜单向应用程序状态栏添加按钮或从中删除按钮。

提示：应用程序状态栏关闭后，屏幕上将不显示"全屏显示"按钮。

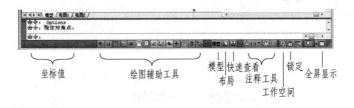

图 5-9　状态栏

5. 绘图区

绘图区是用户进行绘图工作的区域，位于用户界面的中心，所占屏幕区域面积最大。绘图区的背景色可以通过"选项"对话框的"显示"选项卡进行调整。有时为了增大绘图区域，可以隐藏某些暂时不需要的工具栏。使用应用程序状态栏上的"全屏显示"按钮，可以将图形显示区域展开为仅显示快速访问工具栏、命令窗口和状态栏。再次单击该按钮可恢复先前设置。

工作区的右侧和下方有垂直方向和水平方向的滚动条。通过拖动滚动条，可以水平或垂直移动绘图区。

在绘图区域的左下方有坐标系图标，用于辅助用户绘图时确定方向。绘图窗口的下方有"模型"和"布局"选项卡，通过单击它们可以在模型空间和图纸空间之间进行切换。

6. 命令窗口

命令窗口位于绘图区域的下方，可以显示命令、系统变量、选项、信息和提示等。命令窗口中通过一条水平分界线，将命令窗口分成两部分：上面是命令历史窗口，下面是命令行，如图 5-10(a)所示。"命令历史窗口"含有 AutoCAD 启动后所用过的所有命令及提示信息，该窗口有垂直滚动条，可以上下滚动查看原先用过的命令。"命令行"主要用于接收用户输入的命令及绘图参数，并显示 AutoCAD 的提示信息。

命令窗口是用户和 AutoCAD 进行对话的窗口，通过该窗口发出绘图命令，与菜单和工具栏按钮操作等效。在绘图时，应特别注意这个命令窗口，命令输入后的提示信息，如命令选项、提示信息及错误操作信息等都会显示在该窗口。

命令窗口的大小可以调节，只要将鼠标移至该窗口的边框线上，然后按住左键上下拖动，即可调整窗口大小，如图 5-10(b)所示。

如果启用了"动态输入"并设置为显示动态提示，用户则可以在光标附近的工具提示中输入绘图命令及参数，如图 5-10(c)所示。

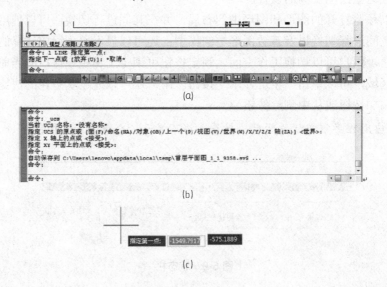

图 5-10　命令窗口

提示：在使用 AutoCAD 软件的初级阶段，一定要养成看命令行的习惯。根据命令行窗口的提示进行选择和输入，就容易操作多了。

5.2　AutoCAD 2012 的基本操作

【学习目标】

熟悉 AutoCAD 中命令的调用方式，掌握坐标点输入的方法，会进行视图显示的缩放平移等操作。这些基本的操作方法是用户用 AutoCAD 进行绘图的基础和必备知识，也是深入学习 AutoCAD 功能的前提。

5.2.1　命令执行方式

利用 AutoCAD 绘图时，命令调用通常有以下几种方式：应用程序菜单调用、功能区选项板调用、命令行直接输入、键盘输入快捷键和快速访问工具栏调用等。在平时使用时，选择一种最快捷的方式可以提高工作效率。

例如：要打印一个图形文件，就可以采取以下方式之一执行。

(1) 在"应用程序菜单"中选择"打印"的子菜单执行命令。

(2) 在"快速访问工具栏"直接单击"打印"按钮。

(3) 在"功能区"单击"输出"选项卡，然后在面板上选择"打印"相关选项。

(4) 在"命令行"直接按 Print 并按 Enter 或按 Space 键。

(5) 直接在键盘上按打印的快捷键 Ctrl+P。

操作 AutoCAD 软件通常是键盘和鼠标结合起来使用的，用键盘启动命令和输入参数，用鼠标在屏幕上直接点取一些特征点的位置。一个熟练的 CAD 设计人员通常左手操作键盘，右手操控鼠标，这样配合可以达到最高的工作效率。

提示：　在需要重复使用上次命令时，可以使用 AutoCAD 的连续操作功能。当需要重复执行上次命令时，可以直接按一次 Space 键或 Enter 键，AutoCAD 就会自动启动上一次命令。若要使用上一次操作的命令参数，由于 AutoCAD 的默认参数都是上次执行该命令时输入的参数值，所以可以直接使用默认值。这样可以减少很多输入工作量，提高工作效率。

5.2.2　透明命令

AutoCAD 中有些命令可以在执行其他命令的过程中嵌套执行而不必退出该命令，这种方式执行的命令称为透明命令。能透明执行的命令，通常是一些设置图形界限、查询、辅助图形绘制的设置或观察绘图的工具等命令，如 LIMITS、GRID、SNAP、OSNAP、ZOOM、PAN、LIST、DIST 等命令。绘图、修改类命令不能被透明使用。

使用透明命令时，要在它之前加一个单引号(′)即可。执行完透明命令后，AutoCAD 自动恢复原来执行的命令。工具栏上有些按钮本身就定义成透明使用的，便于在执行其他命令时调用。

5.2.3 坐标系统

在绘图过程中常常需要通过某个坐标系作为参照，以便精确地定位对象的位置。

AutoCAD 坐标系统中常用的有两个坐标系：一个是被称为世界坐标系(WCS)的固定坐标系，一个是被称为用户坐标系(UCS)的可移动坐标系。默认情况下，这两个坐标系在新图形中是重合的。

在二维视图中通常 WCS 的 X 轴水平，Y 轴垂直，原点为 X 轴和 Y 轴的交点(0,0)。图形文件中的所有对象均由其 WCS 坐标定义。使用可移动的 UCS 创建和编辑对象通常更方便，如图 5-11(a)、(b)所示，世界坐标系和用户坐标系的图标在原点处有略微差别以区分开来。

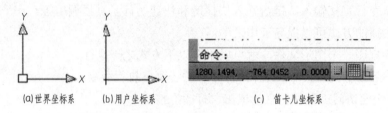

(a)世界坐标系　　(b)用户坐标系　　　　(c) 笛卡儿坐标系

图 5-11　坐标系统

在 AutoCAD 坐标系统中还有一种笛卡儿坐标系，在屏幕底部状态栏上所显示的三维坐标值就是笛卡儿坐标系中的数值，如图 5-11(c)所示，它能准确无误地反映当前十字光标所处的位置。

5.2.4 数据的输入方法

1. 坐标输入法

绘制图形时，如何精确地输入点的坐标是绘图的关键，经常采用的输入精确定位坐标点的方法有下面两种方式。

(1) 笛卡儿坐标法。

创建对象时，可以使用绝对或相对笛卡儿(矩形)坐标定位点。要使用笛卡儿坐标输入法指定点，可以输入以逗号分隔的坐标值(X,Y)。其中 X，Y 值有正负之分以表示不同的方向。绝对坐标是以当前坐标系原点(0,0)为输入坐标值的基准点。

提示： 使用动态输入时，可以使用"#"前缀指定绝对坐标。如果在命令行而不是工具提示中输入坐标，可以不使用"#"前缀。

相对坐标是基于上一输入点的。如果知道某点与前一点的位置关系，可以使用相对坐标输入法。输入相对坐标时要在坐标前面添加一个@ 符号。

例如，指定一点时输入((@10,15)，表示该点以上一输入点为基点，沿 X 轴方向有 10 个单位，沿 Y 轴方向距离上一指定点有 15 个单位。

(2) 极坐标输入法。

极坐标输入是用长度和角度来表示的，只能用来表示二维点的坐标。

要使用极坐标指定一点，请输入以角括号(<)分隔的距离和角度。默认情况下，角度按逆时针方向增大，按顺时针方向减小。要指定顺时针方向，请为角度输入负值。绝对极坐标是以坐标原点(0,0)为极点，输入点到原点的距离为极长，输入点至原点的连线与 X 轴正向的夹角为角度，极长与角度之间用(<)连接，即表示为"极长<角度"。

相对坐标是基于上一输入点的。如果知道某点与前一点的位置关系，可以使用相对极坐标输入法。输入相对极坐标时要在坐标前面添加一个@符号。

例如，指定一点时输入@50<60，表示该点距离上一输入点五十个单位，并且该点和上一输入点的连线与 X 轴正向成 60°角。

注意： 输入坐标值时，数字之间的逗号必须是英文输入法状态下的逗号("，")，中文输入法状态下的逗号("，")是无效的。

2. 动态数据输入

动态输入是指在光标附近提供的一个命令界面，以帮助用户专注于绘图区域。

要打开或关闭动态输入功能，可以在屏幕下方的状态栏上单击 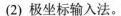 按钮，或按 F12 键可以循环开关"动态输入"。

打开动态输入时，工具提示将在光标旁边显示信息，该信息会随光标移动动态更新。当某命令处于活动状态时，工具提示将为用户提供输入的位置。在输入字段中输入值并按 Tab 键后，该字段将显示一个锁定图标，并且光标会受用户输入的值约束。随后可以在第二个输入字段中输入值。另外，如果用户输入值然后按 Enter 键，则第二个输入字段将被忽略，且该值将被视为直接距离输入。

3. 距离值的输入

在用 AutoCAD 进行绘图时，有时需要指定长度、宽度、高度、半径等距离值，这时可以选用下面的输入距离值的办法。

(1) 用键盘在命令窗口中直接输入数值。

(2) 用动态输入法在屏幕上的光标附近输入。

(3) 用鼠标在屏幕上拾取两点，以两点的距离定出所需距离值。

5.2.5　快捷键操作

快捷键是指用于启动命令的键组合。在 AutoCAD 软件操作中，为使用者方便，与在 Windows 中工作时一样，可以利用键盘快捷键代替鼠标发出命令，完成绘图、修改、保存等操作。

AutoCAD 2012 中同样包括 Windows 系统自身的快捷键和 AutoCAD 设定的快捷键。表 5-1 中列出了常用的快捷键及其功能。

表 5-1　常用的快捷键及功能

快 捷 键	功　能	快 捷 键	功　能
F1	CAD 帮助	Ctrl + N	新建文件
F2	打开文本窗口	Ctrl + O	打开文件
F3	对象捕捉开关	Ctrl + S	保存文件
F4	数字化仪开关	Ctrl + P	打印文件
F5	等轴侧平面转化	Ctrl + Z	撤销上一步操作
F6	坐标转化开关	Ctrl + Y	重做撤销操作
F7	栅格开关	Ctrl + C	复制
F8	正交开关	Ctrl + V	粘贴
F9	捕捉开关	Ctrl + 1	对象特性管理器
F10	极轴开关	Ctrl + 2	AutoCAD 设计中心
F11	对象跟踪开关	Del	删除对象

5.3　绘图辅助工具

【学习目标】

通过学习 AutoCAD 提供的一些辅助工具，主要包括用于辅助定向或定位的工具，来提高设计制图的工作效率。

绘图辅助工具主要包括推断约束、捕捉模式、栅格、正交、极轴追踪、对象捕捉、对象捕捉追踪和设计中心。

5.3.1　推断约束

启用"推断约束"模式会自动在正在创建或编辑的对象与对象捕捉的关联对象或点之间应用约束。与 AUTOCONSTRAIN 命令相似，约束也只在对象符合约束条件时才会应用。推断约束后不会重新定位对象。

打开"推断约束"时，用户在创建几何图形时指定的对象捕捉将用于推断几何约束。但是，不支持下列对象捕捉：交点、外观交点、延长线和象限点。无法推断固定、平滑、对称、同心、等于、共线等约束。

5.3.2　捕捉模式

捕捉模式用于限制十字光标按照用户定义的间距移动，有助于使用箭头键或定点设备来精确地定位点。

打开或关闭"捕捉"模式的方法如下。

(1) 在状态栏上，单击"捕捉"按钮。

(2) 在键盘上按功能键 F9，连续单击可以在开、关状态间切换。

(3) 在状态栏的"绘图工具"处单击鼠标右键，在弹出的快捷菜单中选择"设置"命令，弹出"草图设置"对话框。选择"捕捉和栅格"选项卡，如图 5-12 所示，可以设置捕捉间距的数值。

图 5-12　"捕捉和栅格"选项卡

5.3.3　栅格

栅格的作用如同手工制图中使用的坐标纸，按照设置的间距在屏幕上显示出相应的栅格点或线，充满图形界限范围内的整个区域。用户可以利用栅格对齐对象并直观显示对象之间的距离，从而达到精确绘图目的。栅格不是图形的部分，打印时不会被输出。

打开或关闭"栅格"模式的方法如下。

(1) 在状态栏上，单击"栅格"按钮；

(2) 在键盘上按功能键 F7，连续单击可以在开、关状态间切换。

5.3.4　正交

打开正交模式，可以将光标限制在水平或垂直方向上移动，以便于精确地创建和修改对象。在绘图和编辑过程中，可以随时打开或关闭"正交"。输入坐标或指定对象捕捉时将忽略"正交"。

打开或关闭"正交"模式的方法如下。

(1) 在状态栏上，单击"正交"按钮。

(2) 在键盘上按功能键 F8，连续单击可以在开、关状态间切换。

提示：(1) 打开"正交"模式时，可以使用直接距离输入的方法来创建指定长度的正交线或将对象移动指定的距离。

(2) "正交"模式和"极轴追踪"不能同时打开,打开"正交"将关闭极轴追踪。

5.3.5　极轴追踪

使用极轴追踪,光标将沿极轴角度按指定增量进行移动。极轴角与当前用户坐标系(UCS)的方向和图形中基准角度约定的设置相关。在"草图设置"对话框中进行设置角度,详见图 5-13。

图 5-13　"极轴追踪"选项卡

打开或关闭"极轴追踪"模式的方法如下。

(1) 在状态栏上,单击"极轴追踪"按钮。

(2) 在键盘上按功能键 F10,连续单击可以在开、关状态间切换。

5.3.6　对象捕捉

使用对象捕捉可以精确定位现有图形对象上的特征点。例如,使用对象捕捉可以轻松绘制到圆的圆心、直线的中点及端点等。打开对象捕捉时,当光标移到对象的特征点时,将显示标记和工具提示。对象捕捉模式在绘图时应用非常普遍,它也属于透明命令,在进行绘图操作时可随时打开或关闭。

打开或关闭"对象捕捉"模式的方法如下。

(1) 在状态栏上,单击"对象捕捉"按钮。

(2) 在键盘上按功能键 F3,连续单击可以在开、关状态间切换。

(3) 在"草图设置"对话框中的"对象捕捉"选项卡上,选择要使用的对象捕捉特征点选项,如图 5-14 所示。

图 5-14　"对象捕捉"选项卡

对象捕捉中的各项含义具体如表 5-2 所示。

表 5-2　对象捕捉点的含义

对象捕捉点	含　义
端点	捕捉圆弧、椭圆弧、直线、多线、多段线、样条曲线、面域或射线最近的端点
中点	捕捉圆弧、椭圆、椭圆弧、直线、多线、多段线、面域、实体、样条曲线或参照线的中点
圆心	捕捉圆弧、圆、椭圆或椭圆弧的中心
节点	捕捉点对象、标注定义点或标注文字原点
象限点	捕捉圆弧、圆、椭圆或椭圆弧的象限点
交点	捕捉圆弧、圆、椭圆、椭圆弧、直线、多线、多段线、射线、面域、样条曲线或参照线的交点
延长线	捕捉直线延长线路径上的点
插入点	捕捉属性、块、形或文字的插入点
垂足	捕捉圆弧、圆、椭圆、椭圆弧、直线、多线、多段线、射线、面域、实体、样条曲线或构造线的垂足
切点	捕捉圆弧、圆、椭圆、椭圆弧或样条曲线的切点
最近点	捕捉圆弧、圆、椭圆、椭圆弧、直线、多线、点、多段线、射线、样条曲线或参照线的最近点
外观交点	捕捉不在同一平面但在当前视图中看起来可能相交的两个对象的视觉交点
平行线	指定线性对象上的一点，使通过该点的直线、多段线、射线或构造线限制为与其他线性对象平行

提示：　在绘制建筑图形时，根据绘图需要，捕捉点通常选用的有端点、中点、交点、垂足及圆心、节点，其他特征点偶尔需要时再打开；尤其注意"最近点"，

可捕捉图形对象上的任意点,在需要时打开,用完马上关闭;不要全选打开特征点,全开相当于没开。

5.3.7　对象捕捉追踪

对象捕捉追踪是指以捕捉到的特殊位置点为基点,按指定的极轴角或极轴角的倍数对齐要指定点的路径。"对象捕捉追踪"必须配合"对象捕捉"功能一起使用,即同时打开"对象捕捉"功能和"对象捕捉追踪"功能。利用自动追踪功能,可以对齐路径,有助于以精确的位置和角度创建对象。

打开或关闭"对象捕捉追踪"模式的方式如下。

(1) 在状态栏上,单击"对象捕捉"和"对象捕捉追踪"按钮。

(2) 快捷键:F11+F3。

(3) 在 "草图设置"对话框的"对象捕捉"选项卡,选中"启用对象捕捉追踪"复选框,即完成了对象捕捉追踪设置。

5.3.8　设计中心

通过设计中心,用户可以组织对图形、块、图案填充和其他图形内容的访问;可以将源图形中的任何内容拖动到当前图形中;可以将图形、块和填充拖动到工具选项板上。源图形可以是位于用户计算机上、网络位置或网站上。另外,如果打开了多个图形,则可以通过设计中心在图形之间复制和粘贴其他内容(如图层定义、布局和文字样式)来简化绘图过程,如图 5-15 所示。

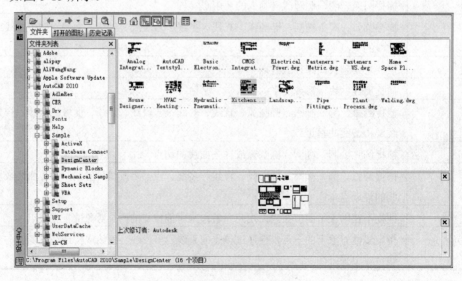

图 5-15　设计中心

打开"设计中心"的方法如下。

(1) 单击功能区"视图"选项卡的"选项板"面板上的"设计中心"按钮。

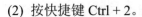

(2) 按快捷键 Ctrl + 2。

设计中心窗口分为两部分，左边为树状图，右边为内容区。可以在树状图中浏览内容的源，而在内容区显示内容。可以在内容区中将项目添加到图形或工具选项板中。在内容区的下面，也可以显示选定图形、块、填充图案或外部参照的预览或说明。窗口顶部的工具栏提供若干选项和操作。

5.4 视图显示操作

【学习目标】

通过学习视图显示操作，掌握根据观察的需要来快速准确调整图形显示的比例及位置。

使用 AutoCAD 绘图时，由于显示器大小的限制以及绘图过程中查看的需要，经常需要对图形进行缩放及位置的移动。为此 AutoCAD 专门提供了多种改变图形显示的方式。

5.4.1 视图缩放

AutoCAD 提供的 zoom 命令，可对图形的显示大小进行缩放，便于用户观察图形，进行绘图工作。

启动 zoom 命令的方法如下。

(1) 功能区：选择"视图"标签，在"导航"面板上，选择"缩放"下拉式菜单。

(2) 命令行：输入 zoom(简捷命令 Z)并按 Space 键或 Enter。(或 'zoom，用于透明使用)

(3) 菜单："视图(V)"→"缩放(Z)"→"实时(R)"，当前工作空间的菜单中未提供。

(4) 快捷菜单：没有选定对象时，在绘图区域单击鼠标右键并选择"缩放"选项进行实时缩放。

💡 注意：　使用 zoom 不会改变图形中对象的绝对大小，它仅改变视图的比例。

1. 全部(All)

在绘图区域范围内最大化显示图形界限(limits)或图形范围(extents)，哪个尺寸大显示哪个。

2. 中心(Center)

以所确立的点为中心调整视图。确定中心点后，输入的数值后加 X，则此值为放大倍数；不加 X，则此值为新视图高度。而这个点在缩放视图后将成为新视口的中心点。

3. 动态(Dynamic)

该选项先临时将图形全部显示出来，用构造视图框选择下一视图的范围。

📑 提示：　改变视图框的大小可以单击后调整其大小，然后再单击以接受视图框的新大小。平移视图框可以将其拖动到所需的位置，然后按 Enter 键。

4. 范围(Extents)

将所有图形最大化显示在屏幕上。此方式会引起图形再生，速度较慢。

5. 上一个(Previous)

返回上一个视图。使用 zoom 命令每次缩放后视图被保存，共最近的 10 次。若在当前视图中删除了某些实体，用 previous 返回上一视图中，也没有删除的那些实体了。

6. 比例(Scale)

根据需要比例缩放当前视图，且视图中心点保持不变。

提示：输入的数值后面加 X，表示相对于当前视图的比例。输入的数值后加 XP，表示相对于图纸空间单位的比例。只输入数值，则表示相对于图形栅格界限的比例(此选项很少用)。例如，输入 0.5X，屏幕上的每个对象显示为原大小的二分之一。输入 0.5XP，以图纸空间单位的二分之一显示模型空间。输入 2，则缩放图形界限，以对象原来尺寸的两倍显示对象。

7. 窗口(Window)

这是 AutoCAD 较常用的缩放功能。通过拉出一矩形窗口，确定窗口区域内的对象将最大化显示在屏幕上。

8. 对象(Object)

可以将选择的一个或多个对象最大化显示在视口中并使其位于视图的中心。

9. 实时(Realtime)

实时缩放是 zoom 命令的默认项，也是较常用的一种缩放功能。它通过鼠标在屏幕上的移动更改着视图的显示比例。单击鼠标右键，也可以从显示的快捷菜单中，选择启动实时缩放命令。

5.4.2 平移视图

平移视图可以重新确定绘图对象在绘图区域中的位置。

启动平移视图(pan)命令的方法如下。

(1) 功能区：选择"视图"标签，在"导航"面板上，选择"平移"命令。

(2) 命令行：输入 pan(简捷命令 p)并按 Space 键或 Enter 键。(或 'pan，用于透明使用)

(3) 菜单："视图(V)"→"平移(P)"。

(4) 快捷菜单：没有选定对象时，在绘图区域单击鼠标右键并选择"平移"选项进行移动。

注意：平移视图(pan)，不会更改图形中对象的实际位置，而只是更改视图。

提示：利用鼠标滚轮，可以快速地实时缩放平移视图。向上滚动滑轮，可以放大显示图形；向下滚动滑轮，可以缩小显示图形；按住滚轮移动，可以平移图形显示。通常情况下，利用鼠标滚轮就可以满足一般的图形显示操作需求。

总　　结

本章将 AutoCAD 的基础知识，在建筑装饰领域用到的部分，较全面地进行了介绍。通过一些基本操作，使学生对软件有基本的认识和操作能力，为后面的具体项目实践操作奠定了扎实的基础。

习　　题

一、案例题

利用相对坐标输入法，练习创建一个 420×297 的矩形，矩形的左下角点坐标为 (100,100)。

二、思考题

1. AutoCAD 包含哪几种工作空间？如何在它们之间切换？
2. 怎样快速执行上一个命令？
3. 怎样取消正在执行的命令？

第6章　二维图形的基本绘图命令

教学提示

1. 本章主要内容

(1) 创建点和线形对象。
(2) 创建矩形和正多边形。
(3) 创建曲线对象。
(4) 块的创建与编辑方法。
(5) 图案填充。

2. 本章学习任务目标

(1) 熟悉点样式的设置，掌握用点进行定数等分和定距等分。
(2) 掌握绘制直线、多段线、多线的方法，并知道它们之间的区别和运用技巧。
(3) 掌握绘制矩形和正多边形的方法。
(4) 掌握绘制圆、圆弧、椭圆的不同方法。
(5) 掌握块的创建与编辑，并熟练运用。
(6) 熟练掌握图案填充命令及其设置方法。

3. 本章教学方法建议

本章课堂教学设计中，建议采用教师讲授、示范与学生练习相结合的方法。通过教师的讲授与示范，使学生系统地了解利用 AutoCAD 软件进行二维图形绘制的基本方法和技巧。通过练习使学生掌握软件常用的绘图命令，为后面的计算机绘图奠定基础。

6.1　绘　制　点

【学习目标】

了解点样式的设置，熟练掌握定数等分和定距等分命令的使用。

点作为节点或参照几何图形对于对象捕捉和相对偏移非常有用。Point(点)是最基本的元素，也是所有图形的基础，在实际的绘图中点主要起到一个标记功能。

6.1.1　设置点样式

根据点在图中的作用及显示需要，可以相对于屏幕或使用绝对单位设置点的样式和大小。
启动"点样式"设置命令有如下三种方法。

(1) 功能区：单击"常用"标签→"实用工具"面板的下拉式列表→"点样式"命令。

(2) 菜单栏：选择"格式(O)"菜单→"点样式(P)"命令。

(3) 命令行：输入 ddptype。

启动"点样式"命令后，将弹出"点样式"对话框，如图 6-1 所示。在对话框中选择一种点样式，在"点大小"文本框中相对于屏幕或以绝对单位指定一个大小，然后单击"确定"按钮。

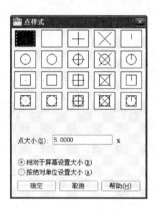

图 6-1　"点样式"对话框

注意： 相对于屏幕设置大小，是按屏幕尺寸的百分比设置点的显示大小。当缩放图形时，点的显示大小并不改变。

按绝对单位设置大小，是按"点大小"下指定的实际单位设置点显示的大小。当缩放图形时，显示的点大小随之改变。

提示： 更改点样式会影响图形中所有点对象的显示。

6.1.2　绘制单点和多点

启动"点"命令有下面几种方法。

(1) 功能区：单击"常用"标签→"绘图"面板→"多点"命令。

(2) 菜单栏：选择"绘图(D)"菜单→"点(O)"下拉式菜单。

(3) 工具栏：单击"绘图"工具栏→"点"命令图标。

(4) 命令行：输入 point(或简写 po)。

启动"点"命令后，就可以在屏幕上直接绘制点了，默认点的样式是圆点，在图形中一般很难和其他图形区分。有时为了让节点容易识别，就需要设置点样式。

6.1.3　定数等分

定数等分命令可以在所选对象上按指定数目等间距创建点或插入块。这个操作并不将对象实际等分为单独的对象，而仅仅是标明定数等分的位置，以便将它们作为几何参考点。

启动"定数等分"命令有下面几种方法。

(1) 功能区：单击"常用"标签→"绘图"面板→"多点"→"定数等分"命令。

(2) 菜单栏：选择"绘图(D)"菜单→"点(O)"→"定数等分(D)"命令。

(3) 命令行：输入 divide(或简写 div)

启动"定数等分"命令后，命令行出现如下提示。

命令：_divide

选择要定数等分的对象：单击要定数等分的直线 a;

输入线段数目或[块(B)]：5

绘制结果如图 6-2 所示。

图 6-2　定数等分直线 a

☞ 提示：　因为输入的是等分数，而不是点的个数，所以如果要将对象分成 N 份，则只需生成 N-1 个点。

6.1.4　定距等分

定距等分命令可以在选定的对象上按指定的长度创建点或插入块。等分对象的最后一段可能要比指定的间隔短。

启动"定距等分"命令有下面几种方法。

(1) 功能区：单击"常用"标签→"绘图"面板→"多点"→"定距等分"命令。

(2) 菜单栏：选择"绘图(D)"菜单→"点(O)"→"定距等分(D)"命令。

(3) 命令行：输入 measure(或简写 me)。

启动"定距等分"命令后，命令行出现如下提示。

命令：_measure

选择要定距等分的对象：单击要定距等分的曲线 b;

输入线段数目或[块(B)]：250。

绘制结果如图 6-3 所示。

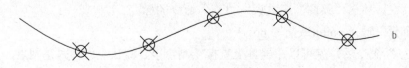

图 6-3　定距等分曲线 b

注意：　　定距等分或定数等分的起点随选定对象的类型不同而不同。

(1) 对于直线、曲线、弧线或非闭合的多段线，起点是距离选择点最近的端点。

(2) 对于闭合的多段线，起点是多段线的起点。

(3) 对于圆，起点是以角度为 0°，即从三点(时钟)的位置开始沿逆时针方向继续。

6.2　绘制线形对象

【学习目标】

掌握直线、多段线、多线命令的使用方法，并学会在不同情况下灵活选用最合适的绘线方法。

所谓线形对象，是指由一条线段或一系列相连的线段组成的简单对象，主要有直线(Line)、多段线(PLine)和多线(MLine)等。

6.2.1　绘制直线

直线是最简单的线形对象，也是绘图中最基本的、最常用的实体对象。使用直线命令可以创建一系列连续的直线段，且每条线段都是可以单独进行编辑的直线对象。

启动"直线"命令有下面几种方法。

(1) 功能区：单击"常用"标签→"绘图"面板→"直线"命令。

(2) 菜单栏：选择"绘图(D)"菜单→"直线(L)"命令。

(3) 工具栏：单击"绘图"工具栏→"直线"命令图标。

(4) 命令行：输入 line(或简写 l)。

启动"直线"命令后，命令行出现如下提示。

命令：_line

指定第一点：在绘图区域中点取 A 点；

指定第一点或[放弃(U)]：在绘图区域中点取 B 点；

指定第一点或[放弃(U)]：在绘图区域中点取 C 点；

指定第一点或[闭合(C)/放弃(U)]：在绘图区域中点取 D 点；

指定第一点或[闭合(C)/放弃(U)]：U(取消上一步操作，端点返回到 C 点)；

指定第一点或[闭合(C)/放弃(U)]：C(输入 C，按 Space 键图形将自动闭合，或直接按 Space 键结束直线的绘制)。

绘制结果如图 6-4 所示。

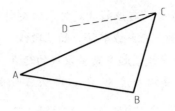

图 6-4　绘制直线

6.2.2　绘制多段线

多段线是作为单个对象创建的相互连接的线段序列。使用多段线命令可以创建直线段、圆弧段或两者的组合线段，创建的多段线既可以一起编辑，也可以分别编辑。

启动"多段线"命令有下面几种方法。

(1) 功能区：单击"常用"标签→"绘图"面板→"多段线"命令。

(2) 菜单栏：选择"绘图(D)"菜单→"多段线(P)"命令。

(3) 工具栏：单击"绘图"工具栏→"多段线"命令图标。

(4) 命令行：输入 pline(或简写 pl)。

启动"多段线"命令后，命令行出现如下提示。

命令: _pline

指定起点: 在绘图区域中点取 A 点;

当前线宽为 0(0 为上次使用的线宽值，作为当前线宽的默认值);

指定下一个点或[圆弧(A)/半宽(H)/长度(L)/放弃(U)/宽度(W)]: h;

指定起点半宽<0>: 50;

指定端点半宽<50>:(直接按 Space 键，取默认值 50);

指定下一个点或[圆弧(A)/闭合(C)/半宽(H)/长度(L)/放弃(U)/宽度(W)]:在绘图区域中点取 B 点;

指定下一点或[圆弧(A)/闭合(C)/半宽(H)/长度(L)/放弃(U)/宽度(W)]: h;

指定起点半宽<50>: 0;

指定端点半宽<0>: 30;

指定下一点或[圆弧(A)/闭合(C)/半宽(H)/长度(L)/放弃(U)/宽度(W)]:在绘图区域中点取 C 点;

指定下一点或[圆弧(A)/闭合(C)/半宽(H)/长度(L)/放弃(U)/宽度(W)]: a;

指定圆弧的端点或[角度(A)/圆心(CE)/闭合(CL)/方向(D)/半宽(H)/直线(L)/半径(R)/第二个点(S)/放弃(U)/宽度(W)]: w;

指定起点宽度<60>: 0;

指定端点宽度<0>:(直接按 Space 键，取默认值 0);

指定圆弧的端点或[角度(A)/圆心(CE)/闭合(CL)/方向(D)/半宽(H)/直线(L)/半径(R)/第二个点(S)/放弃(U)/宽度(W)]: a;

指定包含角: 180;

指定圆弧的端点或[圆心(CE)/半径(R)]:在绘图区域中点取 D 点;

指定圆弧的端点或[角度(A)/圆心(CE)/闭合(CL)/方向(D)/半宽(H)/直线(L)/半径(R)/第二个点(S)/放弃(U)/宽度(W)]: l;

指定下一点或[圆弧(A)/闭合(C)/半宽(H)/长度(L)/放弃(U)/宽度(W)]: w;

指定起点宽度<0>: 60;

指定端点宽度<60>: 0;

指定下一点或[圆弧(A)/闭合(C)/半宽(H)/长度(L)/放弃(U)/宽度(W)]:在绘图区域中点取 A 点;

指定下一点或[圆弧(A)/闭合(C)/半宽(H)/长度(L)/放弃(U)/宽度(W)]:按 Space 键退出。

绘制结果如图 6-5 所示。

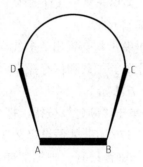

图 6-5 绘制多段线

注意：当多段线的宽带大于 0 时，如果想绘制闭合的多段线，必须用"闭合"选项，才能使其完全封闭，否则，即使起点与终点重合，也会出现缺口，如图 6-6 所示。

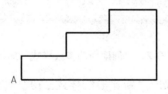

图 6-6 多段线 A 点处的缺口

提示：(1) 用多段线命令可以绘制连续的直线或与圆弧的组合，是一个整体对象，可以同时指定不同的线宽。

(2) 在为绘制的墙体指定线宽时，最好不要使用多段线的指定线宽特性，而是要用图层的线宽来指定，这样在后面的图形修改及打印设置时会更灵活些。

6.2.3　绘制多线

多线是一种由多条平行线组成的对象，平行线的数目以及间距是可以调整的。多线命令常用于绘制建筑图中的墙体、窗户、阳台等具有多条平行线特征的对象。

绘制多线时，可以使用包含两个元素的 STANDARD 样式，也可以创建新的样式。开始绘制之前，需要调整多线的对正和比例。

1. 多线样式设置

多线样式主要用于控制多线中直线元素的数目及每条直线的偏移量、颜色、线型，另外还可以控制多线的端点封口及多线的填充颜色。

(1) 启动"多线样式"命令有下面两种方法。

① 菜单栏：选择"格式(O)"菜单→"多线样式(M)"命令。

② 命令行：输入 mlstyle(或简写 ml)。

启动"多线样式"命令后，屏幕上将会弹出"多线样式"对话框，在这里可以进行多线样式的新建、修改、重命名、删除、加载和保存操作。

(2) 创建多线样式的具体操作方法如下。

① 在"多线样式"对话框中单击"新建"按钮，打开"创建新的多线样式"对话框，如图 6-7 所示，输入新的样式名"370"(此处假设定义 370 厚的墙，定义的名字最好既容易识别又容易输入)，选择基础样式(若只有一种标准样式，此处就呈现灰色，默认不能选择)。

图 6-7　"创建新的多线样式"对话框

② 单击"继续"按钮，弹出"新建多线样式:370"对话框，如图 6-8 所示。

图 6-8 所示对话框中的各项内容介绍如下。

- "说明"文本框用于为多线样式添加说明，最多可以输入包括空格在内的 255 个字符。
- "封口"选项组用于为多线设置起点和端点的封口，主要有五种类型，包括无封口、直线封口、外弧封口、内弧封口及角度封口，效果如图 6-9 所示。

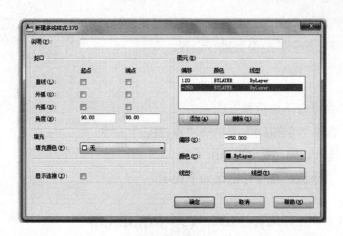

图 6-8　"新建多线样式:370"对话框

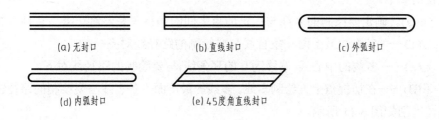

(a) 无封口　　　　　　　(b) 直线封口　　　　　　　(c) 外弧封口

(d) 内弧封口　　　　　(e) 45度角直线封口

图 6-9　多线封口类型

需要指出的是，内弧封口显示的是成对的内部元素之间的圆弧。如果有偶数个元素，则两两连接；如果有奇数个元素，则不连接中心线。例如，若有 6 个元素，则内弧连接元素 2 和 5、元素 3 和 4。若有 7 个元素，则内弧连接元素 2 和 6、元素 3 和 5，不连接元素 4。

- "填充"选项组用于设置多线的内部填充色、默认的是无色填充。若要选择颜色填充，可以单击填充颜色的下拉列表进行选择。
- "显示连接"选项组用于控制多线中每段线段顶点处连接的显示，接头也称为斜接，其作用如图 6-10 所示。

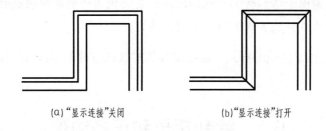

(a)"显示连接"关闭　　　　　　　　(b)"显示连接"打开

图 6-10　"显示连接"作用

- "图元"选项组用于设置新的和现有的多线元素的元素特性。这里会显示当前多线样式中的所有元素，包含多线样式中的每个元素相对于多线中心的偏移、颜色及其线型定义。元素始终按它们的偏移值降序显示。多线的元素数目可以通过"添加"

和"删除"按钮来调整。要设置多线的元素特性，可选择要修改的那条多线元素，然后在偏移、颜色、线型处进行设置。

2. 绘制多线

启动"多线"命令有下面两种方法。

(1) 菜单栏：选择"绘图(D)"菜单→"多线(U)"命令。

(2) 命令行：输入 mline(或简写 ml)。

启动"多线"命令后，命令行出现如下提示。

命令: _mline

当前设置: 对正= 上，比例=20.00，样式= STANDARD

指定起点或[对正(J)/比例(S)/样式(ST)]:在屏幕上选取要绘制的起点或输入选项。

选项说明如下。

(1) 对正(J)。确定要绘制的多线与指定的点之间的偏移关系。对正类型包括三种。

- 上(T)——多线的最上面一条直线与要绘制的路径线对齐。
- 无(Z)——多线的中心线(偏移为 0 的那条线)与要绘制的路径线对齐。
- 下(B)——在捕捉点上方绘制多线。多线的最下面一条直线与要绘制的路径线对齐。

其具体区别如图 6-11 所示。

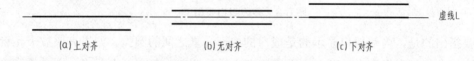

(a)上对齐　　　　　(b)无对齐　　　　　(c)下对齐

图 6-11　多线的对正类型

(2) 比例(S)。控制多线的全局宽度，该比例不影响线型比例。该比例是基于多线样式定义建立的宽度。绘制多线时，其显示宽度是样式定义的宽度乘以此处设置的比例因子。如多线在样式设置时定义为 370，而此处比例为 20，那么最终绘制的多线宽度就是 7400。

提示：　负比例因子将翻转偏移线的次序，负比例因子的绝对值也会影响比例。比例因子为 0 将使多线变为单一的直线。

(3) 样式(ST)。指定多线的样式，从已加载的样式或创建的多线库(MLN)文件中定义的样式中选择。

6.3　绘制矩形和正多边形

【学习目标】

掌握用 AutoCAD 软件绘制矩形和正多边形的不同方式。

利用绘制矩形和正多边形命令可以快速创建矩形和规则多边形。绘制正多边形是绘制等边三角形、正方形、五边形、六边形等的简单方法。

6.3.1　绘制矩形

使用此命令可以通过指定矩形参数(长度、宽度、旋转角度)并控制角的类型(圆角、倒角或直角)来绘制矩形。

启动"矩形"命令有下面 4 种方法。

(1) 功能区：单击"常用"标签→"绘图"面板→"矩形"命令。

(2) 菜单栏：选择"绘图(D)"菜单→"矩形(G)"命令。

(3) 工具栏：单击"绘图"工具栏→"矩形"命令图标。

(4) 命令行：输入 rectang 或 rectangle(或简写 rec)。

启动"矩形"命令后，命令行出现如下提示。

命令: _rectang

指定第一个角点或[倒角(C)/标高(E)/圆角(F)/厚度(T)/宽度(W)]:在屏幕上确定第一个角点;

指定另一个角点或[面积(A)/尺寸(D)/旋转(R)]: @420,297(指定对角点创建矩形)。

部分选项说明如下。

(1) 倒角(C)。可以直接绘制带有倒角的矩形。

(2) 标高(E)。指定矩形标高(Z 坐标)，即将矩形画在平行于标高为 O 的 XOY 坐标面的其他平面上，并作为后续矩形的标高值。

(3) 圆角(F)。指定圆角半径，绘制带圆角的矩形。

(4) 厚度(T)。指定矩形的厚度，如图 6-12 所示。

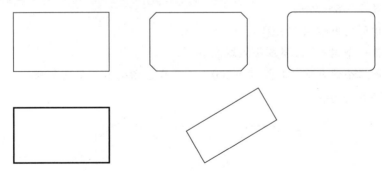

图 6-12　绘制的不同矩形

(5) 宽度(W)。指定绘制矩形的线宽。

(6) 面积(A)。以指定面积和长或宽来确定矩形的另一角点。

(7) 尺寸(D)。以指定长度和宽度确定另一角点来绘制矩形。

(8) 旋转(R)。按指定旋转角度绘制矩形。

📧 **提示：** 标高和厚度是两个不同的概念。设定标高是指在距基面一定高度的平面上绘制矩形，而设定厚度则表示可以绘制出具有一定厚度(给定值)的矩形。

6.3.2 绘制正多边形

使用绘制正多边形的命令POLYGON可以创建具有3至1024条等长边的闭合多段线，可以指定多边形的各种参数，包含边数。

启动"正多边形"命令有下面4种方法。

(1) 功能区：单击"常用"标签→"绘图"面板→"正多边形"命令。

(2) 菜单栏：选择"绘图(D)"菜单→"正多边形(Y)"命令。

(3) 工具栏：单击"绘图"工具栏→"正多边形"命令图标。

(4) 命令行：输入polygon(或简写pol)。

启动"正多边形"命令后，命令行出现如下提示：

例1

命令：_polygon

输入边的数目 <4>: 6;

指定正多边形的中心点或 [边(E)]:在屏幕上点取中心点O;

输入选项 [内接于圆(I)/外切于圆(C)] <I>: I;

指定圆的半径: 300。

绘制结果如图6-13(a)所示。

例2

命令：_polygon

输入边的数目 <6>: 5;

指定正多边形的中心点或[边(E)]: e;

指定边的第一个端点: 在屏幕上点取点A;

指定边的第二个端点: <正交 开> 300，在屏幕上指出第二个端点B。

其结果如图6-13(b)所示。

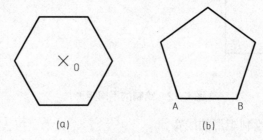

图6-13 绘制正多边形

6.4　绘制曲线对象

【学习目标】

掌握绘制圆、圆弧、椭圆的不同方法，根据具体情况选用合适的绘图方式。

6.4.1　绘制圆

圆在建筑工程制图中也是较常见的一种图形实体。在 AutoCAD 2012 中可以通过指定圆心、半径、直径、圆周上的点和其他对象上的点的不同组合来绘制圆。

启动"圆"命令有下面 4 种方法。

(1) 功能区：单击"常用"标签→"绘图"面板→"圆"命令。

(2) 菜单栏：选择"绘图(D)"菜单→"圆(C)"命令。

(3) 工具栏：单击"绘图"工具栏→"圆"命令图标。

(4) 命令行：输入 circle(或简写 c)。

在功能区中的"绘图"面板上单击"圆"命令右侧的下拉按钮，可以看到绘制圆的 6 种方式，如图 6-14 所示。

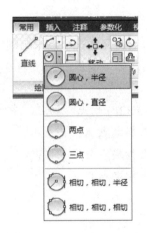

图 6-14　"圆"命令子菜单

下面分别说明这 6 种画圆方式。

1. 圆心、半径

这种方式主要是通过指定圆心和半径来绘制圆。

启动"圆"命令后，命令行出现如下提示。

命令: _circle

指定圆的圆心或 [三点(3P)/两点(2P)/切点、切点、半径(T)]:在屏幕上指定圆心;

指定圆的半径或 [直径(D)]: 输入圆的半径。

2. 圆心、直径

这种方式主要是通过指定圆心和直径来绘制圆。

启动"圆"命令后,命令行出现如下提示。

命令: _circle

指定圆的圆心或 [三点(3P)/两点(2P)/切点、切点、半径(T)]:在屏幕上指定圆心;

指定圆的半径或 [直径(D)] <200.0000>: d;

指定圆的直径 <400.0000>:输入圆的直径。

3. 两点

这种方式主要是通过指定圆直径上的两个端点来绘制圆。

启动"圆"命令后,命令行出现如下提示。

命令: _circle

指定圆的圆心或 [三点(3P)/两点(2P)/切点、切点、半径(T)]: 2p;

指定圆直径的第一个端点:在屏幕上指定圆直径上的第一个端点 A;

指定圆直径的第二个端点:在屏幕上指定圆直径上的第二个端点 B。

绘制结果如图 6-15(a)所示。

4. 三点

这种方式主要是通过指定圆周上的任意三个点来绘制圆。

启动"圆"命令后,命令行出现如下提示。

命令: _circle

指定圆的圆心或 [三点(3P)/两点(2P)/切点、切点、半径(T)]: 3p;

指定圆上的第一个点:在屏幕上指定点 A;

指定圆上的第二个点:在屏幕上指定点 B;

指定圆上的第三个点:在屏幕上指定点 C。

绘制结果如图 6-15(b)所示。

5. 相切、相切、半径

这种方式主要用来绘制与两个实体相切的指定半径的圆。

启动"圆"命令后,命令行出现如下提示。

命令: _circle

指定圆的圆心或 [三点(3P)/两点(2P)/切点、切点、半径(T)]: t;

指定对象与圆的第一个切点:在屏幕上指定点 A;

指定对象与圆的第二个切点:在屏幕上指定点 B;

指定圆的半径 <200.0000>: 300。

绘制结果如图 6-15(c)所示。

6. 相切、相切、相切

这种方式主要用来绘制与三个对象相切的圆。

启动"圆"命令后,命令行出现如下提示。

命令: _circle

指定圆的圆心或 [三点(3P)/两点(2P)/切点、切点、半径(T)]: _3p;

指定圆上的第一个点: _tan 到点取 A 点;

指定圆上的第二个点: _tan 到点取 B 点;

指定圆上的第三个点: _tan 到点取 C 点。

绘制结果如图 6-15(d)所示。

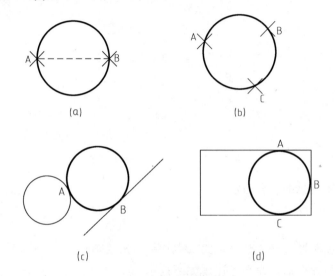

图 6-15　用不同方式绘制圆

6.4.2　绘制圆弧

圆弧也是建筑工程图上常见的一种图形实体,主要通过指定圆心、端点、起点、半径、角度、弦长和方向值的几种组合形式来绘制。

启动"圆弧"命令有下面 4 种方法。

(1) 功能区:单击"常用"标签→"绘图"面板→"圆弧"命令。

(2) 菜单栏:选择"绘图(D)"菜单→"圆弧(A)"命令。

(3) 工具栏:单击"绘图"工具栏→"圆弧"命令图标。

(4) 命令行:输入 arc(或简写 a)。

在功能区中的"绘图"面板上单击"圆弧"命令右侧的下拉按钮,可以看到绘制圆弧的 11 种方式,如图 6-16 所示。

图 6-16 "圆弧"命令子菜单

下面介绍绘制圆弧的各种方法。

1. 三点

这种方式主要是通过输入起点、第二点和终点来绘制圆弧。

启动"圆弧"命令后，命令行出现如下提示。

命令:_arc

指定圆弧的起点或 [圆心(C)]: 在屏幕上指定点 S;

指定圆弧的第二个点或[圆心(C)/端点(E)]: 在屏幕上指定点 2;

指定圆弧的端点: 在屏幕上指定点 E。

2. 起点、圆心、端点

这种方式主要通过指定圆弧的起点、圆心和端点来绘制圆弧，指定弧的起点和圆心后，弧的半径就确定了。端点只决定圆弧的长度，圆弧不一定通过端点。

启动"圆弧"命令后，命令行出现如下提示。

命令:_arc

指定圆弧的起点或 [圆心(C)]: 在屏幕上指定点 S;

指定圆弧的第二个点或 [圆心(C)/端点(E)]: 输入 C 并按 Enter 键;

指定圆弧的圆心: 在屏幕上指定点 C;

指定圆弧的端点或 [角度(A)/弦长(L)]: 在屏幕上指定点 E。

3. 起点、圆心、角度

这种方式主要通过指定圆弧的起点、圆心及其所对应的圆心角来绘制圆弧。

启动"圆弧"命令后，命令行出现如下提示。

命令:_arc

指定圆弧的起点或 [圆心(C)]: 在屏幕上指定点 S;

指定圆弧的第二个点或 [圆心(C)/端点(E)]: 输入 C 并按 Enter 键;

指定圆弧的圆心: 在屏幕上指定点 C;

指定圆弧的端点或 [角度(A)/弦长(L)]: 输入 A 并按 Enter 键;

指定包含角:输入角度值。

4. 起点、圆心、弦长

这种方式主要通过指定圆弧的起点、圆心及其所对应的弦长来绘制圆弧。沿逆时针方向绘制圆弧时，若弦长为正值，则得到与弦长相应的最小的圆弧；反之，则得到最大的圆弧。

启动"圆弧"命令后，命令行出现如下提示。

命令:_arc

指定圆弧的起点或 [圆心(C)]: 在屏幕上指定起点 S;

指定圆弧的第二个点或 [圆心(C)/端点(E)]: 输入 C 并按 Enter 键;

指定圆弧的圆心: 在屏幕上指定点 C;

指定圆弧的端点或 [角度(A)/弦长(L)]: 输入 L 并按 Enter 键;

指定弦长:确定弦长。

5. 起点、端点、角度

这种方式主要通过指定圆弧的起点、端点及其所包含的角度来绘制圆弧。

启动"圆弧"命令后，命令行出现如下提示。

命令:_arc

指定圆弧的起点或 [圆心(C)]: 在屏幕上指定起点 S;

指定圆弧的第二个点或 [圆心(C)/端点(E)]: 输入 E 并按 Enter 键;

指定圆弧的端点: 在屏幕上指定点 E;

指定圆弧的圆心或 [角度(A)/方向(D)/半径(R)]: 输入 A 并按 Enter 键;

指定包含角: 输入角度值。

6. 起点、端点、半径

这种方式主要通过指定圆弧的起点、端点和半径来绘制圆弧。若半径值为正，则得到起点和终点之间的短弧；反之，则得到最大的弧。

启动"圆弧"命令后，命令行出现如下提示。

命令:_arc

指定圆弧的起点或 [圆心(C)]: 在屏幕上指定起点 S;

指定圆弧的第二个点或 [圆心(C)/端点(E)]:在屏幕上点击点 E 并按 Enter 键;

指定圆弧的端点: 在屏幕上指定点 E;

指定圆弧的圆心或 [角度(A)/方向(D)/半径(R)]:_r 指定圆弧的半径: 在屏幕上点击圆心点。

指定圆弧的半径: 输入半径值 R。

7. 起点、端点、方向

这种方式主要通过指定圆弧的起点、端点和半径来绘制圆弧。

启动"圆弧"命令后，命令行出现如下提示。

命令:_arc

指定圆弧的起点或 [圆心(C)]: 在屏幕上指定起点 S;

指定圆弧的第二个点或 [圆心(C)/端点(E)]: 输入 E 并按 Enter 键;

指定圆弧的端点: 在屏幕上指定点 E;

指定圆弧的圆心或 [角度(A)/方向(D)/半径(R)]: 输入 D 并按 Enter 键;

指定圆弧的起点切向:确定圆弧起点的切线方向。

8. 圆心、起点、端点

这种方式主要通过指定圆弧的圆心、起点和端点来绘制圆弧。

启动"圆弧"命令后，命令行出现如下提示。

命令:_arc

指定圆弧的起点或[圆心(C)]: 输入 C 并按 Enter 键;

指定圆弧的圆心: 在屏幕上指定点 C;

指定圆弧的起点: 在屏幕上指定点 S

指定圆弧的端点或 [角度(A)/弦长(L)]: 在屏幕上指定点 E。

9. 圆心、起点、角度

这种方式主要通过指定圆弧的圆心、起点及其包含的角度来绘制圆弧。

启动"圆弧"命令后，命令行出现如下提示。

命令:_arc

指定圆弧的起点或 [圆心(C)]: 输入 C 并按 Enter 键;

指定圆弧的圆心: 在屏幕上指定点 C;

指定圆弧的起点: 在屏幕上指定点 S;

指定圆弧的端点或 [角度(A)/弦长(L)]: 输入 A 并按 Enter 键;

指定包含角: 输入角度值。

10. 圆心、起点、弦长

这种方式主要通过指定圆弧的圆心、起点及其所对应的弦长来绘制圆弧。

启动"圆弧"命令后,命令行出现如下提示。

命令:_arc

指定圆弧的起点或 [圆心(C)]: 输入 C 并按 Enter 键;

指定圆弧的圆心: 在屏幕上指定点 C;

指定圆弧的起点: 在屏幕上指定点 S;

指定圆弧的端点或 [角度(A)/弦长(L)]: 输入 L 并按 Enter 键;

指定弦长: 确定弦长。

11. 连续

用这种方式绘制的圆弧与上条一线段或圆弧相切,指定端点即可继续绘制圆弧。

启动"圆弧"命令后,命令行出现如下提示。

命令:_arc

指定圆弧的起点或 [圆心(C)]:

指定圆弧的端点:直接指定圆弧的端点 E。

绘制结果如图 6-17 所示。

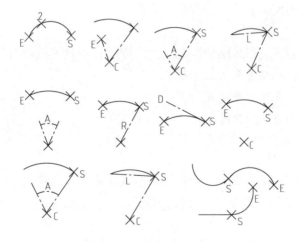

图 6-17 11 种绘制圆弧的方法

6.4.3 绘制椭圆

椭圆包含椭圆中心、长轴及短轴等几何特征。绘制椭圆的默认方式是指定椭圆第一条轴线的两个端点及另一条轴线半轴的长度。

启动"椭圆"命令的方法如下。

(1) 功能区:单击"常用"标签→"绘图"面板→"椭圆"命令。

(2) 菜单栏:选择"绘图(D)"菜单→"椭圆(E)"命令。

(3) 工具栏：单击"绘图"工具栏→"椭圆"命令图标

(4) 命令行：输入 ELLIPSE(或简写 EL)。

在功能区中的"绘图"面板上单击"椭圆"命令右侧的下拉按钮，可以看到绘制椭圆的三种方式，如图 6-18 所示。

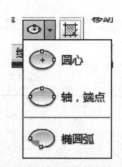

图 6-18　"椭圆"命令子菜单

下面介绍绘制椭圆的各种方法。

1. 圆心

这种方式主要通过指定椭圆的中心点，第一个轴的端点和第二个轴的长度来创建椭圆。

启动"椭圆"命令后，命令行出现如下提示。

命令: ELLIPSE

指定椭圆的轴端点或 [圆弧(A)/中心点(C)]: 输入 C 并按 Enter 键;

指定椭圆的中心点: 在屏幕上指定点 C;

指定轴的端点: 在屏幕上指定点;

指定另一条半轴长度或 [旋转(R)]: 输入长度 L。

2. 轴、端点

这种方式主要通过指定椭圆第一个轴的两个端点和第二个轴的长度来创建椭圆。

启动"椭圆"命令后，命令行出现如下提示。

命令: ELLIPSE

指定椭圆的轴端点或 [圆弧(A)/中心点(C)]: 在屏幕上指定点 1;

指定轴的另一个端点: 在屏幕上指定点 2;

指定另一条半轴长度或 [旋转(R)]: 输入长度 L。

3. 椭圆弧

绘制椭圆弧的方法是首先指定两个点作为第一条轴的位置和长度，然后第三个点确定椭圆弧的圆心与第二条轴的端点之间的距离，再指定第四个点和第五个点确定椭圆弧的起始和终止角度。

启动"椭圆"命令后，命令行出现如下提示。

命令: ELLIPSE

指定椭圆的轴端点或 [圆弧(A)/中心点(C)]: 输入 A 并按 Enter 键;

指定椭圆弧的轴端点或 [中心点(C)]: 在屏幕上指定点 1;

指定轴的另一个端点: 在屏幕上指定点 2;

指定另一条半轴长度或 [旋转(R)]: 在屏幕上指定点 3;

指定起始角度或 [参数(P)]: 在屏幕上指定点 4;

指定终止角度或 [参数(P)/包含角度(I)]: 在屏幕上指定点 5。

绘制椭圆的方法如图 6-19 所示。

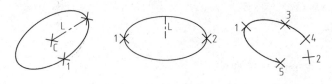

图 6-19　绘制椭圆的三种方法

6.5　块

【学习目标】

了解块的特点，掌握创建块、插入块的方法，掌握块的编辑。

6.5.1　块的特点

在 AutoCAD 中，使用块可以提高绘图速度、节省存储空间、便于修改图形并能够为其添加属性。

1. 提高绘图速度

在 AutoCAD 中绘图时，常常需要重复使用一些图形，如果把这些图形做成块保存起来，在需要时直接插入，就可以避免大量的重复性工作，从而提高绘图效率。

2. 节省存储空间

要保存图中每一个对象的相关信息，如对象的类型、位置、图层、线型及颜色等，会占用大量的存储空间。如果把相同的图形事先定义成一个块，需要它们时直接把块插入到图中相应的位置，则既可以满足绘图要求，又可以节省磁盘空间。因为虽然在块的定义中包含了图形的全部信息，但系统只需要一次这样的定义。对块的每次插入，AutoCAD 仅需要记住这个块对象的有关信息。对于复杂又需要多次绘制的图形，这一优点更为明显。

3. 便于修改图形

一张工程图纸往往需要经过多次修改。如果图样中重复的图形是通过插入块的方法绘制的，那么只要简单地对块进行再定义，就可以完成对图中所有重复的图形的修改。

4. 可以添加属性

很多块还要求有文字信息以进一步解释其用途。AutoCAD 允许用户为块创建这些文字属性，并可在插入的块中指定是否显示这些属性。此外，还可以从图中提取这些信息并将它们传送到数据库中。

6.5.2 创建块

启动"创建块"命令的方法如下。

(1) 功能区：单击"常用"标签→"块"面板→"创建"命令。

(2) 菜单栏：选择"绘图(D)"菜单→"块(K)"命令→"创建(M)"命令。

(3) 工具栏：单击"绘图"工具栏→"创建块"命令图标。

(4) 命令行：输入 block 或 bmake(或简写 b)。

启动"创建块"命令，弹出"块定义"对话框，如图 6-20 所示，各选项说明如下。

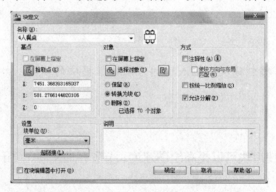

图 6-20　"块定义"对话框

1. "名称"下拉列表框

在"名称"下拉列表框中输入块定义的名称，如"4 人餐桌"。

2. "基点"选项组

图块基点的默认值是(0,0,0)，当然也可在下面的 X、Y、Z 文本框中输入块的基点坐标值。单击"拾取点"按钮，AutoCAD 会临时切换到绘图屏幕，捕捉图形上的某一特征点后，返回到"块定义"对话框，所拾取点将作为图块的基点。

3. "对象"选项组

该选项组用于选择制作图块的对象以及设置对象的相关属性。

- 保留——图块创建完成后，继续保留这些构成图块的对象，且作为普通的实体对象。
- 转换为块——图块创建完成后，构成图块的这些对象将转化为一个图块。
- 删除——图块创建完成后，将删除构成图块的这些对象实体。

4．"设置"选项组

设定用户从 AutoCAD 设计中心拖曳该图块时的插入单位及超链接的设置。

5．"方式"选项组

- 注释性——指定块是否具有注释性。选中该项后，使块方向与布局匹配，是指使在图纸空间视口中的块参照的方向与布局的方向匹配。
- 按统一比例缩放——指定块参照是否按统一比例缩放。
- 允许分解——指定块参照是否可以被分解。

6.5.3 图块的存盘

用 Block(或 BMake)定义的图块，只能在图块所在的当前图形文件中使用，而不能在其他图形文件中插入使用。但是若图块需要在许多图形文件中使用，则可以用 WBLOCK 命令把图块以图形文件的形式(后缀名为.DWG)写入磁盘，这样图块就可以在这台计算机上的任意图形文件中插入使用了。

启动"图块存盘"命令的方法如下。

命令行：输入 wblock(或简写 w)。

启动图块存盘命令后，将弹出"写块"对话框，如图 6-21 所示。

图 6-21 "写块"对话框

对话框中各选项的功能说明如下。

1. "源"选项组

- 块(B)——把用 Block(或 BMake)命令定义过的图块进行写块操作。此时，可以从下拉列表框中选择所需的图块。
- 整个图形(E)——把当前的整个图形进行写块操作。
- 对象(O)——把选择的图形对象直接定义为图块并进行存盘操作。

2. "基点"和"对象"选项组

使用方法同 Block 中的选项，不再复述。

3. "目标"选项组

指定图块的文件名和存放的路径以及插入单位。

6.5.4 插入块

在用 AutoCAD 绘图的过程中，可根据需要随时把定义好的图块或图形文件插入当前图形中，在插入时还可以同时完成指定插入点、改变图块的比例、旋转角度或把图块分解等操作。

启动"插入块"命令的方法如下。

(1) 功能区：单击"常用"标签→"块"面板→"插入"命令；或者单击"插入"标签→"块"面板→"插入"命令。

(2) 菜单栏：选择"插入(I)"菜单→"块(B)"命令。

(3) 工具栏：单击"绘图"工具栏→"插入块"命令图标，当前工作空间中未提供。

(4) 命令行：输入 insert(或简写 i)。

启动"插入块"命令后，弹出如图 6-22 所示的对话框。

图 6-22　"插入"对话框

现将对话框中各选项的功能说明如下。

1. "名称"下拉列表框及"浏览"路径

从"名称"下拉列表框中选择块的名称；单击"浏览"按钮，选择图块的保存路径。

2. "插入点"选项组

指定插入点，插入图块时该点与图块的基点重合。可以在屏幕上指定该点，也可以通过下面的文本框输入该点的坐标值。

3. "比例"选项组

确定插入图块时的比例系数，可以在屏幕上指定，也可以在该对话框中直接定义。图块被插入到图形中时，可以按任意比例缩放，如图 6-23 所示。

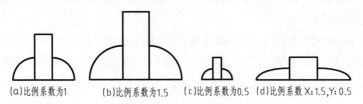

(a)比例系数为1　　(b)比例系数为1.5　(c)比例系数为0.5　(d)比例系数 X:1.5,Y:0.5

图 6-23　取不同比例系数插入图块的效果

另外，比例系数还可以是负数，当为负数时，表示插入图块的镜像图形，其效果如图 6-24 所示。

(a)X:1,Y:1　　(b) X:-1,Y:1　　(c) X:1,Y:-1　　(d) X:-1,Y:-1

图 6-24　取比例系数为负值插入图块的效果

4. "旋转"选项组

将图块旋转一定的角度后，插入到图形中。

5. "分解"复选框

选中该复选框是将块中的对象作为单独的对象而不是单个块插入。

6.5.5　动态块

动态块具有灵活性和智能性。用户在操作时可以轻松地更改图形中的动态块参照，可以通过自定义夹点或自定义特性来操作几何图形，这使得用户可以根据需要在位调整块参照，而不用搜索另一个块以插入或重定义现有的块。

图块编写选项板有 4 个选项卡，作用分别如下。

(1) "参数"选项卡：用于向块编辑器中的动态块添加参数，可以指定几何图形在块参照中的位置、距离和角度。

(2) "动作"选项卡：用于向块编辑器中的动态块添加动作。动作定义了在图形中操作块参照的自定义特性时，动态块参照的几何图形将如何移动或变化，动作与参数是相关联的。

(3) "参数集"选项卡：用于在块编辑器中向动态块添加一个参数和至少一个动作。将参数集添加到动态块中时，动作将自动与参数相关联。将参数集添加到动态块中后，双击黄色警示图标(或使用 BACTIONSET 命令)，然后按照命令行上的提示操作可以将动作与几何图形选择集相关联。

(4) "约束"选项卡"：用于将几何约束和约束参数应用于对象。将几何约束应用于一对对象时，选择对象的顺序以及选择每个对象的点可能会影响对象相对于彼此的放置方式。

例：创建门动态块。

将创建的"men900"图块创建成动态块，创建动态块使用 BEDIT 命令。要使块成为动态，必须至少添加一个参数，然后添加一个动作并将该动作与参数相关联。添加到块定义中的参数和动作类型决定了块参照在图形中的作用方式。

1. 添加动态块参数

(1) 调用 BEDIT 命令，打开"编辑块定义"对话框，如图 6-25 所示，在对话框中选择"men900"图块，单击"确定"按钮，进入块编辑器。

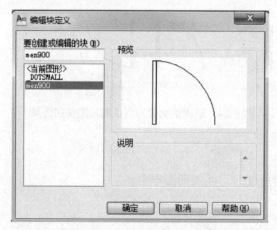

图 6-25　"编辑块定义"对话框

(2) 在"块编写选项板"右侧切换到"参数"选项卡，再单击"线性"按钮，然后按命令行提示操作，其结果如图 6-26 所示。

(3) 在"参数"选项卡中单击"旋转参数"按钮，按命令行提示操作，结果如图 6-27 所示。

2. 添加动作

(1) 在"块编写选项板"中切换到"动作"选项卡，单击"缩放"按钮，按命令行提示操作，结果如图 6-28 所示。

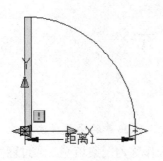

图 6-26   添加"线性参数"

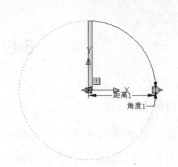

图 6-27   添加"旋转参数"

(2) 在"动作"选项卡中单击"旋转"按钮，然后按命令行提示操作，结果如图 6-29 所示。

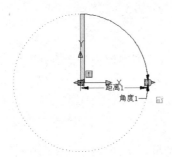

图 6-28   添加"缩放动作"

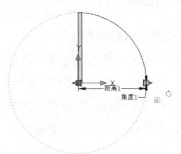

图 6-29   添加"旋转动作"

(3) 单击块编辑器工具栏中的"保存块"按钮，然后单击"关闭块编辑器"按钮，返回到绘图窗口。

至此，men900 动态块创建完成。

6.5.6   块编辑器

块编辑器是一个独立的环境，用于为当前图形创建和更改块定义，以及向块中添加动态行为。

启动"块编辑器"命令的方法如下。

(1) 功能区：单击"常用"标签→"块"面板→"块编辑器"命令；或者单击"插入"标签→"块"面板→"块编辑器"命令。

(2) 菜单栏：选择"工具(T)"菜单→"块编辑器(B)"命令。

(3) 工具栏：单击"标准"工具栏→"块编辑器"命令图标。

(4) 命令行：输入 bedit(或简写 be)。

(5) 快捷方式：用鼠标左键直接双击块参照。

6.6 图案填充

【学习目标】

掌握图案填充的方法，了解填充图案的比例、旋转、孤岛等的设置方法。

利用某些图案填充图形中的某一区域，这种填充操作称为图案填充。通过图案填充命令，可以使用预定义填充图案填充区域、使用当前线型定义简单的线图案，也可以自己创建填充图案。

6.6.1 图案填充

启动图案填充的方法如下。

(1) 功能区：单击"常用"选项卡→"绘图"面板→"图案填充"命令。

(2) 菜单栏：选择"绘图(D)"→"图案填充(H)"命令。

(3) 绘图工具栏：直接单击▨图标。

(4) 命令行：输入 hatch(或 h)。

启动图案填充命令后，会弹出如图 6-30 所示的对话框，下面介绍"图案填充"选项卡中各部分内容。

图 6-30 "图案填充和渐变色"对话框

1. "类型和图案"选项组

● 类型：设置图案类型，包括预定义、用户定义、自定义三种类型。

● 图案：单击下拉按钮，显示图案名称，用户可从该下拉列表中选择要用的图案名称；也可单击右侧的▭▭按钮，从弹出的"填充图案选项板"对话框中选择，如图 6-31 所示。

- 样例：显示选定图案的预览图像。
- 自定义图案：列出可用的自定义图案。只有在"类型"下拉列表中选择了"自定义"，此选项才可用。

2. "角度和比例"选项组

- 角度：指定图案填充时的旋转角度。
- 比例：确定图案填充时的比例，即控制填充的疏密程度。

3. "边界"选项组

- 添加:拾取点：根据围绕指定点构成封闭区域的现有对象确定边界。对话框将暂时关闭，系统将会提示拾取一个点。
- 添加:选择对象：根据构成封闭区域的选定对象确定边界。

图 6-31 填充图案选项板

4. "选项"选项组

- 关联：控制填充图案与边界的关系。关联的图案填充在用户修改其边界时将会自动更新。
- 创建独立的图案填充：是指填充图案与边界没有关联关系，即图案与填充区域边界是两个独立体。
- 绘图次序：为图案填充指定绘图次序。图案填充可以放在所有其他对象之后、所有其他对象之前、图案填充边界之后或图案填充边界之前。

5. "继承特性"按钮

用户可选用图中已有的填充图案作为当前的填充图案，相当于格式刷。

6. "孤岛"选项组

如果对话框中没有显示"孤岛"设置，就单击图案填充对话框右下角的⊙图标，展开对话框。

- 孤岛检测：控制是否检测内部闭合边界(称为孤岛)。
- 孤岛显示样式：确定图案的填充方式。
- 普通：从外部边界向内填充。如果遇到内部孤岛边界，填充将断开，直到遇到该孤岛内的另一个孤岛边界为止，又开始填充。
- 外部：从外部边界向内填充。在遇到内部孤岛边界时，将关闭图案填充。即此选项打开时只对结构的最外层进行图案填充，而结构内部保留空白。
- 忽略：忽略边界内所有的孤岛，全部进行图案填充。

7. "边界保留"选项组

- 保留边界：根据临时图案填充边界创建边界对象，并将它们添加到图形中。

● 对象类型：控制新边界对象的类型。生成的边界对象可以是面域或多段线对象。仅当选中"保留边界"复选框时，此选项才可用。

8."边界集"选项组

定义当从指定点定义边界时要分析的对象集。当使用"选择对象"定义边界时，选定的边界集无效。

9."允许的间隙"选项组

设置将对象用作图案填充边界时可以忽略的最大间隙。默认值为 0，此值指定对象必须封闭区域而没有间隙。按图形单位输入一个值(从 0 到 5000)，可以设置将对象用作图案填充边界时可以忽略的最大间隙。任何小于等于指定值的间隙都将被忽略，并将边界视为封闭。

10."继承选项"选项组

使用"继承特性"创建图案填充时，相关设置将控制图案填充原点的位置。

6.6.2 编辑图案填充

启动图案填充编辑命令的方法如下。

(1) 功能区：单击"修改"选项卡→"图案填充"命令。

(2) 快捷方式：直接双击图案填充对象，或选择要编辑的图案填充对象，在绘图区域单击鼠标右键，从弹出的快捷菜单中选择"图案填充编辑"命令。

启动命令后，会弹出如图 6-32 所示的"图案填充编辑"对话框，对话框中包含选定图案填充或填充对象的当前特性，可以重新定义，完成后单击"确定"按钮。

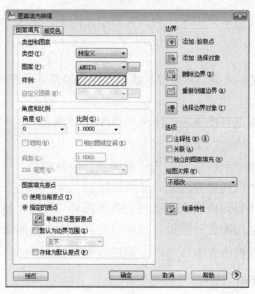

图 6-32 "图案填充编辑"对话框

总　　结

建筑图纸的绘制，其基本线型不外乎直线、曲线、圆，在具体绘制过程中，根据图形特点，选用合适的绘制命令可以提高绘图效率。例如，墙体用多线绘制就比用直线绘制快得多；阳台类的拐折线用多段线绘制比用直线绘制，在后续偏移时节省修剪线头的时间。将常用图形制作成图块，则再次需要相同图形时直接调用即可。熟练掌握这部分命令对后期图形的修改和整体制作可以起到重要的支撑作用。

习　　题

利用学过的直线、圆、圆弧、矩形、填充等命令，结合绘图辅助工具，完成图 6-33 所列图形的绘制。

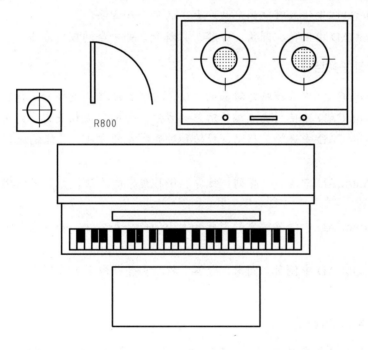

图 6-33　练习图例

第 7 章　AutoCAD 常用编辑命令

教学提示

1. 本章主要内容

本章介绍 AutoCAD 常用编辑命令，主要内容如下。

(1) 在 AutoCAD 中选择特定对象的方法。

(2) 在 AutoCAD 中使用夹点编辑对象的方法。

(3) 在 AutoCAD 中删除、移动、旋转和对齐对象的方法。

(4) 在 AutoCAD 中复制、阵列、镜像和偏移对象的方法。

(5) 在 AutoCAD 中修改对象的形状和大小的命令和方法。

(6) 在 AutoCAD 中倒角、圆角、分解、打断和合并命令的应用方法。

2. 本章学习任务目标

(1) 掌握 AutoCAD 中选择特定对象的方法，并能完成相关图样的选择。

(2) 掌握 AutoCAD 中使用夹点编辑对象的方法，并能完成相关图样的夹点编辑任务。

(3) 掌握 AutoCAD 中删除、移动、旋转和对齐对象的方法，并能完成相关图样的编辑操作。

(4) 掌握 AutoCAD 中复制、阵列、镜像和偏移对象的方法，并能完成相关图样的编辑操作。

(5) 掌握 AutoCAD 中修改对象的形状和大小的命令和方法，并能完成相关图样的编辑操作。

(6) 掌握 AutoCAD 中倒角、圆角、分解、打断和合并命令的应用方法，并能完成相关图样的编辑操作。

3. 本章教学方法建议

本章建议运用任务驱动教学法，在课堂教学中，建议教师向学生提出明确的任务，通过教师的演示，让学生了解任务完成过程中所需要运用的命令，教师具体讲解每个命令的应用方法和技巧。学生在完成任务过程中教师要发挥辅助的指导作用，及时发现学生在完成任务过程中所出现的各种问题并及时加以纠正。对学生任务完成后的效果进行恰当的评价。

7.1 选择对象的方法

【学习目标】

熟知 AutoCAD 中选择对象的方法，并且能在绘制具体图形的过程中熟练灵活地运用。

使用 AutoCAD 绘图的过程中，单纯地使用绘图命令或者绘图工具能够完成的工作量是很小的，只能创建一些基本的图形对象，而如果要绘制复杂的图形，就必须借助于图形编辑工具，比如要对图形进行删除、移动、复制、修剪等操作。编辑图形对象时，首先要选择对象，然后再对其进行编辑加工。

选择对象，就是如何选择目标对象。在 AutoCAD 中，快捷、准确地选择目标对象是每个用户都必须掌握的一项基本技能。用户选择实体目标对象后，该实体将呈高亮显示，即组成实体的边界轮廓线由原先的实线变为虚线，十分明显地与那些未被选择的实体区分开来。在 AutoCAD 中，选择对象的方法很多。例如，可以通过单击对象逐个选取，也可以利用矩形窗口或交叉窗口选择；可以选择最近创建的对象、前面的选择集或图形中的所有对象，也可以在选择集中添加对象或删除对象。

7.1.1 利用拾取框选择单个对象

在绘图过程中，当命令行提示"选择对象："时，在绘图区中的绘图光标将变为小方框样式，此小方框被称为拾取框，此时将拾取框移至需编辑的目标对象上，单击鼠标左键即可将其选中。如图 7-1 所示反映了单个目标对象的选择过程。

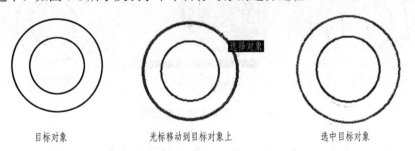

目标对象　　　　　　　　　　光标移动到目标对象上　　　　　　　　　　选中目标对象

图 7-1　选择单个目标对象

7.1.2 以窗口方式选择对象

以窗口方式选择对象也称窗选方式，顾名思义，窗选是指在选择对象的过程中，需要用户指定一矩形框，将矩形框内或与矩形框相交的对象选中。在 AutoCAD 中，有两种窗选方式，即矩形窗选和交叉窗选。

1. 矩形窗选

当命令行提示"选择对象："时，将光标移至目标对象的左侧，按住鼠标左键，由图形的左边向右上方或者右下方拖曳鼠标,在绘图区域中呈现一个由实线组成的矩形框，当光标移动到合适的位置后，再单击鼠标左键，选取另一对角点，当释放鼠标后，被矩形框完全包围的对象将被选中。如图 7-2 所示图形为"矩形窗选目标对象"的图示操作方法。

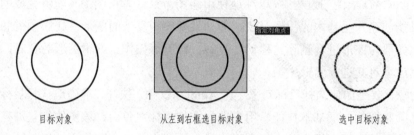

图 7-2　矩形窗选目标对象

2. 交叉窗选

当命令行提示"选择对象："时，将光标移至目标对象的右侧，按住鼠标左键，在图形的右方开始，向左下方或者左上方拖动鼠标，绘图区域中呈现一个虚线显示的矩形框，当用户释放鼠标后，与方框相交和被方框完全包围的对象都被选中。如图 7-3 所示图形为"交叉窗选目标对象"的图示操作方法。

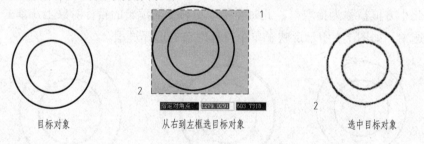

图 7-3　交叉窗选目标对象

提示：　点选方式要将拾取框移动到要选取的对象上单击才会选中，而矩形窗选和交叉窗选所用矩形窗口的第一个对角点则不能点在某个对象上，要选在空白处单击，命令行才会出现"指定对角点"的提示。

7.1.3　以其他方式选择对象

编辑命令执行之后，一般会出现"选择对象："提示，此时输入"？"，可查看所有选项。命令行将显示如下的信息："需要点或窗口(W)/上一个(L)/窗交(C)/框(BOX)/全部(ALL)/栏选(F)/圈围(WP)/圈交(CP)/编组(G)/添加(A)/删除(R)/多个(M)/前一个(P)/放弃(U)/自动(AU)/单个(SI)/子对象/对象"，这些是 AutoCAD 提供的选择方法，用户可以根据需要选择适合的方法。其中常用选项的含义如下。

(1) 上一个(L)：选择最近一次选择或者绘制的图形。

(2) 栏选(F)：用户可通过此方式构造任意折线，凡与折线相交的目标对象均被选中，栏选线不能封闭或相交，该方式用于选择连续目标时非常方便。

(3) 圈围(WP)：该方式与矩形窗选方式类似，但该方式可构造任意形状的多边形，包含在多边形区域的实体均被选中。

(4) 圈交(CP)：此方式与交叉方式类似，但该方式可构造任意形状的多边形，只要与此多边形相交和在其内部的图形均被选中。

(5) 添加(A)：向选择集中添加对象。

(6) 删除(R)：从选择集中删除对象。

7.2　使用夹点编辑对象

【学习目标】

熟知 AutoCAD 中夹点编辑对象的方法，并且能够在绘制具体图形的过程中熟练灵活地运用。

所谓夹点，是指对象上的控制点，也称为特征点。AutoCAD 在图形对象上定义了一些特殊的特征点，如直线的端点、中点，圆的圆心、象限点，圆弧的起始点、终止点和中点等。在没有输入任何操作命令时，选取要编辑的对象，在对象上将显示出若干个小方框，这些小方框就是用来标记被选中对象的夹点，如图 7-4 所示。

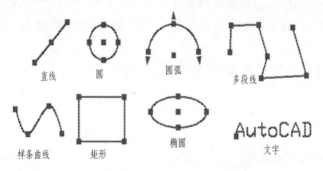

图 7-4　各种常见图形实体的夹点

夹点有两种状态：未激活状态和被激活状态。单击选择某个图形对象后出现的蓝色小方框，就是未激活状态的夹点，称为冷夹点。如果单击某个未激活夹点，该夹点就被激活，以红色小方框显示，这种处于被激活状态的夹点又称为热夹点。以热夹点为基点，可以对图形对象执行拉伸、平移、复制、缩放和镜像等基本修改操作。基本操作步骤为"先选择，后操作"，具体可分为三步。

(1) 在不输入任何命令的情况下，单击选择对象，使其出现夹点。

(2) 单击某个夹点，使其被激活为热夹点。

(3) 根据需要执行拉伸、移动、复制、缩放、镜像等基本操作。

7.2.1　控制夹点显示

默认状态下，夹点始终是打开的。

控制夹点显示：选择"工具"菜单→"选项"命令(或者在命令行，输入 options)，在"选择集"选项卡中，选中"启用夹点"复选框，如图 7-5 所示。

图 7-5　控制夹点显示

7.2.2　夹点拉伸

在 AutoCAD 中使用夹点编辑选定对象时，首先要选中某个夹点作为编辑操作的基准点(热夹点)，这时系统自动将其作为拉伸操作的基点，进入拉伸编辑模式。命令行提示如下。

** 拉伸 **

指定拉伸点或 [基点(B)/复制(C)/放弃(U)/退出(X)]:

其中各选项的含义如下。

[基点(B)]: 重新确定拉伸基点。

[复制(C)]: 允许确定一系列的拉伸点，以实现多次拉伸。

[放弃(U)]: 取消上一次操作。

[退出(X)]: 退出当前的操作。

图 7-6 所示为夹点拉伸编辑示意。

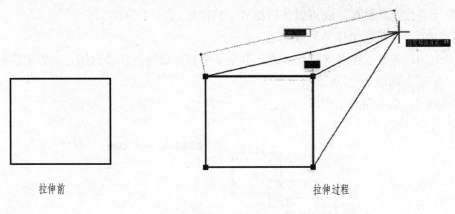

拉伸前　　　　　　　　　　　　　　　　　拉伸过程

图 7-6　夹点拉伸

默认情况下，指定拉伸点后 AutoCAD 将对对象进行拉伸操作，但对于某些夹点，执行该操作时只能移动对象而不能拉伸对象，如文字、块、直线中点、圆心、椭圆中心和点对象上的夹点。

此外，还可以通过编辑夹点对对象进行移动、旋转、缩放和镜像等操作，可通过下面三种方法改变操作模式。

(1) 按 Enter 键或 Space 键，各操作模式依次显示。

(2) 输入与操作相对应的字母(移动 mo，旋转 r，缩放 sc，镜像 mi)，然后在提示信息下完成相应的操作。

(3) 选中热夹点后，单击鼠标右键，在弹出的快捷菜单中选择相应的命令。

7.2.3　夹点移动

激活图形对象上的某个夹点，在命令行输入移动命令"mo"，就可以移动该对象。命令行提示如下。

** 拉伸 **

指定拉伸点或 [基点(B)/复制(C)/放弃(U)/退出(X)]: mo

输入命令"mo"，切换到移动方式；

** 移动 **

指定移动点或 [基点(B)/复制(C)/放弃(U)/退出(X)]:

拖动鼠标移动图形，如图 7-7 所示，单击鼠标把图形放在合适位置。

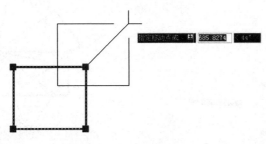

图 7-7　夹点移动

如果不直接拖动鼠标，还可以选择括号中的选项。

[基点(B)]：重新确定移动基点，

[复制(C)]：实现连续多次移动，实际上是平移和复制两项功能的结合，如图 7-8 所示。

[放弃(U)]：取消上一次操作。

[退出(X)]：退出当前的操作。

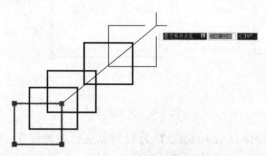

图 7-8　移动和复制相结合

7.2.4　夹点旋转

激活图形对象上的某个夹点，在命令行输入旋转命令"ro"，就可以围绕着热夹点旋转该对象。命令行提示如下。

** 拉伸 **

指定拉伸点或 [基点(B)/复制(C)/放弃(U)/退出(X)]: ro

输入命令"ro"，切换到旋转方式；

** 旋转 **

指定旋转角度或 [基点(B)/复制(C)/放弃(U)/参照(R)/退出(X)]:

拖动鼠标旋转图形，如图 7-9 所示，使用单击鼠标或输入角度的办法把图形转到需要位置。

如果不直接拖动鼠标，还可以选择括号中的选项。

[基点(B)]：重新确定旋转基点。

[复制(C)]：实现连续多次旋转(实际上是旋转和复制两项功能的结合，如图 7-10 所示)。

[放弃(U)]：取消上一次操作。

[退出(X)]：退出当前的操作。

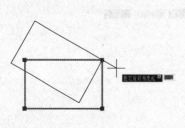

图 7-9　夹点旋转

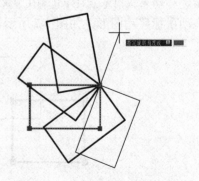

图 7-10　旋转和复制相结合

7.2.5　夹点缩放

激活图形对象上的某个夹点，在命令行输入缩放命令"sc"，就可以以热夹点为基点缩放该对象。命令行提示如下。

拉伸

指定拉伸点或[基点(B)/复制(C)/放弃(U)/退出(X)]: sc　输入命令"sc"，切换到缩放方式；

比例缩放

指定比例因子或 [基点(B)/复制(C)/放弃(U)/参照(R)/退出(X)]:

输入比例把图形缩放到相应大小。

7.2.6　夹点镜像

激活图形对象上的某个夹点，在命令行输入镜像命令"mi"，就可以对图形进行镜像操作，其中热夹点作为镜像线上的一点，只需要确定另一点，就可以确定对称轴位置。命令行提示如下。

** 拉伸 **

指定拉伸点或 [基点(B)/复制(C)/放弃(U)/退出(X)]: mi

　输入命令"mi"，切换到镜像方式；

** 镜像 **

指定第二点或 [基点(B)/复制(C)/放弃(U)/退出(X)]:

拖动鼠标指定镜像轴的第二点，从而得到镜像图形，如图 7-11 所示。

如果不直接拖动鼠标，还可以选择括号中的选项。

[基点(B)]：重新确定镜像基点。

[复制(C)]：实现连续多次镜像(实际上是镜像和复制两项功能的结合，如图 7-12 所示)。

[放弃(U)]：取消上一次操作。

[退出(X)]：退出当前的操作。

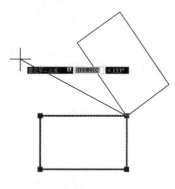

图 7-11　夹点镜像

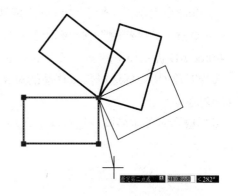

图 7-12　镜像和复制相结合

7.3　删除、移动、旋转和对齐对象

【学习目标】

　　熟知 AutoCAD 中应用"删除""移动""旋转"和"对齐"等命令编辑对象的方法，且能够在绘制具体图形的过程中熟练灵活地运用。

7.3.1　删除对象

　　在绘图过程中，经常会遇到一些不想其在最终图样中出现的实体，像一些辅助线或者错误图形，这时，就可以用"删除"命令，将不需要的实体清除掉。可采用以下几种方法来删除对象。

　　(1) 选择菜单"修改"→"删除"命令。

　　(2) 在命令提示下，输入"erase"或输入"e"。

　　(3) 单击工具"修改"→"删除"按钮 。

　　AutoCAD 提示如下。

　　选择对象:(用鼠标选择需要删除的对象,选择结束后按 Enter 键即可删除掉所选对象)。

　　提示：　先选中对象，然后按键盘上的 Delete 键也可以删除选择的对象；如果要恢复被删除的对象，使用取消命令 undo，且可以连续恢复被删除的对象。

7.3.2　移动对象

　　移动对象是指将选择的对象从一个位置移动到另一位置。使用坐标、栅格捕捉、对象捕捉和其他工具可以精确移动对象。可采用以下几种方法来执行移动命令。

　　(1) 选择菜单"修改"→"移动"命令。

　　(2) 在命令提示下，输入"move"或输入"m"。

　　(3) 单击工具"修改"→"删除"按钮 。

　　AutoCAD 提示如下。

　　选择对象:(用鼠标选择需要移动的对象，选择结束后按 Enter 键并用鼠标指定位移点即可移动对象)。

　　图 7-13 所示要求将圆形进行移动，以圆心为基点从线段的左端点移动到线段的右端点。

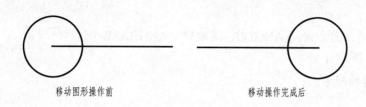

移动图形操作前　　　　　　　　　　　　移动操作完成后

图 7-13　移动图形

7.3.3　旋转对象

旋转命令可以绕指定基点旋转图形中的对象,该命令不会改变对象的整体尺寸的大小。旋转对象时,可以直接输入一个角度,让实体绕选择的基点进行旋转,也可以用规定的三个点的夹角作为旋转角进行参照旋转。可以用如下方法执行该命令。

(1) 选择菜单"修改"→"旋转"命令。

(2) 在命令提示下,输入"rotate"或输入"ro"。

(3) 单击工具"修改"→"旋转"按钮 。

命令行提示如下。

UCS 当前的正角方向:　ANGDIR=逆时针　ANGBASE=0

选择对象:

指定要旋转的对象

指定基点:

用鼠标点取一点作为旋转基点

指定旋转角度, 或 [复制(C)/参照(R)] <0>:45

输入旋转角度,逆时针为正,实体即围绕选定基点按照给定角度旋转,如图 7-14 所示。

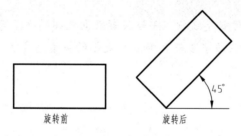

旋转前　　　　　　　旋转后

图 7-14　将对象旋转 45°

选项说明如下。

[复制(C)]: 创建要旋转的选定对象的副本。

[参照(R)]: 将对象从指定的角度旋转到新的绝对角度,当需要旋转的对象的旋转角度不能直接确定时,可以采用这种参照旋转法来进行旋转。

如图 7-15 所示将矩形进行旋转,使其 AB 边与 X 轴夹角为 60°,操作如下。

调用"旋转"命令

ROTATE

UCS 当前的正角方向： ANGDIR=逆时针　ANGBASE=0；

选择对象：找到 1 个

选择要旋转的矩形；

选择对象：

按 Enter 键。

指定基点：

点取 A 点作为旋转的基点；

指定旋转角度，或 [复制(C)/参照(R)] <333>：　r

输入"r"，切换到参照旋转方式；

指定参照角 <0>：指定第二点：

捕捉 A 点，再捕捉 B 点，以 AB 所在直线与 X 轴的夹角作为参照角；

指定新角度或 [点(P)] <0>：　60

输入 60，矩形旋转。

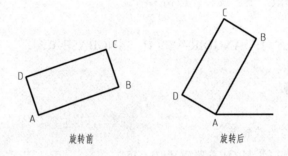

旋转前　　　　　　　　旋转后

图 7-15　参照方式旋转图形

提示： 其实旋转角度就是线段 AB 与 X 轴正向之间的夹角与 60°之差，即旋转角度为 60°减去线段 AB 与 X 轴正向之间的夹角的度数。参照角度也可以用鼠标在屏幕上点取。

7.3.4　对齐对象

可以通过移动、旋转或倾斜对象来使该对象与另一个对象对齐。对齐两个对象的步骤如下。

(1) 依次选择"修改"→"三维操作"→"对齐"命令。

(2) 在命令提示下，输入"align"。

命令行提示如下。

命令: align

选择对象：找到 1 个

选择对象：

指定第一个源点:

指定第一个目标点:

指定第二个源点:

指定第二个目标点:

指定第三个源点或 <继续>:

是否基于对齐点缩放对象? [是(Y)/否(N)] <否>: N

说明: 选择要对齐的对象，指定一个源点，然后指定相应的目标点；要旋转对象，请指定第二个源点，然后指定第二个目标点；按 Enter 键结束命令；选定的对象将从源点移动到目标点，如果指定了第二点和第三点，则这两点将旋转并倾斜选定的对象。

7.4　复制、阵列、镜像和偏移对象

【学习目标】

熟知 AutoCAD 中应用"复制""阵列""镜像"和"偏移"等命令编辑对象的方法，且能够在绘制具体图形的过程中熟练灵活地运用。

在 AutoCAD 软件中，可以使用"复制""阵列""镜像""偏移"等命令创建与原对象相同或相似的图形。

7.4.1　复制对象

在一张图中，经常会出现一些相同或类似的实体，如果将一个一个的实体重复绘制，工作效率显然会很低，在手工绘图时没有办法解决这个问题，但在 AutoCAD 中处理这类问题，用"复制"命令就方便多了，可以将任意复杂的实体复制到图样的某个地方。使用坐标、栅格捕捉、对象捕捉和其他工具可以精确复制对象。"复制"命令的用法与"移动"命令相似，不同点在于有复制的作用。如图 7-16 所示将左图中的圆复制一个。可以用如下方法执行该操作。

(1) 选择菜单"修改"→"复制"命令。

(2) 在命令提示符下，输入"copy"或输入"co"。

(3) 单击工具"修改"→"复制"按钮 。

命令行提示如下。

命令: _copy

选择对象: 找到 1 个

选择要复制的圆;

选择对象:

按 Enter 键。

当前设置: 复制模式 = 多个

指定基点或 [位移(D)/模式(O)] <位移>:

鼠标点取圆心作为基点;

指定第二个点或 <使用第一个点作为位移>:

鼠标点取一点复制一个。

指定第二个点或 [退出(E)/放弃(U)] <退出>:

使用鼠标再次点取,再复制一个;如果复制结束,直接按 Enter 键。

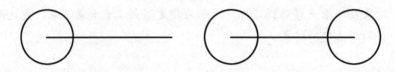

图 7-16　复制图形

7.4.2　阵列对象

上面讲到可以用"复制"命令复制多个实体,但当遇到一些呈规则分布的实体时,"复制"命令并不十分方便、快捷。AutoCAD 中提供的阵列命令,可以快捷准确地解决这类问题。阵列是按照矩形方阵或者按照圆周等距的方式将选中的对象进行多重复制。阵列分为矩形阵列和环形阵列两种。"阵列"命令的调用方式如下。

(1) 选择菜单"修改"→"阵列"命令。

(2) 在命令提示下,输入"array"或输入"ar"。

(3) 单击工具"修改"→"阵列"按钮 ⊞。

执行"阵列"命令,AutoCAD 弹出如图 7-17 所示的"阵列"对话框。利用此对话框,用户可以形象、直观地进行矩形或环形阵列的设置。

图 7-17　"阵列"对话框

1. 矩形阵列

　　矩形阵列就是按照行列方式将选中的实体进行多重复制。如图 7-18 所示，要求将给定的窗体绘制为一个三行四列的矩阵，行距为 300，列距为 200。

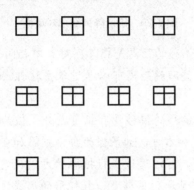

图 7-18　窗体的矩形阵列

操作步骤如下。

(1) 选择"阵列"命令，弹出"阵列"对话框，如图 7-17 所示。

(2) 选中"矩形阵列"复选框，进行参数设置，本例设置参数如图 7-19 所示。

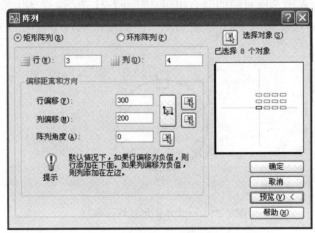

图 7-19　"矩形阵列"的参数设置

　　(3) 单击"选择对象"按钮，对话框暂时消失，鼠标指针变为拾取状态，选取要进行阵列操作的对象，本例中选取矩形窗，然后按 Enter 键，返回对话框。

　　(4) 要确认阵列结果，直接单击"确定"按钮即可。如果先要看一下阵列结果是否满意，可以单击"预览"按钮，对话框会暂时消失，用户可以看到阵列效果，同时出现如图 7-20 所示的对话框。如果预览效果满足要求，直接单击"接受"按钮；若不满意就单击"修改"按钮，再返回"阵列"对话框进行修改。

图 7-20　确认阵列结果对话框

提示：　(1) 行偏移和列偏移的距离是指阵列对象中相同位置点之间的距离。

(2) 行偏移和列偏移的距离可以通过单击按钮，然后在图中拾取两个点来确定。

(3) 行偏移和列偏移的偏移量有正负之分，值为正时，阵列后的行会添加在阵列对象的上方和右方，如果值为负，则添加在下方和左方。

(4) 单击按钮，可以通过光标拾取的方式确定一个矩形，矩形的长、宽代表阵列的行偏移量和列偏移量，且矩形的形成方向与阵列后新对象的生成方向一致。

2. 环形阵列

环形阵列是将所选实体按照圆周等距方式进行复制。这个命令需要确定阵列的圆心和阵列的个数，以及阵列图形所对应的圆心角等。如图 7-21 所示，已知一个小矩形和一个圆，小矩形的对角线的中点在圆的 90°象限点上，沿圆周绘制六个相同的小矩形，要求圆周均布。

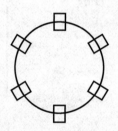

图 7-21　一个小矩形的环形阵列

操作步骤如下。

(1) 选择"阵列"命令，弹出"阵列"对话框，如图 7-17 所示。

(2) 选中"环形阵列"复选框，进行参数设置，本例设置参数如图 7-22 所示。

(3) 单击"选择对象"按钮，对话框暂时消失，鼠标指针变为拾取状态，选取要进行阵列操作的对象，本例中选取小矩形，然后按 Enter 键，对话框重新出现。

(4) 要确认阵列结果，直接单击"确定"按钮即可。如果先要看一下阵列结果是否满意，可以单击"预览"按钮，对话框会暂时消失，用户可以看到阵列效果并同时出现如图 7-20 所示的对话框。如果预览效果满足要求，直接单击"接受"按钮；若不满意就单击"修改"按钮，再回到"阵列"对话框进行修改。

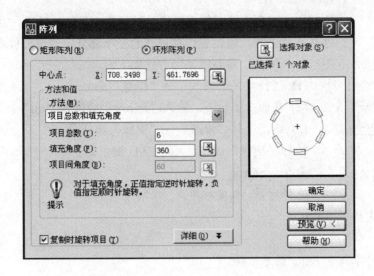

图 7-22   "环形阵列"参数设置

(5) 选中"复制时旋转项目"复选框，对象在环形阵列的同时，本身也绕其基点旋转。如果不选择此项，环形阵列是实体不旋转，本例中生成如图 7-23 所示的实体布局。

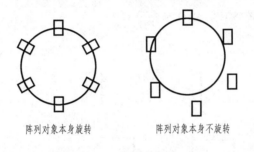

阵列对象本身旋转　　　　　　阵列对象本身不旋转

图 7-23   阵列复制图形实体

提示：(1)"中心点"文本框：确定环形阵列的阵列中心位置，用户可以直接在文本框中输入坐标值，也可以单击相应的按钮，在屏幕上点取。

(2) 在"项目总数"文本框中输入环形填充的项目总数，是包括源对象在内的总数目。

(3) 在"填充角度"右侧的文本框输入填充的角度，也可以通过右边的按钮在屏幕上指定，指定的角度是从原点拉出的线与 X 轴正向的夹角。

(4) 对于填充角度，以源实体为基准，逆时针为正值，顺时针为负值。

7.4.3   镜像对象

在建筑图中，经常会遇到一些对称的图形。如某些房间布局、桩基础等，可以绘制出对称图形的一半，然后利用"镜像"命令将另一半对称图形复制出来。镜像就是指将选中的对象按照指定的镜像线做对称复制。镜像对创建对称的对象非常有用，因为可以快速地

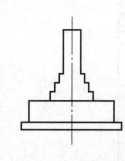

图 7-24　桩基础

绘制一半对象，然后将其镜像，而不必绘制整个对象。如图 7-24 所示桩基础的绘制，可以先绘制基础的左半部分，通过镜像命令完成整个图形。"镜像"命令的调用方式如下。

(1) 选择菜单"修改"→"镜像"命令。

(2) 在命令提示下，输入"mirror"或输入"mi"。

(3) 单击工具"修改"→"镜像"按钮 ⚎。

执行"镜像"命令，AutoCAD 提示如下。

命令: _mirror

选择对象: 指定对角点: 找到 15 个

鼠标选择需要镜像的对象;

选择对象:

继续选择对象或者 Enter 结束选择;

指定镜像线的第一点:

捕捉镜像线的上端点;

指定镜像线的第二点:

捕捉镜像线的下端点,从而定义对称轴;

要删除源对象吗? [是(Y)/否(N)] <N>:

按 Enter 键,如图 7-25 所示。

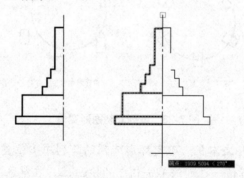

图 7-25　镜像过程

提示:　(1) 镜像线由点取的两点决定，该线不一定要真实存在，而且镜像线可以是任意角度的直线，不一定是水平或者垂直线。

(2) 如果镜像的同时删除源对象实体，在"要删除源对象吗? [是(Y)/否(N)] <N>:"提示下，输入"Y"，按 Enter 键即可。

(3) 当文字属于镜像范围时，有两种镜像结果: 一种为文字完全镜像，另一种是文字可读镜像; 这两种镜像状态由系统变量 MIRRTEXT 控制: 当系统变量 MIRRTEXT 值为 1 时，文字做完全镜像，为 0 时，文字为可读镜像，如图 7-26 所示。

(4) MIRRTEXT 会影响使用 text、attdef 或 mtext 命令、属性定义和变量属性创建的文字。镜像插入块时，作为插入块一部分的文字和常量属性都将被反转，而不管 MIRRTEXT 设置。

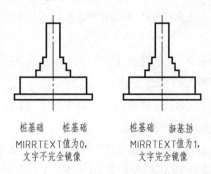

桩基础　桩基础
MIRRTEXT值为0,
文字不完全镜像

桩基础　础基桩
MIRRTEXT值为1,
文字完全镜像

图 7-26　图形及文字的镜像复制

7.4.4　偏移对象

偏移对象是指对指定的线、圆、圆弧等作同心复制，偏移圆或圆弧可以创建更大或更小的圆或圆弧。在实际应用中，常利用本命令的特性创造平行线或等距离分布图形，常见图形的偏移效果如图 7-27 所示。直线、圆弧、圆、椭圆和椭圆弧(形成椭圆形样条曲线)、二维多段线、构造线(参照线)和射线、样条曲线等可以应用"偏移"命令。命令的执行方法如下。

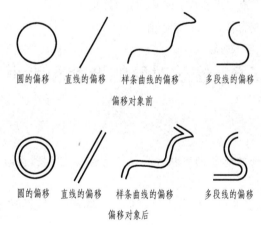

圆的偏移　　直线的偏移　　样条曲线的偏移　　多段线的偏移
偏移对象前

圆的偏移　　直线的偏移　　样条曲线的偏移　　多段线的偏移
偏移对象后

图 7-27　偏移对象

(1) 选择菜单"修改"→"偏移"命令。

(2) 在命令提示下，输入"offset"或输入"o"。

(3) 单击工具"修改"→"偏移"按钮 。

输入命令后，命令行提示如下。

命令: _offset

当前设置: 删除源=否　图层=源　OFFSETGAPTYPE=0

指定偏移距离或 [通过(T)/删除(E)/图层(L)] <50.0000>:

指定偏移距离；

选择要偏移的对象，或 [退出(E)/放弃(U)] <退出>：

选择要偏移的对象；

指定要偏移的那一侧上的点，或[退出(E)/多个(M)/放弃(U)] <退出>：

指定要放置新对象的一侧上的任意一点；

选择要偏移的对象，或 [退出(E)/放弃(U)] <退出>：

继续选择偏移对象或者按 Enter 键结束。

偏移时也可以使偏移对象通过某一点而进行偏移。步骤如下。

偏移命令的调用，输入命令后，命令行提示如下。

命令：_offset

当前设置：删除源=否　图层=源　OFFSETGAPTYPE=0

指定偏移距离或 [通过(T)/删除(E)/图层(L)] <50.0000>：　t

选择通过点方式；

选择要偏移的对象，或 [退出(E)/放弃(U)] <退出>：

选择要偏移的对象；

指定通过点或 [退出(E)/多个(M)/放弃(U)] <退出>：

指定新对象通过的点；

选择要偏移的对象，或 [退出(E)/放弃(U)] <退出>：

继续选择偏移对象或者按 Enter 键结束。

7.5　修改对象的形状和大小

【学习目标】

熟知 AutoCAD 中修改对象的形状和大小的方法，且能够在绘制具体图形的过程中熟练、灵活地运用。

在 AutoCAD 中，可以通过"修剪""延伸""缩放""拉伸"等命令来修改对象的形状和大小。

7.5.1　修剪对象

"修剪"命令的功能是利用边界对图形进行修剪。在绘图过程中，经常遇到将一个实体超出边界的部分剪掉的情况，利用修剪命令可以很方便地完成类似的操作。修剪命令执行时，必须先确定修剪边界，然后以该边界为假想的"剪刀"，剪掉实体的一部分，被剪的部分不一定与修剪边界相交。可以将对象修剪或延伸至投影边或延长线交点，即对象延长后相交的地方。修剪命令执行方法如下。

(1) 选择菜单"修改"→"修剪"命令。

(2) 在命令提示下，输入"trim"或输入"tr"。

(3) 单击工具"修改"→"修剪"按钮 。

输入命令后，命令行提示如下。

命令: TRIM

当前设置:投影=UCS，边=无

选择对象或 <全部选择>:　指定对角点: 找到 4 个

选择作为边界的对象;

选择对象:

再选择边界的对象或者按 Enter 键;

选择要修剪的对象，或按住 Shift 键选择要延伸的对象，或[栏选(F)/窗交(C)/投影(P)/边(E)/删除(R)/放弃(U)]:

选择对象上要修剪掉的部分;

选择要修剪的对象，或按住 Shift 键选择要延伸的对象，或[栏选(F)/窗交(C)/投影(P)/边(E)/删除(R)/放弃(U)]:

继续选择要修剪的部分或者按 Enter 键结束，如图 7-28 所示。

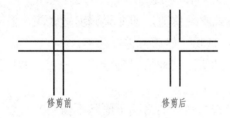

修剪前　　　　　　修剪后

图 7-28　修剪对象

各选项含义如下。

(1) 栏选(F)：选择与选择栏相交的所有对象。选择栏为临时线段，用两个或多个栏选点指定的。这样，与选择栏相交的所有对象能一次性修剪掉，可有效提高作图效率。如图 7-29 所示，要求以直线 A 为边界，将其余直线进行修剪，操作步骤如下。

① 调用"修剪"命令，在命令行提示"选择对象"时选择直线 A 作为边界;

② 命令行提示"选择要修剪的对象，或按住 Shift 键选择要延伸的对象，或[栏选(F)/窗交(C)/投影(P)/边(E)/删除(R)/放弃(U)]: "，此时输入"f"，并按 Enter 键;

③ 命令行提示"指定第一个栏选点:"此时光标点取一点作为栏选点的起点;

④ 命令行提出"指定下一个栏选点或 [放弃(U)]:"此时光标点取另一点作为栏选点的端点，注意光标点取的两点的连线要经过对象上要修剪掉的部分;

⑤ 指定下一个栏选点或 [放弃(U)]: 直接按 Enter 键，栏选结束，完成图形的修剪，如图 7-29 所示。

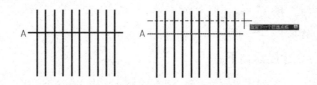

图 7-29　栏选方式修剪对象

(2) 窗交(C)：选择矩形区域(由两点确定)内部或与之相交的对象。

(3) 投影(P)：确定执行修剪操作的空间，执行该选项，AutoCAD 提示如下。

输入投影选项 [无(N)/UCS(U)/视图(V)] <UCS>:

① 无(N)：按实际三维空间的相互关系修剪，即只有在三维空间实际交叉的对象才能进行修剪，而不是按在平面上的投影关系修剪。

② UCS(U)：在当前 UCS(用户坐标系)的 XY 面上修剪。选择该项后，可在当前 XY 平面上按投影关系修剪在三维空间中没有相交的对象。

③ 视图(V)：在当前视图平面上按相交关系修剪。

(4) 边(E)：确定修剪边的隐含延伸模式，执行该选项，AutoCAD 提示如下。

输入隐含边延伸模式 [延伸(E)/不延伸(N)] <不延伸>:

① 延伸(E)：按延伸方式实现修剪，即如果修剪边太短，没有与被修剪边相交，那么AutoCAD 会假想地将修剪边延长，然后再进行修剪。

② 不延伸(N)：只按边的实际延伸情况确定修剪与否，如果修剪边太短、没有与被修剪边相交，则不进行修剪。

(5) 删除(R)：在不退出修剪命令的情况下删除不需要的对象。

☞ 提示：　(1) 使用剪切命令时，可以全选，这样被选的对象可以互为剪切边界与剪切目标；如果未指定边界并在"选择对象"提示下按 Enter 键，显示的所有对象都将成为可能边界。

　　　　　(2) 要选择包含块的剪切边或边界边，只能选择"窗交""栏选"和"全部选择"选项中的一个。

7.5.2　延伸对象

在绘图过程中，经常会由于移动了某个实体，使得本应相交的实体分离或者原实体间本来就分离，想让实体相交，但拉长的距离不知道，求解复杂。这时就可以采用"延伸"命令，只需确定延伸边界，系统就可以很方便地完成延伸过程。延伸与修剪的操作方法相同。

(1) 选择菜单"修改"→"延伸"命令。

(2) 在命令提示下，输入"extend"或输入"ex"。

(3) 单击工具"修改"→"延伸"按钮 --/。

输入命令后，命令行提示如下。

命令：_extend

当前设置:投影=UCS，边=无

选择对象或 <全部选择>：　找到 1 个

选择作为边界的对象；

选择对象:选择要延伸的对象，或按住 Shift 键选择要修剪的对象，或[栏选(F)/窗交(C)/投影(P)/边(E)/放弃(U)]:

选择要延伸的对象；

选择要延伸的对象，或按住 Shift 键选择要修剪的对象，或[栏选(F)/窗交(C)/投影(P)/边(E)/放弃(U)]:

继续选择或者按 Enter 键结束，结果如图 7-30 所示。

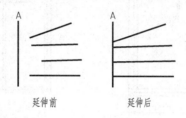

图 7-30　以直线 A 为边界延伸对象

提示：　(1) 使用延伸命令时，各选项的含义与修剪命令中各选项的含义相似，在此不再赘述。

(2) 要选择显示的所有对象作为可能的延伸边界，请在未选择任何对象的情况下按 Enter 键。

7.5.3　缩放对象

利用“缩放”命令可以调整对象的大小，使其在一个方向上或是按比例增大或缩小。命令调用方式如下。

(1) 选择菜单“修改”→“缩放”命令。

(2) 在命令提示下，输入“scale”或输入“sc”。

(3) 单击工具“修改”→“缩放”按钮 。

如图 7-31 所示，将“窗体”放大到原来的 2 倍，操作如下。

调用“缩放”命令后，命令行提示如下。

命令:_scale

选择对象:找到 10 个

选择要进行缩放的对象，本例中选择组成窗体的所有对象；

选择对象:

继续选择对象，或者按 Enter 键结束选择；

指定基点:

指定缩放基点；本例中选择窗体左下角点；

指定比例因子或[复制(C)/参照(R)] <2.0000>: 2

输入放大比例 2 并按 Enter 键，窗体将放大 2 倍，结果如图 7-31 所示。

选项说明如下。

(1) 复制(C)：创建要缩放的选定对象的副本。

(2) 参照(R)：按参照长度和指定的新长度缩放所选对象。缩放倍数等于新长度值除以参照长度值。指定长度时，既可用键盘直接输入长度值，也可以在屏幕上点取两点确定长度值。如图 7-32 所示，将给定窗体的总长度缩放为 600，操作如下。

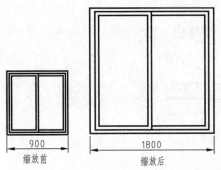

图 7-31　缩放对象

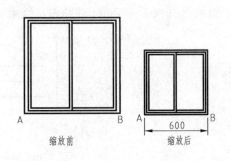

图 7-32　参照方式缩放对象

命令: _scale

选择对象:找到 10 个

选择要进行缩放的对象，本例中选择组成窗体的所有对象;

选择对象:

继续选择对象，或者按 Enter 结束选择;

指定基点:

指定缩放基点; 本例中选择窗体左下角点 A;

指定比例因子或[复制(C)/参照(R)] <2.0000>: r

输入 "r"，切换为参照缩放模式;

指定参照长度 <1.0000>:

鼠标点取 A 点;

指定第二点:

鼠标点取 B 点，即 AB 线段的长度为参照长度;

指定新的长度或 [点(P)] <1.0000>: 600

输入 600，则 AB 线段长度变为 600。

提示：(1) 缩放比例因子为 1 时，图形大小不发生变化，介于 0 和 1 之间时，图形缩小，大于 1 时，图形放大。

(2) 可以通过拖动光标使对象变大或变小。

(3) 在 "参照(R)" 缩放模式下，提示 "指定新的长度或 [点(P)]: " 时，输入 "P"，可使用两点来定义长度。

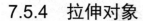

7.5.4 拉伸对象

"拉伸"命令可以调整对象大小使其在一个方向上或是按比例增大或缩小，可以改变对象的形状。在选择实体时只能使用交叉窗口方式，与交叉窗口相交的实体将被拉伸，窗口内的实体将随之移动，如图 7-33 所示。"拉伸"命令调用方法如下。

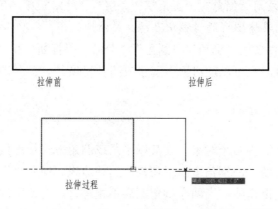

图 7-33 拉伸对象

(1) 选择菜单"修改"→"拉伸"命令。

(2) 在命令提示下，输入"stretch"。

(3) 单击工具"修改"→"拉伸"按钮 。

调用命令后，命令行提示如下。

命令: _stretch

以交叉窗口或交叉多边形选择要拉伸的对象

选择对象: 指定对角点: 找到 1 个

以交叉窗口形式选择矩形右半部分;

选择对象:

继续选择或者按 Enter 键结束选择;

指定基点或 [位移(D)] <位移>:

指定拉伸基点，本例中选择矩形右下角点;

指定第二个点或 <使用第一个点作为位移>:指定第二点，或坐标输入，矩形进行拉伸。

提示: (1) 要进行精确拉伸，可使用对象捕捉、栅格捕捉和相对坐标输入。

(2) 拉伸时，只有选择框内的端点位置会被改变，框外端点位置保持不变。

(3) 当实体的端点全部被框选在内时，该命令等同于"移动"命令，实体不被拉伸，只有一端在内，另一端在外时，该实体才被拉伸。

(4) 对于圆、椭圆、块、文本等没有端点的图形元素将不能被拉伸。

7.6 倒角、圆角、分解、打断和合并

【学习目标】

熟知 AutoCAD 中应用"倒角""圆角""分解""打断"及"合并"等命令编辑对象的方法，且能够在绘制具体图形的过程中熟练、灵活地运用。

在 AutoCAD 中可以使用"倒角""圆角""分解""打断"和"合并"命令修改对象使其以圆角或平角相接，也可以在对象中创建或闭合间隔。

7.6.1 创建倒角

"倒角"命令用于连接两个对象，使其以平角或倒角方式相连接。构件上倒角主要是为了去除锐边和安装方便，故倒角多出现在构件的外边缘。使用"倒角"命令时应先设定倒角距离，然后再指定倒角线，当两个倒角距离不相等时，要特别注意倒角第一边与倒角第二边的区分，若选错了边，倒角就不正确了，如图 7-34 所示。

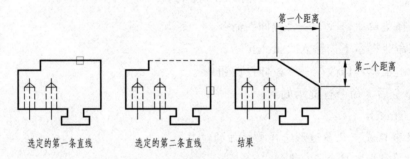

选定的第一条直线　　　选定的第二条直线　　　结果

图 7-34　倒角边与倒角距离

"倒角"命令调用方法如下。

(1) 选择菜单"修改"→"倒角"命令。

(2) 在命令提示下，输入"chamfer"。

(3) 单击工具"修改"→"倒角"按钮⌐。

如图 7-35 所示，在矩形的右上角打 600×400 的倒角，操作如下。

命令: _chamfer

("修剪"模式) 当前倒角距离 1 = 0.0000，距离 2 = 0.0000

调用"倒角"命令；

选择第一条直线或[放弃(U)/多段线(P)/距离(D)/角度(A)/修剪(T)/方式(E)/多个(M)]: d

输入"d"，切换到倒角距离设置选项；

指定第一个倒角距离 <0.0000>: 600

输入第一个倒角距离 600；

指定第二个倒角距离 <600.0000>: 400

输入第二个倒角距离 400;

选择第一条直线或 [放弃(U)/多段线(P)/距离(D)/角度(A)/修剪(T)/方式(E)/多个(M)]:

选择 AB 边;

选择第二条直线，或按住 Shift 键选择要应用角点的直线:

选择 BC 边，完成倒角。

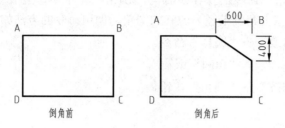

图 7-35　为矩形倒角

选项说明如下。

(1) 多段线(P)：同时对多段线的各顶点进行倒角。

(2) 距离(D)：设置倒角距离。

(3) 角度(A)：根据一个倒角距离和一个角度设置倒角模式，如图 7-36 所示。

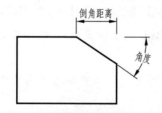

图 7-36　倒角距离与倒角角度的含义

(4) 修剪(T)：确定倒角后是否对相应的倒角边进行修剪，如图 7-37 所示。

(5) 方式(E)：确定将以什么方法倒角，即选择是根据两倒角距离倒角，还是根据距离和角度进行倒角。

(6) 多个(M)：给多组对象进行连续倒角。

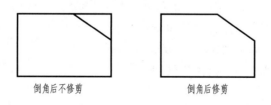

图 7-37　修剪示例

提示：(1) 当两个倒角距离都为 0 时，则倒角操作将修剪或延伸这两个对象直至它们相交，但不创建倒角线。

(2) 给通过直线段定义的图案填充边界加倒角会删除图案填充的关联性，如果图案填充边界是通过多段线定义的，将保留关联性。

7.6.2 创建圆角

使用"圆角"命令可以令指定半径的圆弧连接两个对象，还可以为多段线的多个顶点一次性倒圆角。"圆角"命令的操作步骤与"倒角"差不多，主要参数为圆角半径。如图 7-38 所示，为矩形左上角倒半径为 500 的圆角，调用命令的方法如下。

(1) 选择菜单"修改"→"圆角"命令。

(2) 在命令提示下，输入"fillet"或输入"f"。

(3) 单击工具"修改"→"圆角"按钮 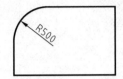。

命令行提示如下。

命令: fillet

图 7-38　为矩形倒圆角

当前设置: 模式 = 修剪，半径 = 0.0000

选择第一个对象或[放弃(U)/多段线(P)/半径(R)/修剪(T)/多个(M)]: r

输入"r"，进行圆角半径的设置；

指定圆角半径 <0.0000>: 500

圆角半径值输入；

选择第一个对象或 [放弃(U)/多段线(P)/半径(R)/修剪(T)/多个(M)]:选择一个倒角对象；

选择第二个对象，或按住 Shift 键选择要应用角点的对象:

选择另一个倒角对象。

提示：(1) 各选项含义与"倒角"命令中各选项的含义相同，在此不再赘述，请用户自行试用。

(2) 当圆角半径为 0 时，则圆角操作将修剪或延伸这两个对象直至它们相交，但不创建圆角。

7.6.3 打断对象

"打断"命令可以将一个对象打断为两个对象，打断点之间的部分可以被删除。如图 7-39 所示，"打断"命令的调用方法如下。

(1) 选择菜单"修改"→"打断"命令。

(2) 在命令提示下，输入"break"或输入"br"。

(3) 单击工具"修改"→"打断"按钮 。

命令行提示如下：

命令: _break

选择对象:

选择需要打断的对象；

指定第二个打断点 或 [第一点(F)]: f

输入"f"，重新选择第一打断点；

指定第一个打断点：

选择第一个打断点"1"；

指定第二个打断点：

选择第二个打断点"2"，完成打断操作。

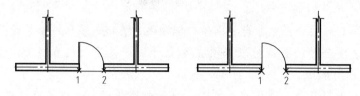

图 7-39　打断对象

提示：(1) 默认情况下，在选择对象时点取的点作为第一个打断点，要选择其他打断点时，要输入"f"(第一个)，然后再重新指定第一个打断点。

(2) 要将对象一分为二，而不删除某个部分时，请在相同的位置指定两个打断点，或者在提示输入第二打断点时直接输入@；或者用命令"打断于点" 来完成。

7.6.4　合并对象

"合并"命令可以将多个对象合并为一个对象。如图 7-40 所示，将两条直线合并为一个对象。合并对象的操作步骤如下。

(1) 选择菜单"修改"→"合并"命令。

(2) 在命令提示下，输入"join"。

(3) 单击工具"修改"→"合并"按钮 ✳。

命令行提示如下。

命令: _join

选择源对象:

点取一个对象作为合并的源对象；

选择要合并到源的直线:　找到 1 个

点取另一个欲与源对象合并的对象；

选择要合并到源的直线:

再次点取其他要合并的对象或者按 Enter 键结束选择；

已将 1 条直线合并到源

显示命令执行结果。

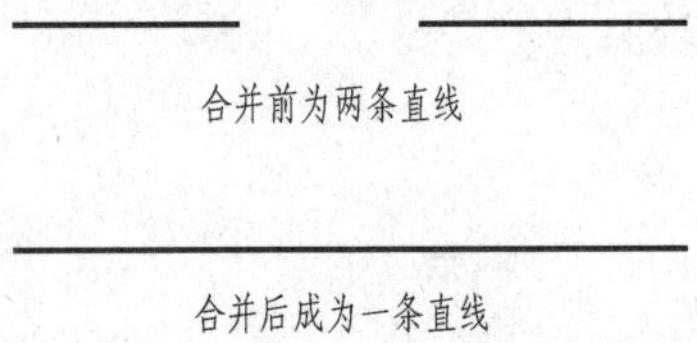

合并前为两条直线

合并后成为一条直线

图 7-40　合并对象

提示：　(1) 有效的合并对象包括圆弧、椭圆弧、直线、多段线和样条曲线。

(2) 要合并的直线对象必须共线(位于同一无限长的直线上)，但是它们之间可以有间隙。

(3) 要想直线、多段线或圆弧、样条曲线等进行合并为多段线，对象之间不能有间隙，并且必须位于与 UCS 的 XY 平面平行的同一平面上。

(4) 要合并的圆弧对象必须位于同一假想的圆上，要合并的椭圆弧对象必须位于同一假想的椭圆上，但是它们之间可以有间隙。

7.6.5　分解对象

"分解"命令可以将多段线、标注、图案填充或块参照等复合对象转变为单个的元素，以便于对其进行多种编辑操作。"分解"命令操作方法如下。

(1) 选择菜单"修改"→"分解"命令。

(2) 在命令提示下，输入"explode"。

(3) 单击工具"修改"→"分解"按钮。

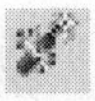

命令调用后，命令行提示如下。

命令: _explode

选择对象: 找到 1 个

选择要分解的对象;

选择对象:

继续选择要分解的对象或者按 Enter 键结束。

提示：　(1) 任何分解对象的颜色、线形和线宽都可能会改变。其他结果将根据分解的合成对象类型的不同而有所不同。

(2) 对于大多数对象，分解的效果是看不出来的，需要进行后续操作才能体现出对象已被分解，如图 7-41 矩形分解。

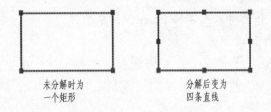

未分解时为
一个矩形

分解后变为
四条直线

图 7-41　矩形的分解

习　题

根据所学基本绘图命令和基本编辑命令，灵活运用，绘制如下图样。

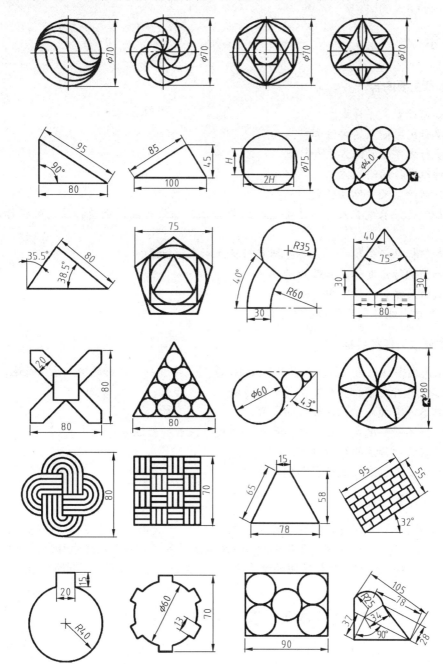

第 8 章　应用 AutoCAD 注释建筑图形

教学提示

1. 本章主要内容

(1) 如何设置文字样式。

(2) 单行文字输入的方法和特点。

(3) 多行文字输入的方法和特点。

(4) 特殊字符的输入方法。

(5) 如何设置尺寸标注样式。

(6) 如何标注长度类尺寸，主要包括线性标注、基线标注、连续标注、对齐标注、快速标注。

(7) 如何标注径向尺寸，主要包括直径标注和半径标注。

(8) 如何进行角度标注和弧长标注。

(9) 编辑尺寸标注的常用方法。

(10) 多重引线样式设置和创建方法。

2. 本章学习任务目标

(1) 熟悉文字样式的设置，掌握单行文字、多行文字和特殊字符的输入方法及运用技巧。

(2) 掌握单行文字和多行文字的编辑方法。

(3) 熟悉并掌握尺寸标注样式的设置。

(4) 掌握不同长度类尺寸、径向尺寸、角度、弧长的标注方法。

(5) 掌握尺寸标注的编辑方法。

(6) 掌握多重引线样式设置和创建方法。

3. 本章教学方法建议

在本章课堂教学设计中，建议教师采用教师讲授、示范与学生练习相结合的方法。通过教师的讲授与示范，使学生系统了解利用 AutoCAD 软件进建筑图形尺寸标注的基本方法和技巧，通过学生的练习掌握软件常用的绘图命令，为后面对综合案例的计算机绘图奠定基础。

8.1　文　字　标　注

【学习目标】

文字对象是图形中很重要的图形元素，在建筑制图中是不可缺少的组成部分，掌握在一张完整的图样内，运用文字来注明图纸中的一些非图形信息。

8.1.1　设置文字样式

字体样式是定义文本标注时的各种参数和表现形式。

启动 Style 命令可以采用如下方法。

(1) 功能区："常用"选项卡→"注释"→"文字样式"图标。

(2) 菜单栏：菜单"格式"→"文字样式"。

(3) 命令行：输入 Style(简捷命令 ST)并按 Enter 键。

在 AutoCAD 2012 中，所有文字都有与之相关联的文字样式，可以根据具体要求来修改或创建新的文字样式。

启动设置文字样式命令后，弹出如图 8-1 所示对话框，下面对该对话框的设置选项进行具体讲解。

图 8-1　"文字样式"对话框

1. 样式

"样式"列表列出了当前可以使用的文字样式，默认文字样式为"Standard"(标准)。

2. 字体

在"字体名"下拉列表框中选择所需要的字体。

💡 **注意：** 在其他计算机上打开图纸时，有时会看到很多文字变成了问号，字体丢失。通常选用字体 gbenor，选中大字体，将字体样式选择为"gbcbig"。不要用太生僻的字体，以减少字体识别不了的现象。

3. 大小

在"高度"文本框中输入文字的高度，如果将高度设为 0，在使用 text 命令标注文字时，命令行将显示"指定高度"提示，要求输入文字高度。

提示：　图样中文字有几种不同高度时，通常不设置高度，保持默认值 0。如果在"高度"文本框中输入了文字的高度，则不再提示指定高度，且在多行文字里输入的字高不起作用。

文字样式设定完毕后，便可以进行文本标注了。标注文本分为单行文字和多行文字两种方式。

8.1.2　单行文字

用 dtext 命令标注文本，可以进行换行，即执行一次命令可以连续标注多行，每一行是单独的实体。

可以通过以下三种方法启动 dtext 命令。

(1) 功能区："注释"选项卡→"文字"→"单行文字"。

(2) 菜单栏："绘图"→"文字"→"单行文字"。

(3) 命令行：输入 dtext(简捷命令 dt)并按 Enter 键。

提示：　如果在此命令中指定了另一个点，光标将移到该点上，可以继续输入。每次按 Enter 键或指定点时，都会创建新的文字对象。

8.1.3　多行文字

用 dtext 命令虽然也可以标注多行文字，但换行时定位及行列对齐不易操作，且标注结束后每行文本都是一个单独的实体，不易编辑。AutoCAD 为此提供了 MText 命令，使用 mtext 命令可以一次标注多行文本，共同作为一个实体。这在注写设计说明中非常有用。

可以通过以下四种方法启动 mtext 命令。

(1) 功能区："常用"选项卡→"注释"→"多行文字"；或"注释"选项卡→"文字"→"多行文字"。

(2) 菜单栏："绘图"→"文字"→"多行文字"。

(3) 工具栏：单击"绘图"工具栏上的"多行文字"按钮。

(4) 命令行：输入 mtext(简捷命令 mt)并按 Enter 键。

启动 mtext 命令后，命令行给出如下提示。

命令: _mtext 当前文字样式: "Standard" 文字高度: 2.5 注释性: 否

指定第一角点:

指定对角点或 [高度(H)/对正(J)/行距(L)/旋转(R)/样式(S)/宽度(W)/栏(C)]:

提示中选项含义如下。

高度: 设置标注文本的高度。

对正: 设置文本排列方式。

行距: 设置文本行间距。

旋转：设置文本倾斜角度。

样式：设置文字字体标注样式。

宽度：设置文本框的宽度。

启动 MText 命令，在绘图区域指定对角点之后，如果功能区处于活动状态，指定对角点之后，将显示"多行文本"功能区上下文选项卡，如图 8-2 所示；如果功能区未处于活动状态，则将显示在位文本编辑器，如图 8-3 所示。这时可以在如图 8-4 所示的文本输入框里输入或粘贴其他文件中的文字以用于多行文字、设置制表符、调整段落和行距与对齐以及创建和修改。

图 8-2　"多行文本"功能区选项卡

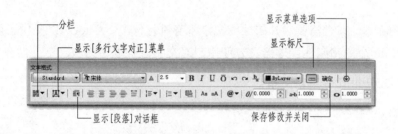

图 8-3　在位文本编辑器

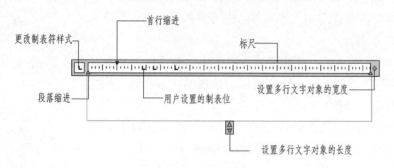

图 8-4　文本输入框

8.1.4　特殊字符的输入

在建筑工程绘图中，经常需要标注一些特殊的字符，如标高中的正负号(±)、直径符号(φ)、角度的度(°)等，这些字符均不能从键盘上直接输入。AutoCAD 提供了一些简单的控制码，从而可以通过键盘输入相对应的特殊字符，常用的控制码及其相对应的特殊字符如表 8-1 所示。

表 8-1   AutoCAD 提供的控制码及其相对应的特殊字符

控 制 码	相对应特殊字符功能
%%O	打开或关闭文字上划线功能
%%U	打开或关闭文字下划线功能
%%D	标注符号"度"(°)
%%P	标注正负号(±)
%%C	标注直径(φ)

提示： 从 AutoCAD 2006 版起，输入多行文本时对话框中已提供符号输入选择，在文字格式对话框中单击符号"@"的下拉列表就可以看到相关符号，直接用鼠标单击选中即可。

8.1.5　文字编辑

已标注的文本，有时需要对其属性或文字本身进行修改，AutoCAD 提供了两种文字修改方法，DDEdit 命令和属性管理器，方便用户对文字进行编辑修改。

1. 利用 DDEdit 命令编辑文本

启动 DDEdit 命令可通过以下两种方法。

(1) 菜单栏："修改"→"对象"→"文字"→"编辑"。

(2) 命令行：输入 DDEdit(简捷命令 ED)并按 Enter 键。

利用鼠标左键直接双击文本实体，也可进入文本编辑状态，这也是最快捷的方式。

启动 DDEdit 命令后，选取要修改的文本。若选取的文本是用 DText 命令标注的单行文本，则会出现所选择的文本内容，此时只能对文字内容进行修改。

若选取的文本是用 MTest 命令标注的多行文本，则进入到文本编辑器，在这里可以对文本进行全面的编辑修改。

2. 利用特性管理器编辑文本

选择一文本，单击鼠标右键，在弹出的快捷菜单中选择"特性"命令，打开特性管理器，如图 8-5 所示，就可以利用特性管理器进行文本编辑了。

图 8-5　特性管理器

提示： 在用特性管理器进行文本编辑时，允许一次选择多个文本实体；而用 DDEdit 命令编辑文本时，每次只能选择一个文本实体。

8.2 尺寸标注

【学习目标】

在建筑图中，图形中的的各个对象的真实大小和相对位置都是通过尺寸标注来体现，而尺寸标注有很多类型，通过本小节学习，达到掌握尺寸标注的方法，主要包括线性标注、连续标注、基线标注、角度标注、径向标注、弧长标注等。

8.2.1 尺寸标注的组成

一个完整的尺寸标注主要由尺寸线、尺寸界线、标注文字(尺寸数字)、尺寸线的起止符号四个部分组成，通过图 8-6 可以认识这些组成元素。

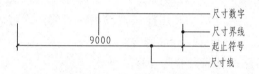

图 8-6 尺寸标注四要素

一般情况下，AutoCAD 将尺寸标注作为一个图块，即尺寸线、尺寸界线、标注文字和尺寸起止符号各自不是单独的实体，而是整体图块的一部分。

8.2.2 创建与修改标注样式

尺寸标注样式控制着尺寸标注的外观和功能，在进行标注前，需要根据使用要求创建或者设置标注样式，才能更好地进行图形标注。

AutoCAD 提供了 Dimstyle 命令，用以创建或修改尺寸标注样式。

启动 Dimstyle 命令可以通过下列四种方式。

(1) 功能区："注释"选项卡→"标注"面板→ "标注样式管理器"。

(2) 菜单栏："格式"或"标注"→"标注样式"命令。

(3) 工具栏："标注"工具栏→"标注样式" 图标。

(4) 命令行：输入 Dimstyle(或简捷命令 D)并按 Enter 键或按 Space 键。

启动 Dimstyle 命令后，绘图区会弹出"标注样式管理器"对话框，如图 8-7 所示。

在创建尺寸标注样式之前，首先了解一下标注样式管理器对话框中相关选项的功能。

(1) 样式：显示当前图形文件中已定义的所有尺寸标注样式。要重新设置当前尺寸标注样式，可以在该列表中直接选择所需的尺寸标注样式名称，再单击"置为当前"按钮即可。

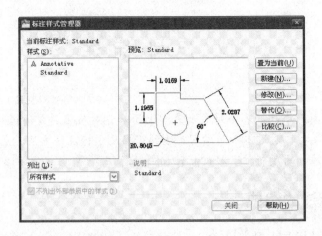

图 8-7 "标注样式管理器"对话框

如果用户尚未创建任何尺寸标注样式，AutoCAD 将自动创建 Standard 样式，并将其作为当前尺寸标注样式。当某一尺寸标注样式被设定为当前样式时，AutoCAD 将根据该样式所设置的各项特征参数对图形进行标注尺寸。

(2) 预览：以图形方式显示当前尺寸标注样式。

(3) 修改：修改已有的尺寸标注样式。

(4) 替代：为一种标注格式建立临时替代格式，以满足某些特殊要求。

(5) 比较：用于比较两种标注格式的不同点。

(6) 列出：控制在当前图形文件中，是否全部显示所有尺寸标注样式。

(7) 新建：创建新的尺寸标注样式。单击"新建"按钮后，弹出如图 8-8 所示的"创建新标注样式"对话框。该对话框中各选项含义如下。

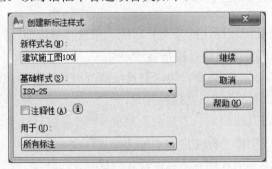

图 8-8 "创建新标注样式"对话框

① 新样式名：创建新的尺寸样式的名称，如"建筑施工图 100"，新样式名最好具有较好的识别性，方便后期的选用。

② 基础样式：在下拉列表中选择一种已有的标注样式，新的标注样式将继承此标注样式的所有特点。用户可以在此标注样式的基础上，修改不符合要求的部分，从而提高工作效率。

③ 用于：限定新标注样式的应用范围。

单击"继续"按钮，弹出如图 8-9 所示的新建标注样式对话框，在该对话框中可以为新创建的尺寸标注样式设置各种相关的特征参数。

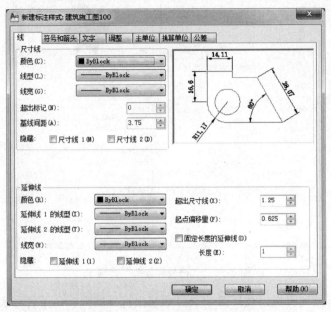

图 8-9 "新建标注样式：建筑施工图 100"对话框

(1) "线"选项卡。

如图 8-9 所示，在该选项卡中，可以对尺寸标注的线进行设置。

① "尺寸线"选项组：设置尺寸线的特征参数。

可以修改尺寸线的颜色、线型、线宽三项特征。

"超出标记"微调框：指尺寸线超出尺寸界线的长度。在《房屋建筑制图统一标准》中规定该数值一般为 0(但新标准允许根据个人习惯，略有超出)。

"基线间距"微调框：进行基线尺寸标注时可以设置各尺寸线之间的距离。

② "延伸性"选项组：设置尺寸界线的特征参数。

同样地，颜色、线形、线宽，通常保持默认 Byblock(随块)。

"超出尺寸线"微调框：是指尺寸界线超出尺寸线的那一部分长度。在《房屋建筑制图统一标准》中规定这一长度一般为 2~3mm 为宜。

"起点偏移量"复选框：尺寸界线的起点与要标注图形上的捕捉点之间的距离。

"固定长度的延伸线"复选框：尺寸界线从起点到放置点之间的长度保持一定的数值。

(2) "符号和箭头"选项卡。

如图 8-10 所示，在该选项卡中，可以对尺寸标注的起止符号等进行设置。

① "箭头"选项组：设置尺寸起止符号的形状及大小。

图 8-10　"符号和箭头"选项卡

"第一个"下拉列表框：选择第一个尺寸起止符号的形状。下拉列表框中提供各种起止符号以满足各种工程制图需要。建筑制图时，选择"☑建筑标记"选项。当用户选择某种类型的起止符号作为第一个尺寸起止符号时，AutoCAD 将自动把该类型的起止符号默认为第二个尺寸起止符号而出现在下面的"第二个"下拉列表框中。

"第二个"下拉列表框：选择第二个尺寸起止符号的形状。

"引线"下拉列表框：指定指引线的箭头形状。

"箭头大小"微调框：设置尺寸起止符号的大小。《房屋建筑制图统一标准》要求起止符号一般用中粗短线绘制，长度宜为 2 mm。

②"圆心标记"选项组：设置半径标注、直径标注和中心标注中的中心标记和中心线的形式。

"无"单选按钮：不产生中心标记，也不产生中心线。

"标记"单选按钮：中心标记为一个记号。

"直线"单选按钮：中心标记采用直线的形式。

"大小"微调框：设置中心标记和中心线的大小、粗细。

③"弧长符号"选项组：控制弧长标注中圆弧符号的显示。

"标注文字的前缀"单选按钮：将弧长符号放在标注文字的前面。

"标注文字的上方"单选按钮：将弧长符号放在标注文字的上面。

"无"单选按钮：不显示弧长符号。

④"半径折弯标注"选项组：控制折弯(Z 字形)半径标注的显示。折弯半径标注通常在圆或圆弧的圆心位于页面外部时创建，如图 8-11 所示。

"折弯角度"文本框：设置折弯半径标注中尺寸线的横向线段的角度。

⑤ "线性折弯标注"选项组：控制线性标注折弯的显示。

当标注不能精确表示实际尺寸时，通常将折弯线添加到线性标注中。通常，实际尺寸比所需值小。

"折弯高度因子"微调框：通过形成折弯的角度的两个顶点之间的距离确定折弯高度，如图 8-12 所示。

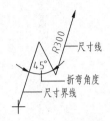

图 8-11　半径折弯标注

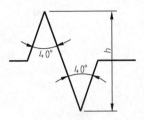

图 8-12　线性折弯标注

(3) "文字"选项卡。

如图 8-13 所示，在该选项卡中，可以对尺寸标注中的文字格式进行设置。

① "文字外观"选项组：控制尺寸文本字体样式、字高、颜色等属性。

"文字样式"下拉列表框：显示和设置尺寸文本的当前字体样式。用户可以从下拉列表框中选择某一定义的样式作为当前尺寸文本的字体样式，也可以单击右侧的█████按钮，打开文字样式对话框，创建新的字体样式或对已定义的字体样式做适当的修改。

"文字颜色"下拉列表框：设置尺寸文本的颜色。

"填充颜色"下拉列表框：设置标注中文字背景的颜色。

"文字高度"微调框：设置尺寸文本的高度。

"分数高度比例"微调框：设置相对于标注文字的分数比例。仅当在"主单位"选项卡上选择"分数"作为单位格式时，此选项才可用。

"绘制文字边框"复选框：如果选择此选项，将在标注文字周围绘制一个边框。

② "文字位置组"选项组：控制标注文字的位置。

"垂直"下拉列表框：控制标注文字相对尺寸线的垂直位置。

"水平"下拉列表框：控制标注文字在尺寸线上相对于延伸线的水平位置。

"观察方向"下拉列表框：控制标注文字的观察方向。

"从尺寸线偏移"微调框：控制尺寸文本和尺寸线之间的偏移距离。

③ "文字对齐"选项组：控制标注文字放在延伸线外边或里边时的方向是保持水平还是与延伸线平行。

"水平"单选按钮：水平放置文字。

"与尺寸线对齐"单选按钮：文字与尺寸线对齐。

"ISO 标准"单选按钮：当文字在延伸线内时，文字与尺寸线对齐。当文字在延伸线外时，文字水平排列。

图 8-13 "文字"选项卡

(4) "调整"选项卡。

如图 8-14 所示,在该选项卡中,可以控制标注文字、箭头、引线和尺寸线的放置。

①"调整选项"选项组:控制尺寸界线之间可用空间的文字和箭头的位置。

"文字或箭头(最佳效果)"单选按钮:按照最佳效果将文字或箭头移动到延伸线外。

"箭头"单选按钮:先将箭头移动到延伸线外,然后移动文字。

"文字"单选按钮:先将文字移动到延伸线外,然后移动箭头。

"文字和箭头"单选按钮:当延伸线间距离不足以放下文字和箭头时,文字和箭头都移到延伸线外。

"文字始终保持在延伸线之间"单选按钮:始终将文字放在延伸线之间。

"若箭头不能放在延伸线内,则将其消除"复选框:如果延伸线内没有足够的空间,则不显示箭头。

②"文字位置"选项组:设置标注文字从默认位置(由标注样式定义的位置)移动时标注文字的位置。

"尺寸线旁边"单选按钮:如果选定,只要移动标注文字,尺寸线就会随之移动。

"尺寸线上方,带引线"单选按钮:如果选定,移动文字时尺寸线将不会移动。如果将文字从尺寸线上移开,将创建一条连接文字和尺寸线的引线。当文字非常靠近尺寸线时,将省略引线。

"尺寸线上方,不带引线"单选按钮:如果选定,移动文字时尺寸线不会移动。远离尺寸线的文字不与带引线的尺寸线相连。

③"标注特征比例"选项组:设置全局标注比例值或图样空间比例。

"注释性"复选框:指定标注为注释性。

"将标注缩放到布局"单选按钮:根据当前模型空间视口和图样空间之间的比例确定

比例因子。

"使用全局比例"单选按钮：为所有标注样式设置一个比例，这些设置指定了大小、距离或间距，包括文字和箭头大小。该缩放比例并不更改标注的测量值。

④"优化"选项组：提供用于放置标注文字的其他选项。

"手动放置文字"复选框：忽略所有水平对正设置并把文字放在"尺寸线位置"提示下指定的位置。

"在延伸线之间绘制尺寸线"复选框：即使箭头放在测量点之外，也在测量点之间绘制尺寸线。

图 8-14　"调整"选项卡

(5)　"主单位"选项卡。

如图 8-15 所示，在该选项卡中，可以设置主标注单位的格式和精度，并设置标注文字的前缀和后缀。

①"线性标注"选项组：设置线性标注的格式和精度。

"单位格式"下拉列表框：设置除角度之外的所有标注类型的当前单位格式。

"精度"下拉列表框：显示和设置标注文字中的小数位数。

"分数格式"下拉列表框：设置分数格式。

"小数分隔符"下拉列表框：设置用于十进制格式的分隔符。

"舍入"微调框：为除"角度"之外的所有标注类型设置标注测量值的舍入规则。

"前缀"文本框：在标注文字中包含前缀。可以输入文字或使用控制代码显示特殊符号。例如，输入控制代码 %%c 显示直径符号。当输入前缀时，将覆盖在直径和半径等标注中使用的任何默认前缀。

"后缀"文本框：在标注文字中包含后缀。可以输入文字或使用控制代码显示特殊符号。

②"测量单位比例"选项组：定义线性比例选项。主要应用于传统图形。

"比例因子"微调框：设置线性标注测量值的比例因子。

"仅应用到布局标注"复选框：仅将测量单位比例因子应用于布局视图中创建的标注。

③"消零"选项组：控制是否禁止输出前导零和后续零以及零英尺和零英寸部分。

"前导"复选框：不输出所有十进制标注中的前导零。例如，0.5000 变为 .5000。

图 8-15 "主单位"选项卡

"辅单位因子"微调框：将辅单位的数量设置为一个单位。

"辅单位后缀"微调框：在标注值辅单位中包括一个后缀。

"后续"复选框：不输出所有十进制标注中的后续零。例如，12.3000 变成 12.3。

④"角度标注"选项组：显示和设置角度标注的当前角度格式。

"单位格式"下拉列表框：设置角度单位格式。

"精度"下拉列表框：设置角度标注的小数位数。

(6)"换算单位"和"公差"选项卡。

"换算单位"和"公差"选项卡，在建筑制图中用不到，在此就不再赘述了。

8.2.3 长度类尺寸标注

长度类尺寸标注是建筑制图中最常见的尺寸，包括水平尺寸、垂直尺寸、平齐尺寸、旋转尺寸、基线标注和连续标注。下面分别介绍这几种尺寸的标注方法。

1. 线性标注

线性标注可创建水平尺寸、垂直尺寸和旋转尺寸。

用户可通过下列四种途径启动 Dimlinear 命令。

(1) 功能区："常用"→"注释"→"线性"或"注释"→"标注"→"线性"。

(2) 菜单栏："标注"→"线性"命令。

(3) "标注"工具栏："线性"工具按钮。

(4) 命令行：输入 Dimlinear(简捷命令 Dli)并按 Enter 键。

启动 Dimlinear 命令后，命令行会给出如下提示。

命令：_dimlinear

指定第一条延伸线原点或 <选择对象>:

指定第二条延伸线原点:

指定尺寸线位置或[多行文字(M)/文字(T)/角度(A)/水平(H)/垂直(V)/旋转(R)]:

标注文字 = 1079。

提示： 在进行尺寸标注指定尺寸界线原点时，一定要打开对象捕捉，精确捕捉到图形上的特征点。

在用鼠标捕捉到延伸性原点和指定尺寸线放置位置后，标注就绘制出来了。若选择其他选项，含义如下。

多行文字(M)：通过多行文字编辑器输入文字。

文字(T)：在命令提示下，自定义标注文字。

角度(A)：修改标注文字的角度。

水平(H)：创建水平线性标注。

垂直(V)：创建垂直线性标注。

旋转(R)：创建旋转线性标注。

2. 基线标注

从上一个标注或选定标注的基线处创建线性标注、角度标注或坐标标注，这就是基线标注，如图 8-16 所示。

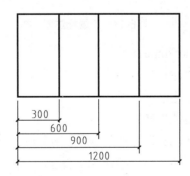

图 8-16　基线标注

可通过下列方法启动 Dimbaseline 命令。

(1) 功能区："常用"→"注释"→"基线"或"注释"→"标注"→"基线"。

(2) 菜单栏："标注"→"基线"命令。

(3) "标注"工具栏："基线"按钮。

(4) 命令行：输入 Dimbaseline 命令(简捷命令 Dba)并按 Enter 键。

启动 Dimbaseline 命令后，命令行会给出如下提示。

命令: _dimbaseline

指定第二条延伸线原点或 [放弃(U)/选择(S)] <选择>:

在此提示下，直接指定第二尺寸界线的起始点，即可标注出尺寸。此后，命令行将反复出现如下提示：

指定第二条延伸线原点或 [放弃(U)/选择(S)] <选择>:

直到基线尺寸全部标注完，按 Space 键确定退出。

其他选项含义如下。

放弃(U)：删除上一次刚标注的基线尺寸。

选择(S)：选择基线标注的基线，选择基准标注之后，将再次显示。

指定第二条延伸线原点或 [放弃(U)/选择(S)] <选择>:

操作方法同上。

3. 连续标注

从上一个标注或选定标注的基线处创建线性标注、角度标注或坐标标注。连续标注是首尾相连的多个标注，如图 8-17 所示。

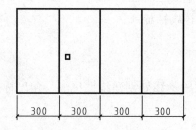

图 8-17　连续标注

可通过下列方法启动 Dimcontinue 命令。

(1) 功能区："常用"→"注释"→"连续"或"注释"→"标注"→"连续"。

(2) 菜单栏："标注"→"连续"命令。

(3) "标注"工具栏："连续"按钮。

(4) 命令行：输入 Dimcontinue(简捷命令 DCO)并按 Enter 键。

启动 Dimcontinue 命令后，命令行会给出如下提示。

命令: _dimcontinue

指定第二条延伸线原点或 [放弃(U)/选择(S)] <选择>:

标注文字 = 300

指定第二条延伸线原点或 [放弃(U)/选择(S)] <选择>:

标注文字 = 300

指定第二条延伸线原点或 [放弃(U)/选择(S)] <选择>:

标注文字 ＝ 300

指定第二条延伸线原点或 [放弃(U)/选择(S)] <选择>:

选择连续标注:

开始连续标注时，要求用户先标注好一个尺寸或选择一个尺寸，然后再连续选择下一连续标注尺寸的第二条尺寸界线起始点，完成后按 Enter 键退出。

4. 对齐标注

可以创建与指定位置或对象平行的标注。在对齐标注中，尺寸线平行于尺寸延伸线原点连成的直线。

可通过下列方法启动 Dimaligned 命令。

(1) 功能区："常用"→"注释"→"对齐"。

(2) "注释"→"标注"→"对齐"。

(3) 菜单栏："标注"→"对齐"命令。

(4) "标注"工具栏："对齐"按钮。

(5) 命令行：输入 Dimaligned 并按 Enter 键。

启动 Dimaligned 命令后，命令行会给出如下提示。

命令: _dimaligned

指定第一条延伸线原点或 <选择对象>:

指定第二条延伸线原点:

指定尺寸线位置或[多行文字(M)/文字(T)/角度(A)]:

标注文字 ＝ 671

结果如图 8-18 所示。

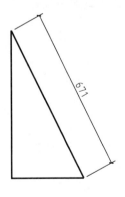

图 8-18　对齐标注

5. 快速标注

从选定对象快速创建一系列标注。创建系列基线或连续标注，或者为一系列圆或圆弧创建标注时，此命令特别有用，能大大提高效率。

可通过下列方法启动 qdim 命令。

(1) 功能区："注释"选项卡→"标注"面板→"快速标注"图标。

(2) 菜单栏："标注"→"快速标注"命令。

(3) "标注"工具栏："快速标注"按钮。

(4) 命令行：输入 qdim 并按 Enter 键。

启动 qdim 命令后，命令行会给出如下提示。

命令： qdim

关联标注优先级 = 端点

选择要标注的几何图形: 指定对角点: 找到 4 个

选择要标注的几何图形:

指定尺寸线位置或 [连续(C)/并列(S)/基线(B)/坐标(O)/半径(R)/直径(D)/基准点(P)/编辑(E)/设置(T)] <连续>:

操作过程中出现的各选项含义如下。

选择要标注的几何体：选择要标注的对象或要编辑的标注。

连续(C)：创建一系列连续标注。

并列(S)：创建一系列并列标注。

基线(B)：创建一系列基线标注。

坐标(O)：创建一系列坐标标注。

半径(R)：创建一系列半径标注。

直径(D)：创建一系列直径标注。

基准点(P)：为基线和坐标标注设置新的基准点。

编辑(E)：编辑一系列标注，用户可以在现有标注中添加或删除点。

设置(T)：为指定延伸线原点设置默认对象捕捉。

8.2.4　径向标注

径向标注包括直径标注、半径标注和折弯半径标注等。

1. 直径标注

通过直径标注可以将圆和圆弧的直径标注出来。

可通过下列方法启动 dimdiameter 命令。

(1) 功能区："注释"选项卡→"标注"面板→"标注"下拉列表框中的"直径"图标。

(2) 菜单栏："标注"→"直径"命令。

(3) "标注"工具栏："直径"按钮。

(4) 命令行：输入 dimdiameter 并按 Enter 键。

启动 dimdiameter 命令后，命令行会给出如下提示。

命令:_dimdiameter

选择圆弧或圆:

标注文字 = 1000

指定尺寸线位置或 [多行文字(M)/文字(T)/角度(A)]:

选择圆弧或圆后，测量选定圆或圆弧的直径，并显示前面带有直径符号 ϕ 的标注文字。可以使用夹点轻松地重新定位生成的直径标注。

2. 半径标注

半径标注是使用可选的中心线或中心标记测量圆弧或圆的半径。

可通过下列方法启动 dimradius 命令。

(1) 功能区："注释"选项卡→"标注"面板→"标注"下拉列表框中的"半径"图标。

(2) 菜单栏："标注"→"半径"命令。

(3) "标注"工具栏："半径"按钮。

(4) 命令行：输入 dimradius 并按 Enter 键。

启动 dimradiusr 命令后，命令行会给出如下提示。

命令: _dimradius

选择圆弧或圆:

标注文字 = 500

指定尺寸线位置或 [多行文字(M)/文字(T)/角度(A)]:

选择圆弧或圆后，测量选定圆或圆弧的半径，并显示前面带有半径符号 R 的标注文字。

8.2.5　角度标注

角度标注可以测量两条直线或三个点之间的角度。

可通过下列方法启动 dimangular 命令。

(1) 功能区："常用"标签→"注释"面板→标注下拉菜单中的"角度"；或"注释"标签→"标注"面板→"标注"下拉菜单中的"角度"。

(2) 菜单栏："标注"→"角度"命令。

(3) "标注"工具栏："角度"△按钮。

(4) 命令行：输入 dimangular 并按 Enter 键。

启动 dimangular 命令后，命令行会给出如下提示。

命令: _dimangular

选择圆弧、圆、直线或 <指定顶点>:

选择第二条直线:

指定标注弧线位置或 [多行文字(M)/文字(T)/角度(A)/象限点(Q)]:

标注文字 = 48

可以选择的对象包括圆弧、圆和直线等。

要标注圆，要在角的第一端点选择圆，然后指定角的第二端点。

要标注其他对象，就选择第一条直线，然后选择第二条直线。

角度标注测量两条直线或三个点之间的角度。要测量圆的两条半径之间的角度，可以选择此圆，然后指定角度顶点、端点。

💡 **注意：** 可以相对于现有角度标注创建基线和连续角度标注。基线和连续角度标注小于或等于180°。要获得大于180°的基线和连续角度标注，可使用夹点编辑拉伸现有基线或连续标注的尺寸延伸线的位置。

8.2.6 弧长标注

弧长标注用于测量圆弧或多段线圆弧段上的距离。

可通过下列方法启动 dimarc 命令。

(1) 功能区："常用"标签→"注释"面板→标注下拉菜单中的"弧长"，或"注释"标签→"标注"面板→"标注"下拉菜单中的"弧长"。

(2) 菜单栏："标注"→"弧长"命令。

(3) "标注"工具栏："弧长"按钮。

(4) 命令行：输入 dimarc 并按 Enter 键。

启动 dimarc 命令后，命令行会给出如下提示。

命令: _dimarc

选择弧线段或多段线圆弧段:

指定弧长标注位置或 [多行文字(M)/文字(T)/角度(A)/部分(P)/引线(L)]:

标注文字 = 3000

为了区别于线性标注，默认情况下，弧长标注将显示一个圆弧符号。圆弧符号显示在标注文字的上方或前方，可以在"标注样式管理器"对话框的"符号和箭头"选项卡上更改位置样式。弧长标注的尺寸延伸线可以正交或径向。

💡 **注意：** 仅当圆弧的包含角度小于90°时才显示正交尺寸延伸线。

8.2.7 编辑尺寸标注

AutoCAD 软件提供了多种方法以方便用户对尺寸标注进行编辑，主要包括下面几种方法。

1. 利用属性管理器编辑尺寸标注

用户可以通过特性(properties)命令在对话框中更改、编辑尺寸标注的相关参数，方法如下。

选择要修改的尺寸标注，启动属性管理器命令，打开如

图 8-19 "特性"对话框

图 8-19 所示的对话框。在该对话框中，用户可根据需要更改相关设置。

2. 利用 dimedit 命令编辑尺寸标注

可以编辑标注文字和延伸线。

可通过下列方法启动 dimedit 命令。

(1) 功能区："注释"标签→"标注"面板→"标注"下拉菜单中的"倾斜"。

(2) 菜单栏："标注"→"倾斜"命令。

(3) "标注"工具栏："编辑标注"按钮。

(4) 命令行：输入 dimedit 并按 Enter 键。

启动 dimedit 命令后，命令行会给出如下提示。

命令：dimedit

输入标注编辑类型 [默认(H)/新建(N)/旋转(R)/倾斜(O)] <默认>:

选择对象:

各选项含义如下。

默认(H)：选定的标注文字移回到由标注样式指定的默认位置和旋转角。

新建(N)：使用在位文字编辑器更改标注文字。

旋转(R)：旋转所选择的标注文字。

倾斜(O)：调整线性标注延伸线的倾斜角度。

3. 利用 dimtedit 编辑标注文字

可通过下列方法启动 dimedit 命令。

(1) 功能区："注释"标签→"标注"面板→"标注"下拉菜单中的"文字角度"。

(2) 菜单栏："标注"→"对其文字"→"角度"。

(3) "标注"工具栏："编辑标注文字"按钮。

(4) 命令行：输入 dimtedit 并按 Enter 键。

启动 dimtedit 命令后，命令行会给出如下提示。

命令: dimtedit

选择标注:

为标注文字指定新位置或 [左对齐(L)/右对齐(R)/居中(C)/默认(H)/角度(A)]:

各选项含义如下。

选择标注：选择要标注的对象。

为标注文字指定新位置：拖曳时动态更新标注文字的位置。

左对齐(L)：沿尺寸线左边对正标注文字。

右对齐(R)：沿尺寸线右边对正标注文字。

居中(C)：将标注文字放在尺寸线的中间。

默认(H)：将标注文字移回默认位置。

角度(A)：修改标注文字的角度。

8.2.8 多重引线标注

多重引线是具有多个选项的引线对象。用户可以通过使用引线和多重引线向图形添加标注。

1. 多重引线样式

可通过下列方法启动多重引线样式设置。

(1) 功能区："注释"选项卡→"引线"面板→"多重引线样式管理器"。

(2) 菜单栏："格式"→"多重引线样式"。

(3) 工具栏：直接单击"多重引线 ⁄⁊"图标。

(4) 命令行：输入 mleaderstyle 并按 Enter 键。

启动 mleaderstyle 命令后，屏幕上会弹出如图 8-20 所示的多重引线样式管理器。

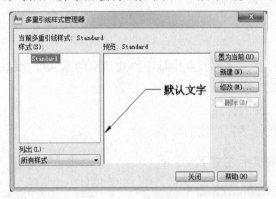

图 8-20 "多重引线样式管理器"对话框

在多重引线样式管理器中，单击"新建"按钮。在"创建新的多重引线样式"对话框中，指定新多重引线样式的名称，然后单击"继续"按钮，弹出"修改多重引线样式：建筑平面图"对话框，如图 8-21 所示，该对话框中共有三个选项卡，下面分别介绍。

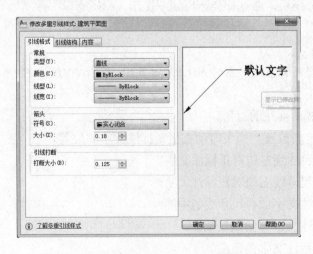

图 8-21 "修改多重引线样式：建筑平面图"对话框

(1) "引线格式"选项卡。

① "常规组"选项：可以确定基线的类型、颜色、线型、线宽。

② "箭头组"选项：指定多重引线箭头的符号和大小。

(2) "引线结构"选项卡。

① "约束"选项组。

最大引线点数：指定多重引线基线的点的最大数目。

第一个线段角度和第二个线段角度：指定基线中第一个点和第二个点的角度。

② "基线设置"选项组。

自动包含基：将水平基线附着到多重引线内容。

设置基线距离：确定多重引线基线的固定距离。

(3) "内容"选项卡。

多重引线类型：为多重引线指定文字或块。

如果多重引线对象类型是"多行文字"，可以设置文字类型、样式、角度、颜色、高度及对正；引线连接处可以设置成水平连接或垂直连接，以及垂直连接的连接位置和基线间隙。

如果多重引线对象类型是"块"，可以指定源块、附着型、颜色和比例。

设置好后，单击"确定"按钮退出。

2. 创建多重引线

引线对象通常包含箭头、可选的水平基线、引线或曲线和多行文字对象或块。多重引线对象可以包含多条引线，每条引线可以包含一条或多条线段。因此，一条说明可以指向图形中的多个对象。

可通过下列方法启动 mleader 命令。

(1) 功能区："常用"标签→"注释"面板→"多重引线"，或"注释"标签→"引线"面板→"多重引线"。

(2) 菜单栏："标注"→"多重引线"。

(3) "多重引线"工具栏："多重引线"按钮。

(4) 命令行：输入 mleader 并按 Enter 键。

启动 mleader 命令后，命令行会给出如下提示。

命令：　mleader

指定引线箭头的位置或 [引线基线优先(L)/内容优先(C)/选项(O)] <选项>:

指定引线基线的位置：

输入属性值

输入视图编号 <视图编号>: 1

输入图纸编号 <图纸编号>: 5

相关选项含义如下。

引线箭头：指定多重引线对象箭头的位置。

引线基线优先(L)：指定多重引线对象的基线的位置。

内容优先(C)：指定与多重引线对象相关联的文字或块的位置。

选项(O)：指定用于放置多重引线对象的选项。

总 结

本章主要讲述利用 AutoCAD 软件对建筑图形进行文字说明和尺寸标注方面。文字说明部分，主要涉及文字样式设置、单行文字、多行文字和特殊字符的输入及文本文字的编辑；尺寸标注部分，主要涉及尺寸标注样式设计、长度类尺寸标注、径向标注、角度标注、弧长标注及编辑尺寸标注；最后还介绍了多重引线样式设置和创建多重引线部分的知识。通过理论与实践相结合，使学生对 AutoCAD 软件进行图形尺寸标注有全面的认识并能进行操作，为后面的综合项目实践的操作奠定扎实的基础。

习 题

1. 利用 AutoCAD 的文字标注功能标注以下文字。

建筑装饰制图 ± 0.000
60°
AutoCAD软件 $\phi 200$

2. 利用 AutoCAD 的尺寸标注功能标注下图尺寸。

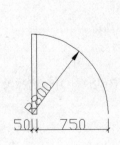

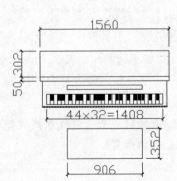

第9章 应用 AutoCAD 绘制建筑工程图样

教学提示

1. 本章主要内容

(1) 应用 AutoCAD 绘制建筑图样的规范和要求。

(2) 应用 AutoCAD 绘制建筑平面图的方法和步骤。

(3) 应用 AutoCAD 绘制建筑立面图的方法和步骤。

(4) 应用 AutoCAD 绘制建筑剖面图的方法和步骤。

(5) 应用 AutoCAD 注释建筑图样的方法和步骤。

2. 本章学习任务目标

(1) 了解 AutoCAD 绘制建筑图样的规范和要求。

(2) 掌握 AutoCAD 绘制建筑平面图的方法和步骤，并能完成建筑平面图的绘制任务。

(3) 掌握 AutoCAD 绘制建筑立面图的方法和步骤，并能完成建筑立面图的绘制任务。

(4) 掌握 AutoCAD 绘制建筑剖面图的方法和步骤，并能完成建筑剖面图的绘制任务。

(5) 掌握 AutoCAD 注释建筑图样的方法和步骤，并能完成建筑图样的文字标注和尺寸标注任务。

3. 本章教学方法建议

本章建议运用任务驱动教学法，在课堂教学设计中，建议教师向学生提出明确的任务，以及任务完成的计划与步骤，通过教师的演示，让学生了解任务完成过程中所需要掌握的基本技能、具体任务完成过程中所涉及的国家标准规定及具体命令。学生在完成任务过程中教师的辅助作用必不可少，应及时发现学生在完成任务过程中所出现的各种问题并加以及时纠正。任务完成后的效果评价也是不可或缺的一环，对下一目标任务的启动有重要影响。

9.1 应用 AutoCAD 绘制建筑平面图

【学习目标】熟知 AutoCAD 软件绘制建筑平面图的方法和步骤，根据国家相关标准进行规范绘图，并且能在绘制具体图形的过程中熟练、灵活地运用。

9.1.1 建筑平面图基础知识

对于一套完整的建筑设计来说，其好坏取决于建筑平面设计，下面将逐一介绍有关建筑平面图的绘制方法。

1. 建筑平面图的定义

建筑平面图是建筑施工图的基本样图，它是假想用一水平的剖切面沿门窗洞位置将房屋剖切后，对剖切面以下部分所作的水平投影图。它反映出房屋的平面形状、大小和布置，墙、柱的位置、尺寸和材料，门窗的类型和位置等。

2. 建筑平面图的分类

在建筑平面图中，一般包括以下几种平面图。

(1) 地下室平面图：主要表示房屋建筑地下室的平面形状、各房间的平面布置及楼梯布置等情况。

(2) 首层平面图：首层平面图也叫底层平面图，表示房屋建筑底层的布置情况。在底层平面图上还需反映出室外可见的台阶、散水、花台、花池等。此外，还应标注剖切符号及指北针。

(3) 标准层平面图：对于多层建筑，一般应每层有一个单独的平面图。但一般建筑常常是中间几层平面布置完全相同，这时就可以省掉几个平面图，只用一个平面图表示，这种平面图称为标准层平面图。

(4) 顶层平面图：即房屋最高层平面图，一般情况下，顶层的建筑与标准层大同小异，有些许的不同，主要表现为楼梯的不同，楼梯不再向上或者楼梯的做法与标准层不一样了。但是有些建筑，为了增强建筑效果，设计时做了相当大的改动，甚至有些顶层是复式建筑。

(5) 屋顶平面图：屋顶平面图是在房屋的上方，向下作屋顶外形的水平投影而得到的投影图。用它表示屋顶情况，如屋面排水的方向、坡度、雨水管的位置、上人孔及其他建筑构、配件的位置等。

> **提示：** 对于现在大多数的多(高)层建筑来说，一般都设有跃层，对于跃层也要分别绘制其平面图。

3. 建筑平面图的内容

(1) 建筑物的形状、结构及朝向等：包括建筑物的平面形状、尺寸和朝向，各个房间的布置及相互联系，入口、走道、楼梯等的相互位置。

(2) 注释尺寸：平面图中的尺寸分为外部尺寸和内部尺寸两部分。

① 外部尺寸：外部尺寸一般包括三道尺寸，第一道尺寸用于表示门、窗洞口宽度尺寸、定位尺寸、墙体的宽度尺寸，以及细小部分的构造尺寸；第二道尺寸表示轴线之间的距离；第三道尺寸表示外轮廓的总尺寸。另外，室外台阶或坡道的尺寸可单独标注。

② 内部尺寸：表明建筑平面图内部房间的净空间和室内的门窗洞的大小、墙体的厚度等尺寸。

(3) 标明材料，结构形式：每个房间等的结构形式和主要建筑所用材料。

(4) 详图：在建筑平面上不能反映，但对建筑物结构、美观等影响较大的部位，必须引出索引符号，并绘制其详图。

(5) 建筑平面图绘图规范(建筑制图国家标准)。

在 AutoCAD 中，建筑平面图的绘制也要遵从相关的国家标准。

(1) 图纸幅面及规格详见第 1 章内容。

提示： 用 AutoCAD 软件绘制建筑图样之初，可不进行图幅的设置和图纸大小的选择，在图形绘制结束之后，打印输出的时候再根据图样的复杂程度及相关标准选择合适图幅的图纸。

(2) 标题栏与会签栏。详见第 1 章内容。工程图纸上的标题栏和会签栏应该有设计单位名称、工程名称、图名、图号、设计号及设计人、审批人的签名和日期等，把这些信息集中列表放置在图样的右下角，成为标题栏。在建筑制图规范上，提供了两种可供选择的尺寸，即 200mm×30mm(长度可以使 A4 立式幅面中的标题栏成为通栏)和 240mm×(30~40mm)。会签栏尺寸应为 75mm×20mm，栏内应填写会签人所代表的专业、姓名、日期(年月日)，如果一个会签栏不够，可以将其长度延长到 100，也可以另加一个会签栏，并列放置。对于不需要会签的图样可以不放会签栏。

(3) 比例。图样中图形与其实物相应要素的线性尺寸之比称为比例。比例常采用阿拉伯数字表示，其大小是指比值的大小，如 1：10 大于 1：50。

比例有三种类型。

① 原值的比例(即 1：1)称为原值比例。

② 放大的比例(如 2：1 等)，称为放大比例。

③ 比值小于 1 的缩小比例(如 1：100 等)，称为缩小比例。

提示： 无论图形的比例如何，尺寸总是按照实际尺寸进行标注，且在同一图形中，尺寸标注的文字、箭头等不会因为比例大小而变化。

手绘建筑施工图时由于图纸篇幅所限，一般需要采用缩小的比例绘图，国家标准中对建筑制图常用的比例有一些规定，这部分内容在本书上篇中进行了详细介绍，本章不再赘述。

提示： 在用 AutoCAD 软件绘图时，通常采用 1：1 的原值比例绘图，在打印输出的过程中，再设置相应的比例，这样绘图时可避免由于计算比例数值而出现的尺寸错误，而在打印时，根据实际需要设置合适的比例，同时也能相应地减少制图者的工作量。

(4) 图线。绘制建筑图样时，常常根据不同内容采用各种不同线形和线宽的图线，使得建筑图样的内容能够主次分明、构图美观且清晰易懂，不同线形和粗细的图线分别表示不同的意义。国家标准中规定的建筑图样所用线形的一般应用见第 1 章内容。

提示： 应用 AutoCAD 软件绘图时同样要遵从国家标准的相关标准，这样便于工程图样的绘制、识读和沟通交流。

另外，应用 AutoCAD 软件绘图过程中，常用图线的颜色及线宽可采用如下参数。

① "定位轴线" 设置为红色，用点划线绘制，线宽为 0.09mm。

② "墙线" 设置为白色，用实线绘制，线宽为 0.35 mm。

③ "门窗" 设置为黄色，用实线绘制，线宽为 0.18 mm。

④ "楼梯" 设置为品红，用实线绘制，线宽为 0.18 mm。

⑤ "图框" 设置为蓝色，用实线绘制，线宽应符合国家标准规范 GB/T5001—2001。

⑥ "标注" (含文字)设置为绿色，用实线绘制，线宽为 0.09 mm。

⑦ "梁、柱" 设置为青色，用实线绘制，轮廓线线宽为 0.35 mm，填充线为暗灰色，线宽为 0.09 mm。

⑧ "视口" 设置为红色，线形为实线，线宽任意。

(5) 尺寸标注。图形只能反映物体的结构形状，而物体的真实大小需要通过尺寸标注才能表示。

标注尺寸的基本规则如下。

① 物体的真实大小应以图样上所注的尺寸数值为依据，与图形的绘制比例、打印比例或者绘图的准确度无关。

② 图样中(包括技术要求和其他说明文件中)的尺寸以毫米(mm)为单位时，不需要标注计量单位的代号或者名称，如果采用其他单位，则必须注明相应的计量单位代号或名称。

③ 图样中标注的尺寸应该是该物体最后的完工尺寸，否则应另加说明。

建筑平面图上尺寸标注主要包括：外部尺寸、内部尺寸、标高和其他标注(如角度、弧度、弧长、半径、直径等)等部分，标注的具体操作方法与要求详见本章后续内容的介绍。

(6) 常用建筑材料图例。建筑图样中常用图例见第 1 章、第 3 章。

常用建筑材料的图例画法，对其尺度比例不做具体规定，使用时，应根据图样大小而定，并注意以下事项。

① 图例线应间隔均匀、疏密适度，做到图例正确，表示清楚。

② 不同品种的同类材料使用同一图例时(如某些特定部位的石膏板必须注明是防水石膏板时)，应在图上附加必要的说明。

③ 两个相同的图例相接时，图例线宜错开或使倾斜方向相反，如图 9-1 所示。

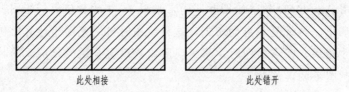

此处相接   此处错开

图 9-1 两个相同的图例相接的画法

(7) 建筑平面图的绘图步骤。了解了建筑平面图的基础知识之后，便正式进入建筑平面图的绘制阶段。在 AutoCAD 绘图中，建筑平面图的绘制一般包括以下过程。

新建图形，设置绘图环境→绘制定位轴线→绘制墙体→绘制门窗→绘制楼梯平面→绘制建筑物的其他细部→标注尺寸及文字说明。

下面将以图 9-2 为例，具体讲解如何绘制建筑平面图。

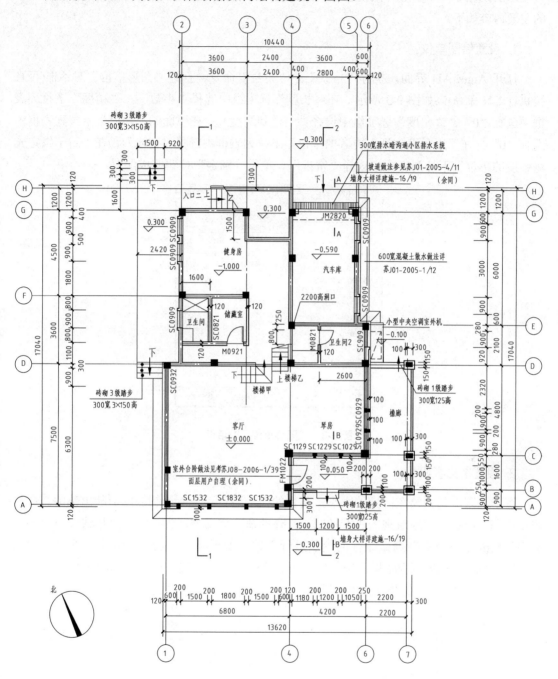

图 9-2　××别墅底层平面图

9.1.2　设置绘图环境

在绘制建筑平面图之前，首先要对新建的图形进行绘图环境的设置，也就是要设置好该图形的绘图单位、图形界限以及不同的图层，方便后续绘图工作的实施。绘图环境设置的主要内容如下。

1. 设置绘图单位

打开 AutoCAD 界面，执行"格式"→"单位"命令，打开"图形单位"对话框(可直接执行 UN 命令)，如图 9-3 所示。在"长度"选项组中选择"小数"，"精度"下拉列表框中选择"0"，"角度"选项组中选择"十进制进度"，在下面的"精度"下拉列表框中选择"0"，在"用于缩放插入内容的单位"下拉列表框中选择"毫米"，在"用于指定光源强度的单位"下拉列表框中选择"常规"。单击"确定"按钮完成配置。

图 9-3 "图形单位"对话框

2. 设置图形界限

图形界限就是指绘图区域的大小，其目的在于避免用户所绘制的图形超出范围。在界限中绘图，能更方便地对视图进行控制。具体的命令调用方法为：执行"格式"→"图形界限"(limits)命令，根据命令行的提示进行设置，图形界限一般不宜太小，这里设置成40000×40000，在命令行的提示下输入"0,0"然后按 Enter 键，再输入"40000,40000"，然后按 Enter 键即可，结果如图 9-4 所示。

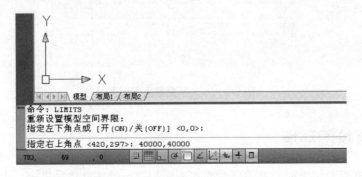

图 9-4 绘图界限的设置

提示：关于图形界限的几点说明如下。

(1) 图形界限是一个矩形区域，由左下角与右上角的坐标确定位置及大小，一般左下角的坐标设置为坐标原点，用户不要去改变它。通过改变右上角的坐标来改变图形界限的大小。

(2) 当提示指定左下角点或[开(ON)/关(OFF)]<0,0>时，如果输入"ON"，表示打开极限检查开关，在此模式下，用户在随后的绘图中，所输入的坐标点不允许超出图形界限；如果输入"OFF"，表示关闭极限检查开关，在此模式下，用户可以在图形界限以外的地方绘图。

(3) 图形界限的范围通过"栅格"点的打开来显示，有栅格点显示的部分即为用户设置的图形界限的范围，如果栅格点的间距不合适的话，有可能不能正常显示图形界限。

(4) 建筑制图过程中，常根据要绘制图样的尺寸设置图形界限，让界限略大于所绘制图形的尺寸加上应留有的必要空白。

(5) 用户在绘图之初，也可以不进行图形界限的设置，而是直接绘制图样，在图样绘制完成后，再根据要求设置相应的界限。

3. 设置文字样式

设置文字样式：选择"格式"菜单→"文字样式(ST)"命令，打开"文字样式"对话框，单击"新建"按钮，打开"新建文字样式"对话框，填写样式名，如"样式 1"，然后单击"确定"按钮返回"文字样式"对话框，选中刚刚新建的文字样式，在"字体"选项组中选中"使用大字体"复选框，在"大字体"下拉列表框中选择"gbcbig.shx"字体，在"高度"文本框中输入"300"，其他默认即可，所有设置完成后，单击"置为当前"按钮，弹出"当前样式已被修改。是否保存"对话框，单击"是"按钮，然后单击"关闭"按钮，完成对"文字样式"的设置，如图 9-5 所示。

图 9-5　"文字样式"对话框

4. 设置标注样式

选择"格式"→"标注样式"(D)命令,打开"标注样式管理器"对话框,单击"新建"按钮,打开"创建新标注样式"对话框,填写一个新样式名,如"1",在"基础样式"一栏上选择"STANDARD",其他默认,所有设置完成后单击"继续"按钮,打开"新建标注样式:1"对话框,切换到"线"选项卡,填入合适的数字,这里我们根据图形比例填写数字为:"超出标记 0""基线间距 300""超出尺寸线 200""起点偏移量 500",其余默认;切换到"符号和箭头"选项卡,在箭头一栏"第一个"选择"建筑标记","第二个"同样选择"建筑标记","引线"选择"点","箭头大小"选择"100",其余默认;再切换到"文字"选项卡,在"文字样式"选项上选择"STANDARD","文字颜色"上选择"byLayer","填充颜色"选择"byLayer","文字高度180","从尺寸线偏移120",其余默认;然后切换到"调整"选项卡,选中左边"文字或箭头(最佳效果)"和"尺寸线上方,不带引线"单选按钮,最后再"标注特征比例"选项组中选中"使用全局比例"单选按钮,然后输入比例值为"1",其余默认。所有设置完成后单击"确定"按钮,完成配置,如图 9-6 所示。

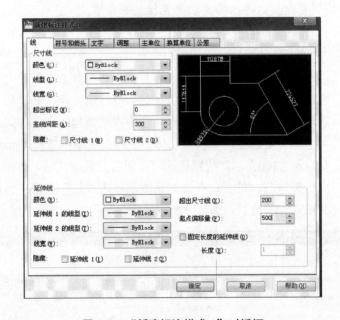

图 9-6 "新建标注样式:1"对话框

5. 设置图层

(1) 图层的特性。

AutoCAD 使用图层来管理和控制复杂的图形,即把具有相同特性的图形实体绘制在同一图层中,各个图层组合起来,形成一个完整的图形。图层相当于没有厚度的透明纸,各层完全对齐,具有相同要求(如相同的线型、颜色、线宽、打印样式)的图形实体或者同一类型(如门窗类、定位轴线类、墙体线等)的图形实体被绘制在同一层上。

图层具有以下特性。

① 用户可以在一幅图中规定任意数量的图层，每一层上可以有任意数量的实体。

② 每一层都具有一个层名，建立一幅新图时，AutoCAD 自动生成层名为"0"的图层，即"0"层为 AutoCAD 的默认图层，该层不可以被删除或者重新命名，但是可以修改该层图形的线型、颜色和线宽等参数。

③ 通常一个图层上的实体只能是一种线型、一种颜色和一种线宽，用户可以改变各图层的线型、颜色、线宽和状态。

④ 所有图层中必须有且只能有一个图层为当前图层，所有的绘图操作都是在当前层上进行的，当前层可以通过工具栏或对话框进行设置和改变。

⑤ 各层具有相同的坐标系、绘图界限以及显示时的缩放倍数，用户可对位于不同图层上的实体同时进行编辑操作。

⑥ 每一层都具有打开与关闭、冻结与解冻、锁定与解锁以及打印与否等状态属性，"0"层也可以执行这些操作。

(2) 图层的设置。

图层的设置包括：建立新图层，删除不用图层，设置和生成当前层，改变指定层的颜色、线型、线宽和状态，列出一些或全部图层的层名、线型、颜色、线宽和状态。

图层的设置方法如下。

选择"格式"→"图层"(简捷命令 LA)命令，打开"图层特性管理器"对话框，单击对话框中的"新建"按钮，为轴线创建一个图层，在"名称"列表区中输入"轴线"，"颜色"一栏上选择"红色"，"线型"一栏上选择"CENTER"，"线宽"一栏上选择"0.09mm"，其他默认即可，同理，采用同样的方法依次创建好"门窗""图框""墙体""标注""柱""楼梯""阳台""散水""雨篷""其他"等图层，所有图层创建完成后单击"确定"按钮，完成设置，结果如图 9-7 所示。

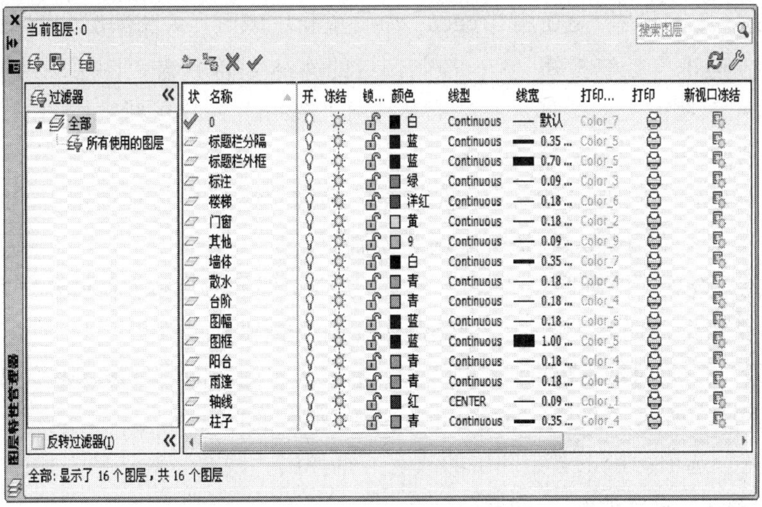

图 9-7　创建图层

(3) 各选项说明。

① "新建图层"按钮 ✏️：创建新图层(也可在图层列表的空白区域单击鼠标右键，从弹出的快捷菜单中选择"新建图层"命令)，新图层自动命名为"图层1"，用户可以根据需要进行新图层名称的确定，新图层将继承图层列表中当前选定图层的特性(颜色、线型、开或关的状态等)。

② "删除图层"按钮 ✕：将选定图层标记为要删除的图层(也可在图层列表的空白区域单击鼠标右键，从弹出的快捷菜单中选择"删除图层"命令)，单击"应用"或"确定"按钮时，将删除这些图层，"0"层、当前图层、含有图形对象的图层以及依赖外部参照所建立的图层不能删除，如图9-8所示。

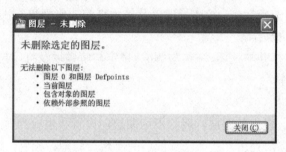

图 9-8　未删除图层

③ "置为当前"按钮 ✔️：将选定图层设置为当前图层(也可在图层列表的空白区域单击鼠标右键，从弹出的快捷菜单中选择"置为当前"命令)，以后绘制的图形对象都是在当前图层上。

层的特性设置如下。

① "开/关"控制按钮 💡：控制图层的开/关状态，当图层处于打开状态时，该图层上的实体可见，当图层处于关闭状态时，该图层上的实体不可见，在打印输出时，被关闭图层上的图形也不被打印，但是在用"regen"命令重新生成时，关闭图层上的图形参与运算。

② "冻结/解冻"控制按钮 ☼：控制图层的冻结/解冻状态，图层冻结期间，既不可见，也不能输出该图层上的图形，并且不参与用"regen"命令重新生成图形时的运算，这样可以提高图形重新生成时的显示速度。

③ "锁定/解锁"控制按钮 🔓：控制图层的锁定/解锁，图层被锁定后，用户可以看到图层上的图形实体，但不能对它进行编辑和绘制。

④ "颜色"选项：控制图层的颜色，单击选定图层的颜色框，则弹出"选择颜色"对话框，如图9-9所示，在其中选择一种颜色作为图层的颜色。

⑤ "线型"选项：控制图层所用的线型，单击选定图层的线型框，则弹出"选择线型"对话框，如图9-10所示，在其中选择一种线型作为图层的线型。

⑥ "线宽"选项：单击选定图层的线宽，则弹出"线宽"对话框，如图9-11所示，在其中选择一种线宽作为图层的线宽。

⑦ "打印"选项：单击选定图层的打印机，图标上出现禁止符号，表示该层不打印，

否则为打印。

图 9-9　"选择颜色"对话框

图 9-10　"加载或重载线型"对话框

图 9-11　"线宽"对话框

9.1.3 绘制建筑平面图

在设置好相应的绘图环境之后，将在相应的环境下绘制建筑平面图，具体绘图过程的实施，不同个人依自己习惯的不同而有所不同，这里将常规绘图过程进行讲解如下。

1. 绘制定位轴线

首先，执行 LA(图层管理器)命令，输入"LA"并按 Enter 键(可用 Space 键代替，以下通用)，将"轴线"图层"置为当前"。

然后，开启正交(F8)命令，执行 L(绘制直线)、O(偏移)等命令，根据提示绘制定位轴线，通过对照样图可知，轴线对整个建筑平面的尺寸的控制并非贯通，这时可以考虑将轴线做相应剪切(TR)、打断(BR)，并删除(E/Del)不需要的部分图线，使图形清爽，便于识读，当然也可不删除。轴网绘制完毕后显示效果如图 9-12 所示。

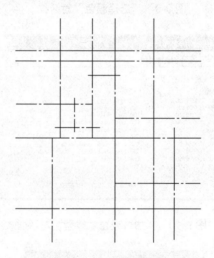

图 9-12 轴网

2. 绘制墙体

对于墙体的绘制，可以采用执行 L 命令来绘制，也可以采用执行 ML(绘制多线)命令来绘制，这里采用绘制多线的方式来讲解绘图过程，具体步骤如下。

(1) 执行 LA 命令，将墙体图层"置为当前"。

(2) 执行 MLSTYLE 命令(选择"格式"→"多线样式"命令)，打开"多线样式"对话框，单击"新建"按钮，打开"创建新的多线样式"对话框，输入新样式名为"120"，基础样式上选择"STANDARD"，然后单击"继续"按钮，打开"新建多线样式:120"对话框，修改偏移尺寸为向上偏移"60"，向下偏移"-60"，其余默认，完毕后单击"确定"按钮返回到多线样式对话框，同样地，单击"新建"按钮，打开"创建新的多线样式"对话框，输入新样式名为"240"，基础样式上选择"STANDARD"，然后单击"继续"按

建筑装饰工程制图与CAD

钮，打开"新建多线样式:240"对话框，修改偏移尺寸为向上偏移"120"，向下偏移"-120"，其余默认，完毕后单击"确定"按钮，返回到"多线样式"对话框，将多线样式"240"置为当前，完毕后单击"确定"按钮即可。

(3) 执行 ML(绘制多线)命令，根据提示指定起点或 [对正(J)/比例(S)/样式(ST)]时输入"J"，选择对正类型为"无"，根据提示绘制墙体线。

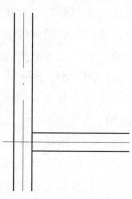

提示： 在 AutoCAD 中，按 Enter 键可以用 Space 键代替，依个人习惯而定。

(4) 通过 MLEDIT(多线修改命令)来完成对多线的修改，双击多线也可以快速打开"多线编辑工具"对话框，进行多线的编辑，编辑前图形如图 9-13 所示。

双击该节点处任一多线，打开"多线编辑工具"对话框，如图 9-14 所示。选择多线编辑工具，该节点处多线相交方式为"T"字形，所以我们选择"T 形打开"。根据提示选定第一条多线为节点处其中一条直线，然后再根据提示选择第二条多线为另外一条多线，完毕后按 Enter 键即可，完毕后显示效果如图 9-15 所示。

图 9-13　编辑前显示效果

图 9-14　"多线编辑工具"对话框

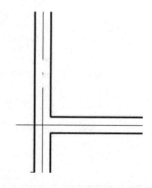

图 9-15　编辑后的显示效果

(5) 重复多线编辑命令，将多线交接点处修改完毕，对于一些打散的部分，执行 TR 和 L 命令修改即可，最后成为完整的墙体。

3. 绘制柱子

墙体绘制完毕后，开始绘制柱子。对于柱子的绘制可以直接执行 L 命令，然后移动直线围成一个方形，进行填充，为节省时间提高绘图效率，也可以利用"矩形"的命令绘制一个矩形，然后填充图案并存块，然后为了方便插入，我们执行 L 命令，将矩形对角点连接起来，利用交点来进行插入，具体操作如下。

(1) 切换至柱子图层，执行 REC(绘制矩形)命令，输入"REC"并按 Enter 键，根据提示指定第一个角点为图形空白处任何一点，然后再指定另一个角点时输入"350,350"并按 Enter 键。

(2) 执行 H(图案填充)命令，打开"图案填充和渐变色"对话框，单击图案后面的 ⋯ 按钮，打开"填充图案选项板"对话框，如图 9-16 和图 9-17 所示，切换到"其他预定义"选项卡，选择该面板下的"SOLID"并单击"确定"按钮，返回到"图案填充和渐变色"对话框，单击"边界"选项组中的 ⊞ 添加:拾取点 按钮，返回到绘图界面，根据提示拾取内部点，点击矩形内部任何一点即可，此时矩形四边成虚线显示，按下 Enter(或 Space 键)返回到"图案填充和渐变色"对话框，单击"确定"按钮即可。

(3) 执行 L 命令，将矩形对角点分别连接起来。

(4) 选中全部矩形，执行 B(块定义)命令，打开(块定义)对话框，输入块的名称，我们定义为"zhuzi'"完毕后单击"确定"按钮。

(5) 关闭正交，执行 CO 命令，将填充的矩形块分别复制到图形相应位置，完成柱网的绘制。

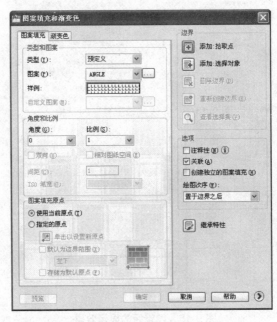

图 9-16 "填充图案和渐变色"对话框

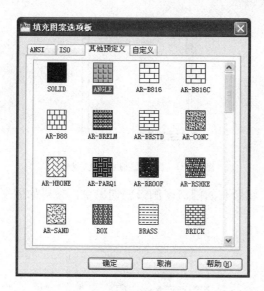

图 9-17　"填充图案选项板"对话框

4. 绘制门窗

在 AutoCAD 中,对于门窗的绘制一般采用利用辅助直线将门窗洞口剖切出来,然后直接在已经剖切好的地方绘制门窗或者在空白区域绘制好,再移动到相应洞口。下面以 M-0921 为例讲解门窗的绘制方法。

(1) 切换到"门窗"图层。

(2) 执行 L 命令,绘制一条长 2000 左右的竖向直线,在执行 O 命令,将该直线向右偏移 900;选择所绘直线,执行 M 命令,将直线向左移动 180,显示效果如图 9-18 所示。

(3) 执行 TR(剪切)命令,选中两条直线,根据提示选择要修剪的对象为两直线之间的墙体,完毕后按 Enter 键,显示效果如图 9-19 所示。

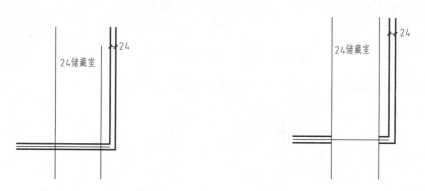

图 9-18　辅助线移动后的具体位置　　　　图 9-19　修剪完毕后的显示效果

(4) 选中两条辅助直线,执行 E(删除)命令将直线删除(或者直接按 Delete 键删除);执行 L 命令,将被打开的墙体封闭即可,洞口最终显示效果如图 9-20 所示。

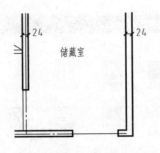

图 9-20　门洞口最终显示效果

(5) 重复如上步骤，将所有的门口窗洞口剖切出来，效果如图 9-21 所示。

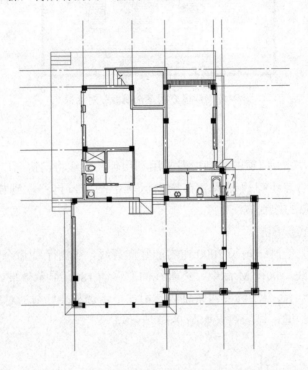

图 9-21　墙体、柱断面和门窗位置

(6) 绘制门窗：储藏室的门绘制完毕后显示效果如图 9-22 所示。

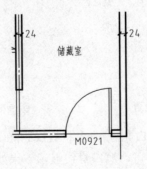

图 9-22　门绘制完毕后显示效果

(7) 重复以上步骤，进行所有门窗的绘制，绘制完毕后如图 9-23 所示。

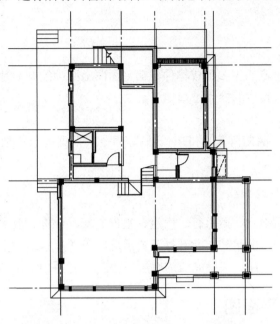

图 9-23　墙体、柱网、门窗、楼梯完成图

提示：　(1) 以 M-0921 门为例讲解"门"的画法。

首先根据 "门洞"的宽度，应用"矩形"(REC)命令，画出一个宽 40(代表"门"的常规厚度)、高 900("门"的宽度)的矩形，再应用"圆弧"(ARC)命令绘制"门"的开启方向，完成"门"图形的绘制，如图 9-24 所示。

(2) 以 M-0921 门为例讲解"窗户"的画法。

首先根据窗洞的大小，应用"矩形"(rec)命令，画出一个宽 240(代表墙体的厚度)、长 900(窗户的宽度)的矩形，并将矩形分解(x 命令)，再应用"定数等分"(div)命令将矩形的左边框三等分，然后打开"节点"捕捉，应用直线命令画出窗框线。完成"窗户"图形的绘制，如图 9-25 所示，最后删除三等分点。

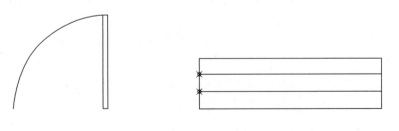

图 9-24　门图形　　　　　　　　　　图 9-25　窗户图形

(3) 门窗图形的插入。

将门、窗图形定义为图块，利用插入图块命令(insert)将门和窗的图块插入到图

形的相应位置，完成所有门窗的绘制，图块定义和插入的操作方法，详见第6章的具体讲解。

5. 绘制楼梯

楼梯部分是多层建筑的主要组成构件，在平面图上必须绘制清楚，多数情况下还需要绘制必要的楼梯详图。具体的操作过程如下。

(1) 切换至"楼梯"图层。

(2) 执行 L(直线)、AR(阵列)、TR(修剪)等命令，根据提示绘制楼梯，绘制完毕后如图 9-23 所示。

6. 绘制建筑物的其他细部

建筑细部主要包括阳台、雨水管、雨篷、室外走廊、台阶、散水、指北针等，在此平面图中主要包括了台阶、散水和指北针等，灵活运用所学基本绘图命令和编辑命令一一进行绘制即可，此处不再赘述。最终完成的底层平面图如图 9-2 所示。

9.1.4 注释建筑平面图

在建筑平面图上，主要的注释内容为尺寸标注与文字说明的部分。尺寸标注一般分为水平尺寸标注和竖向尺寸标注。它们又都由外部尺寸和内部尺寸组成，外部尺寸分为三道标注，内部尺寸主要标注内部门窗洞口的尺寸大小，这个在上篇"建筑平面图"的内容中已有详细说明，这里就不再一一赘述。在 AutoCAD 中，标注方式主要有以下几种标注形式。

(1) 线性标注(直线标注)(dimlinear)DLI。

(2) 对齐标注(斜线标注)：(dimaligned)DAL。

(3) 坐标标柱：(dimordinate)DOR。

(4) 半径标注(圆和圆弧半径标注)：(dimradius)DRA。

(5) 直径标注：(圆和圆弧直径标注)(dimdiameter)DDI。

(6) 角度标注：(dimangular)DAN。

(7) 快速标注：(qdim)为几何图形标注。

(8) 基线标注：(dimbaseline)DBA，以同一基线进行测量的多个标注方式，也称为平行标注。在设计标注时，可能需要创建一系列标注，这些标注都从同一个基准面或基准引出。或者，将几个标注相加得出总测量值。基线和连续标注可以完成这些任务。基线标注创建一系列由相同的标注原点测量出来的标注。

(9) 连续标注：(dimcontinue)DCO，连续标注创建一系列端对端放置的标注，每个连续标注都从前一个标注的第二个尺寸界线处开始。

提示：基线标注和连续标注都必须在创建了直线标注后才能实施。

(10) 快速引线：(qleader)LE，引线是连接注释和图形对象的线。文字是最普通的注释。但是，可以在引线上附着块参照和特征控制框(特征控制框显示形位公差。请参见添加形位公差)。

(11) 形位公差：(tolerance)TOL。

(12) 圆心标记：DCE。

(13) 其他标注。

具体操作步骤在下面详细讲解。

1. 标注水平尺寸

(1) 第一道尺寸标注。

① 执行 DLI(线型标注)命令，或者单击"标注"→"线性"，激活线性标注命令，根据提示标出墙体与①轴线之间的距离"120"。

② 执行 DCO(连续标注)命令，或者直接单击"标注"→"连续"，根据提示依次向右标注尺寸。

(2) 第二道尺寸标注。

第二道尺寸主要标注定位轴线之间的距离，先执行线性标注命令，再进行连续标注即可完成。

(3) 第三道尺寸标注。

第三道尺寸标注主要标注建筑物的总体尺寸，一般为轴线加墙厚，可直接执行 DLI 命令完成，完毕后局部标注显示效果如图 9-26 所示。

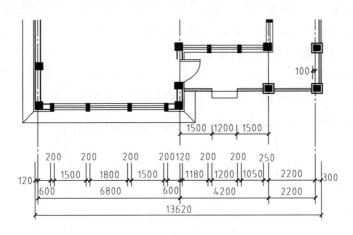

图 9-26　局部水平标注完毕显示效果

2. 标注垂直尺寸和内部尺寸

标注垂直尺寸的方法同标注水平尺寸的方法一样，在此不再一一陈述。

3. 标注标高

在 AutoCAD 绘图中，对于标高的标注，通常是先绘制一个模块作为通用模块，即先绘制好不同标高符号，如图 9-27 所示，然后将其保存为图块或者保存为带属性的标高图块，

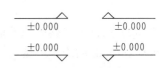

图 9-27　各种标高符号

再通过执行复制(co)命令或者图块插入命令(insert)，将标高标注到相应位置，即可完成所有标高的标注。

4. 其他标注与说明

(1) 书写文字。

执行多行文字(MT)或者单行文字(DT)命令，按照样图输入相应的房间名及注释文字即可。

(2) 标注剖切符号。

在需要剖切的地方绘制一条折线(90° 转折的粗实线)，然后标明剖切编号。

(3) 填写图名。

填写好图名并标注出绘制的比例，即在平面图下方填写"一层平面图 1∶100"并绘制一条粗直线来表示，图名的字号要比比例的字号大一号为宜，以便于查看。

9.1.5 绘制图幅、图框、图标并填写标题栏

下面进行图框、图标和标题栏的绘制，具体操作如下。

通过观察可知，本图如果按照 1∶100 的比例绘制，图框的大小应该选择为 A2 幅面 (297×420)，但 CAD 作图中，会按照原图大小进行绘制，所以可以考虑将图框放大 100 倍的方法绘制图框，具体步骤如下。

(1) 执行 LA 命令，打开图层管理器对话框，将"图幅"图层置为当前。

(2) 执行 REC 命令，根据提示在空白区域绘制一个尺寸为 297×420 的矩形。

(3) 执行 O 命令，将矩形向内偏移 10。

(4) 选中内部矩形，执行 x 命令，将其炸开，然后选中炸开矩形的左边线，执行 m 命令，向下移动 15，执行 tr 命令，将超出的直线剪切掉，完毕后显示效果如图 9-28 所示。

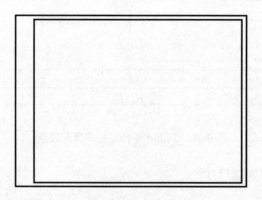

图 9-28 图框

(5) 切换至"标题栏外框"图层，执行 REC 命令，向已绘制好的矩形内部绘制一个大小为 200×30 的矩形；然后切换至"标题栏分隔"图层，执行 L、O、EX、TR 等命令，绘制好标题栏分隔线，如图 9-29 所示。

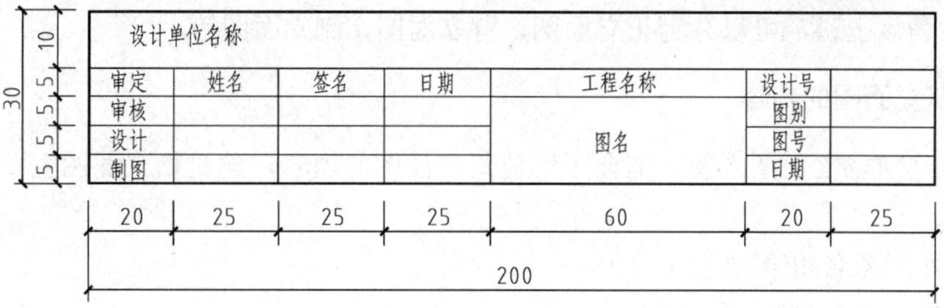

设计单位名称						
审定	姓名	签名	日期	工程名称	设计号	
审核					图别	
设计				图名	图号	
制图					日期	

| 20 | 25 | 25 | 25 | 60 | 20 | 25 |

200

图 9-29　标题栏具体尺寸

(6) 选中图框、图幅、标题栏，执行 SC(缩放)命令，将图形放大 100 倍。

(7) 填写标题栏中有关文字内容，如图名、日期、比例等信息，并设置好字体大小。

(8) 选中已经绘制好的平面图，执行 M(移动)命令，将平面图移动到图框内合适的位置，即全部完成了此别墅底层平面图的绘制。

9.2　应用 AutoCAD 绘制建筑立面图

【学习目标】

熟知 AutoCAD 中绘制建筑立面图的方法和步骤，能够规范、熟练、精确地绘制图样，并且能在绘制具体图形的过程中熟练灵活地运用。

9.2.1　建筑立面图基础知识

在学习绘制建筑立面图之前，必须先熟悉立面图的基础知识。

1. 建筑立面图的定义

建筑立面图是建筑物与建筑物立面平行的投影所得的正投影图，它明确展示了建筑物的外貌和外墙装饰材料的要求，是建筑物施工中进行高度控制的技术依据。一般建筑物的四个立面都要绘制出相应的立面图(复杂建筑视情况而定，原则上每一侧都要绘制一个立面图)。但当建筑物各侧立面图比较简单或者有相同的立面图时，可以只绘制主要的立面图。当建筑物有曲线或折线形的侧面时，可以将曲线或折线形的侧面绘制成展开立面图，从而更加清晰地反映建筑物的实际情况。

建筑物立面图应根据立面图两端的轴线编号来命名，例如 A-H 立面图。也可以将建筑物主要出入口所在的立面，或者外墙面装饰反映建筑物外面特征的立面作为主要立面，称为正立面，其投影为正立面图。与此相呼应的有背立面图、左侧立面图和右侧立面图等。当然还可以以建筑物侧立面的朝向来命名，如东立面图、南立面图、西立面图和北立面图等。

2. 建筑立面图的分类

从建筑方位上讲，可把建筑立面图分为南立面图、北立面图、东立面图、西立面图、东南立面图等。

从主次角度上讲，可以分为正立面图、背立面图、侧立面图等。

3. 建筑立面图的内容

在绘制建筑物立面图之前，需要了解建筑立面图的内容，建筑物立面图主要包括以下主面。

(1) 立面图图名和绘制比例。

(2) 建筑立面图的轴线及编号。

(3) 建筑物某个方向上的外轮廓线形状及大小。

(4) 建筑立面的造型。

(5) 外墙面门窗的形状、种类、位置、开启数量及方向。

(6) 各种墙面、台阶、雨篷、阳台等构、配件的位置、形状和绘制方法等。

(7) 外墙面的装饰情况。

(8) 标高及必须标注的局部尺寸。

(9) 详图索引符号。

4. 建筑立面图的绘图规范

绘制建筑立面图的要求如下。

(1) 图幅：根据要求选定建筑图纸的大小。

(2) 比例：在手绘建筑施工图的时候，会根据建筑的大小选择合适的绘制比例，常用的比例有 1∶50、1∶100、1∶200，一般多采用 1∶100 的比例，绘制起来比较方便。在计算机绘制建筑施工图的过程中，为了避免数据的计算，通常采用 1∶100 的比例绘图。在打印出图的过程中，根据图形的复杂程度和图纸的大小，进行打印比例的设置，一般也采用 1∶100 的比例打印输出。

(3) 定位轴线：在绘制立面图时，一般只绘制两端的轴线及其编号，与建筑物平面图相对应，以方便读图。

(4) 线型：在建筑物立面图中，为了加强立面图的表达效果，通常对线型做一些改动。屋脊线和外轮廓线一般采用粗实线，室外地坪采用加粗实线，外墙面上的起伏细部(例如阳台、雨篷、台阶等)可采用粗实线，其他细部(例如文字说明、标高等)一般采用细实线绘制。

(5) 图例：一般在绘制立面图上所有的构件时，例如门窗等都应该按照国家有关标准规定来绘制。

(6) 尺寸标注：在立面图中主要标注建筑物各楼层及其他构件的标高。

(7) 详图索引符号：一般建筑立面图的细部做法，均应绘制详图，例如檐口、女儿墙、雨水口等，凡是需要绘制详图的地方都要标注详图符号。

5. 建筑立面图的绘图步骤

在 AutoCAD 中，建筑立面图的绘制与建筑平面图的绘制步骤基本一致，一般按以下步骤进行。

(1) 新建图形，设置绘图环境。

(2) 绘制地平线、定位轴线、各层的楼面线和外墙的轮廓线；

(3) 绘制外墙面构件轮廓线。

(4) 绘制门窗、雨水管和外墙分割线等建筑细部。

(5) 绘制尺寸界线、标高数字、索引符号和相关的文字。

(6) 标注尺寸。

(7) 添加图框和标题栏。

(8) 打印输出。

9.2.2　设置绘图环境

下面以图 9-30 为例，具体介绍建筑立面图的画法。

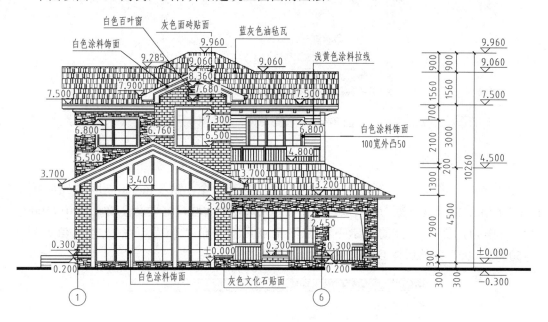

南立面图 1:100

(①～⑥轴立面图)

图 9-30　××别墅南立面图

在绘制立面图前，首先要设置绘图环境，也就是要设置好该图形的绘图单位，图形界限以及不同的图层。具体操作如下。

1. 设置绘图单位

运行 AutoCAD，依序选择"应用程序"→"图形实用工具"→"单位"命令，弹出"图形单位"对话框(可直接执行 UN 命令)，如图 9-31 所示。在"长度"选项组的"类型"下拉列表框中选择"小数"，"精度"下拉列表框中选择"0"；在"角度"选项组的"类型"下拉列表框中选择"十进制度数"，在下面的"精度"下拉列表框中选择"0"，在用于缩放插入内容的单位"下拉列表框中选择"毫米"选项，在"用于指定光源强度的单位"下拉列表框中选择"常规"选项。单击"确定"按钮完成配置。

图 9-31 "图形单位"对话框

2. 设置绘图界限

依序选择"格式"→"图形界限"命令，或直接在命令行输入 limits，启动"图形界限"命令，图形界限一般设置为比要放置的图形最大尺寸略大些，这里设置成 15000×15000。具体操作为，在命令行的提示下，左下角点用默认值"0,0"，右上角点值设置为"15000,15000"，然后按 Enter 键即可，如图 9-32 所示。

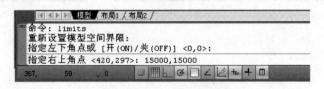

图 9-32 绘图界限的设置

3. 设置文字样式

设置"文字样式"：选择"格式"→"文字样式"(ST)命令，打开"文字样式"对话框，单击"新建"按钮，打开"新建文字样式"对话框，填写样式名，如"样式 1"，然后单击"确定"按钮，返回"文字样式"对话框，选中新建的文字样式，在"字体"选项组中选中"使用大字体"复选框，在"大字体"下拉列表框中选择"gbcbig.shx"字体，其他默认即可，所有设置完成后，单击"置为当前"按钮，弹出"当前样式已被修改，是否保存"对话框，单击"是"按钮，然后单击"关闭"按钮，完成对"文字样式"的设置，如图 9-33 所示。

图 9-33　"文字样式"对话框

4. 设置标注样式

选择"格式"→"标注样式"(D)命令，打开"标注样式管理器"对话框，单击"新建"按钮，打开"创建新标注样式"对话框，填写一个新样式名，如"1"，在"基础样式"下拉列表框中选择"ISO-25"，其他默认，所有设置完成后单击"继续"按钮，如图 9-34 所示。

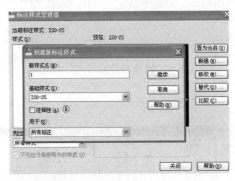

图 9-34　"创建新标注样式"对话框

打开"新建标注样式:1"对话框，切换到"线"选项卡，填入合适的数字；这里根据图形比例填写数字为："超出标记 0""基线间距 300""超出尺寸线 300""起点偏移量 100"，其余默认；切换到"符号和箭头"选项卡，在箭头选项组中的"第一个"下拉列表框中选择"建筑标记"选项，"第二个"下拉列表框中选择"建筑标记"选项，"引线"下拉列表框中选择"点"选项，"箭头大小"微调框中选择"100"，其余默认；再切换到"文字"选项卡，在"文字样式"选项上选择"Standard"，"文字颜色"上选择"ByLayer"，"填充颜色"选择"ByLayer"，"文字高度 200"，"从尺寸线偏移 120"其余默认；然后切换到"调整"选项卡，选中"文字或箭头(最佳效果)"和"尺寸线旁边"单选按钮，最后在"标注特征比例"选项组中选中"使用全局比例"单选按钮，并输入比例值为"1"，其余默认。所有设置完成后单击"确定"按钮，完成配置，如图 9-35 所示。

5. 设置图层

选择"格式"→"图层"(LA)命令，打开"图层特性管理器"对话框，单击对话框中的"新建"按钮，为轴线创建一个图层，在"名称"列表区中输入"轴线"，"颜色"一栏上选择"红色","线型"一栏上选择"CENTER","线宽"一栏上选择"0.09mm",其他默认即可。同理,采用同样的方法依次创建好"门窗""图框""墙""标注""地坪线"等图层,所有图层创建完成后单击"确定"按钮,完成设置,如图 9-36 所示。

图 9-35　"新建标注样式:1"对话框

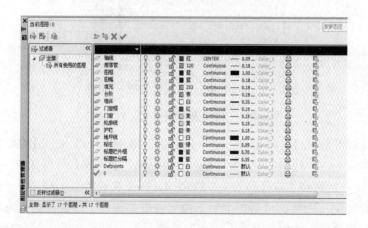

图 9-36　"图层特性管理器"对话框

9.2.3　绘制建筑立面图

用户可以按照如下步骤完成建筑立面图的图形绘制。

(1) 根据标高画出室外地面线和屋面线的位置,再画出主要定位轴线和轮廓线,如图 9-37 所示。

(2) 根据尺寸,画出门窗、阳台等建筑构配件的轮廓线,如图 9-38 所示。

(3) 完善图形细节,如图 9-39 所示。

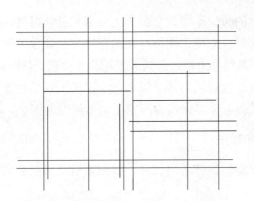

图 9-37　画出室外地面线、定位轴线、主要轮廓线、屋面线

图 9-38　画出门窗、阳台等建筑构配件的立面图

图 9-39　完善建筑细部

9.2.4　标注建筑立面图

1. 建筑立面图的尺寸标注

建筑立面图在完成图形的绘制之后，还需要进行尺寸和文字的注释。建筑立面图上的

尺寸标注与建筑平面图上的标注不同，立面图上大多只标注标高，当然对于初学者来说，最好把具体尺寸全部标注好，方便识图。标高的标注方法如建筑平面图中标高的标注方法相同，也要先定义几组标高符号土块，再插入到相应的位置，详细操作方法在此不再赘述。

在立面图中，需要标注轴线的符号，以表明立面图所在的位置，本图中主要是标注 1 和 6 两条轴线，绘图的时候可以将轴线编号定义为带属性的图块，再插入到相应位置。

2. 建筑立面图的引线标注

立面图上还需要标出墙面装饰所用材料、详细索引及必要的文字说明等，引线标注的使用方法如下。

(1) 选择"格式"→"多重引线样式管理器"命令，打开"多重引线样式管理器"对话框，单击"新建"按钮，打开"创建新多重引线样式"对话框，如图 9-40 所示。

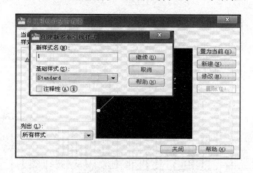

图 9-40　"创建新多重引线样式"对话框

(2) 输入新样式名，如 1，单击"继续"按钮，打开"修改多重引线样式:1"对话框，填写相应数值及选项，具体参见图 9-41～图 9-43；设置完毕后单击"确定"按钮，并置为当前即可。

图 9-41　"引线格式"选项卡

(3) 切换到"标注"图层，选择"标注"→"多重引线"(可直接执行命令 mleader)命令，根据提示指定引线箭头的位置，然后再根据提示指定下一点(注意：如果只有一个点，直接按 Enter 键即可)，完毕后输入相应文字。所有引线标注完成后，如图 9-30 所示。

图 9-42　"引线结构"选项卡

图 9-43　"内容"选项卡

提示：　某些建筑立面图还会有一些说明性的文字需要注写，具体的方法在建筑平面图的注释部分已经有所说明，请用户参照操作即可，此处不再赘述。

9.2.5　绘制图幅、图框、图标并填写标题栏等

建筑立面图在完成图形绘制和文字注释一系列工作之后，也需要进行图幅、图框、标题栏等的绘制和填写工作，此项内容与建筑平面图的相关内容的操作步骤一致，请用户参照执行。

9.3　应用 AutoCAD 绘制建筑剖面图

【学习目标】熟知 AutoCAD 中绘制建筑剖面图的方法和步骤，能够规范、熟练、精确地绘制图样，并且能在绘制具体图形的过程中熟练灵活地运用。

9.3.1　建筑剖面图基础知识

在开始绘制建筑剖面图之前，先要了解关于建筑剖面图的基础知识，本节概括讲解如下。

1. 建筑剖面图的定义

建筑剖面图是用一假想的平面将房屋剖切开，以便于观察建筑的材料、位置、形状等有关内容。建筑剖面图、建筑立面图、建筑平面图是相互配套的整体，都是表达建筑设计相关内容的基本样图之一。

建筑剖面图在剖切的位置上有一定的讲究，一般剖切平面应平行于建筑物长向或建筑物短向，并在建筑平面图上标明剖切的具体位置。对于建筑物剖面图的个数，一般简单的建筑物绘制1～2个即可，对于复杂的建筑物，应根据具体的构造确定剖面图的个数，从不同的角度确定剖面图的个数，并辅助以文字说明，对于对称的建筑物，可绘制半剖视图，并加以一定的文字说明。

2. 建筑剖面图的分类

建筑剖面图的分类不像建筑立面图的分类那么明显，主要是以建筑物被剖切到的位置加以一定数字来表示，如1—1剖面图、2—2剖面图等，具体数字要在相关图样上标出。

3. 建筑剖面图的内容

同建筑平面图和建筑立面图一样，建筑剖面图也有很多的内容需要加以了解和认识，其主要内容如下。

(1) 外墙或柱子的定位轴线及编号。

(2) 被剖切到的楼板、屋面板等的轮廓。

(3) 建筑物的各层层高及水平方向间隔。

(4) 建筑物内部的分层情况。

(5) 被剖切到的房屋各部位，如：楼地面、屋顶、内外墙、楼梯及阳台等的具体做法、形状和相互关系。

(6) 没有被剖切到的建筑物构配件，但是从剖切位置却可以看到，如：室内的门窗、挑出的阳台、栏杆扶手等。

(7) 标高及必要的局部尺寸标注。

(8) 详图索引符号。

(9) 一定的文字说明。

4. 建筑剖面图绘图规范

建筑剖面图的具体要求如下。

(1) 图幅：根据要求选定建筑图纸的大小，设置合适的绘图范围。

(2) 比例：手绘建筑剖面图时，要根据建筑的大小选择合适的绘制比例。绘制剖面图常用的比例有1：50、1：100、1：200，一般采用1：100的比例，这样绘制起来比较方便。在计算机绘制的时候，可以按照1：1的比例绘制，以减少数据的计算，在打印出图的过程中再进行比例的设置，一般多采用1：100的比例，将图样打印在合适的图纸上。

(3) 定位轴线：在绘制剖面图中，一般只绘制两端的轴线及其编号，与建筑物平面图相对应，方便读图。

(4) 线型：在建筑剖面图中凡是被剖切到的轮廓线均用粗实线表示，其余构配件用细实线表示，被剖切到的构配件一般应标出其具体材质(用填充表示)。

(5) 图例：在绘制建筑剖面图上，我们一般也要采用图例来绘制，例如门窗等，我们必须熟悉有关建筑设计规范，一切按照国家建筑设计规范进行绘制。

(6) 尺寸标注：在建筑剖面图上，同建筑立面图一样，一般只标出其标高即可，但是为了识读图形的方便，也可以将重要的建筑尺寸进行标注。

(7) 详图索引符号：对于建筑物被剖切到的细部构造上，如女儿墙、屋顶檐口、雨水口等，在需要绘制详图时，我们都要标注详图符号，如图 9-44 所示。

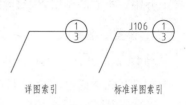

图 9-44　详图符号的表示

5. 建筑剖面图的绘图步骤

在 AutoCAD 中，建筑剖面图绘制一般按以下步骤进行。

(1) 新建图形，设置绘图环境。

(2) 绘制地平线、定位轴线、各层的楼面线和外墙的轮廓线。

(3) 绘制被剖切构件轮廓线，如门窗洞口、檐口、女儿墙及其他可见轮廓线。

(4) 绘制阳台、台阶、栏杆扶手等。

(5) 绘制尺寸标注、标高标注及相关文字说明。

(6) 绘制索引符号。

(7) 绘制图幅、图框、标题栏等。

下面以图 9-45 为例，具体介绍建筑剖面图的绘制方法。

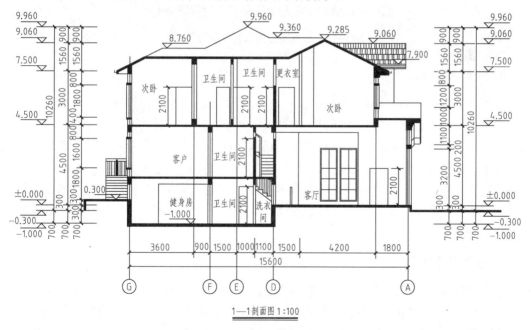

图 9-45　1—1 剖面图

9.3.2　设置绘图环境

在绘制建筑剖面图前，需要先设置好绘图环境，也就是要设置好该图形的绘图单位、图形界限、不同的图层以及标注和文字样式等。具体操作如下。

1. 设置绘图单位

打开 AutoCAD，选择"格式"→"单位"命令，打开"图形单位"对话框(可执行命令 UN 打开此对话框)，在"长度"选项组的"类型"下拉列表框中选择"小数"，在"精度"下拉列表框中选择"0"；"角度"选项组的"类型"下拉列表框中选择"十进制度数"，在下面的"精度"下拉列表框中选择"0"，在"用于缩放插入内容的单位"下拉列表框中选择"毫米"，在"用于指定光源强度的单位"下拉列表框中选择"常规"选项。单击"确定"按钮，完成设置。

2. 设置绘图界限

选择"格式"→"图形界限"(LIMITS)命令，打开"图形界限"对话框，图形界限一般不宜太小，这里我们设置成 40000×30000，具体操作为：在命令行提示指定左下角点坐标时输入"0,0"，然后按 Enter 键，再输入"40000,30000"，然后按 Enter 键即可，如图 9-46 所示。

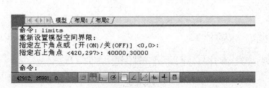

图 9-46　设置图形界限的命令行显示

3. 设置文字样式

设置"文字样式"：选择"格式"→"文字样式(ST)"命令，打开"文字样式"对话框，单击"新建"按钮，打开"新建文字样式"对话框，填写样式名，如"样式 1"，然后单击"确定"按钮，返回"文字样式"对话框，选中新建的文字样式，在"字体"选项组中选中"使用大字体"复选框，在"大字体"下拉列表框中选择"gbcbig.shx"字体，其他默认即可，所有设置完成后，单击"置为当前"按钮，弹出"当前样式已被修改，是否保存"提示框，单击"是"按钮，然后单击"关闭"按钮，完成对"文字样式"的设置，如图 9-47 所示。

4. 设置标注样式

设置"标注样式"：选择"格式"→"标注样式"(D)命令，打开"标注样式管理器"对话框，单击"新建"按钮，打开"创建新标注样式"对话框，填写一个新样式名，如"1"，在"基础样式"下拉列表框中选择"STANDARD"，其他默认，所有设置完成后单击"继续"按钮，如图 7-6 所示，打开"新建标注样式:1"对话框，切换到"线"选项卡，填入合适的数字，这里我们根据图形比例填写数字为："超出标记 0""基线间距 300""超出尺寸线 300""起点偏移量 100"，其余默认；切换到"符号和箭头"选项卡，在"箭头"选项组的"第一个"下拉列表框中选择"建筑标记"，"第二个"下拉列表框中选择"建筑标记"，"引线"下拉列表框中选择"点"，"箭头大小"微调框中选择"100"，其余默认；再切换到"文字"选项卡，在"文字样式"下拉列表框中选择"Standard"，在"文字颜色"下拉列表框中选择"ByLayer"，"填充颜色"下拉列表框中选择"ByLayer"，"文字高度 200"，"从尺寸线偏移 120"，其余默认；然后切换到"调整"选项卡，选中"文字或箭头(最佳效果)"和"尺寸线旁边"单选按钮，最后在"标注特征比例"选组中选中"使用全局比例"单按按钮，填入比例值为"1"，其余默认。所有设置完成后单击"确定"按钮，完成配置，如图 9-48 所示。

图 9-47　"文字样式"对话框

图 9-48　"创建新标注样式"对话框

5. 设置图层

选择"格式"→"图层(LA)"命令，打开"图层特性管理器"对话框，单击对话框中的"新建"按钮，为轴线创建一个图层，在"名称"列表区中输入"轴线"，"颜色"一栏上选择"红色"，"线型"一栏上选择"CENTER"，"线宽"一栏上选择"0.09mm"，其他默认即可。同理，采用同样的方法依次创建好"门窗""图框""墙""标注""地坪线"等图层，所有图层创建完成后单击"确定"按钮，完成设置，如图 9-49 所示。

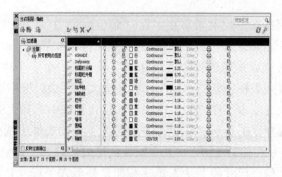

图 9-49   "图层特性管理器"对话框

9.3.3   绘制建筑剖面图

设置好绘图环境后，就可以开始进行建筑剖面图的绘制了，首先要绘制建筑物被剖切到的主要轮廓，完毕后再绘制出建筑物细部，绘制剖面图轮廓的一般步骤如下。

(1) 根据剖切符号的位置，画出被剖切到的墙，柱的定位轴线、室外地面以及楼面、屋面、楼梯平台等处的位置线和未剖到的外墙轮廓线。

(2) 根据墙体、楼面、屋面以及门窗洞和洞间墙的尺寸画出墙、柱、楼面等断面和门窗的位置。

(3) 画出楼梯段、阳台、雨篷以及为剖切到的内门等可见建筑构配件的轮廓。

(4) 画出楼梯栏杆、门窗等细部；整个绘图过程如图 9-50～图 9-52 所示。

(5) 完成相应的文字和尺寸的标注，完成的图样如图 9-45 所示。

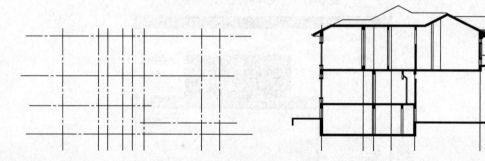

图 9-50   画出剖面图的定位轴线及某些主要轮廓位置线   图 9-51   画出剖切到的墙体及主要轮廓线

图 9-52   画出门窗、阳台、雨篷、栏杆等主要建筑构配件轮廓线

提示：(1) 对于建筑剖面图，一般只需标注被剖切到的建筑部分的一些重要尺寸，主要包括竖直方向上被剖切到建筑部位的尺寸和标高；一般来说，在被剖切到的外墙部位，也要标出其尺寸。

(2) 在建筑剖面图上，一般可以对某些特殊材料进行文字说明，比如结构所用材料及高度，坡度等。

(3) 绘制图幅、图框、图标并填写标题栏等的具体操作，见前面章节的相关内容。

习　　题

1. 利用所学知识绘制此别墅夹层平面图，如图 9-53 所示。

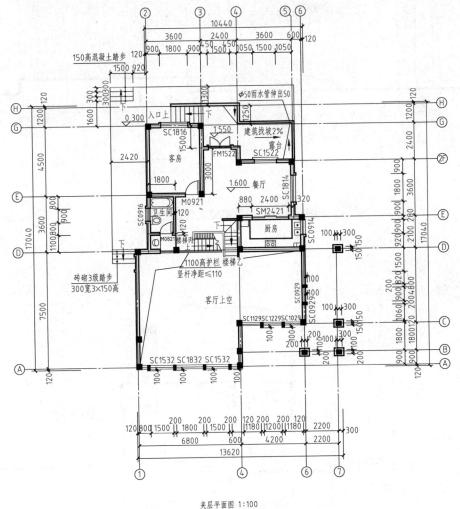

夹层平面图 1:100

图 9-53　夹层平面图

提示：可以先复制一层平面，然后在一层平面图上做相应修改，完成此夹层平面图。

2. 利用所学知识绘制××别墅建筑北立面图，如图 9-54 所示。

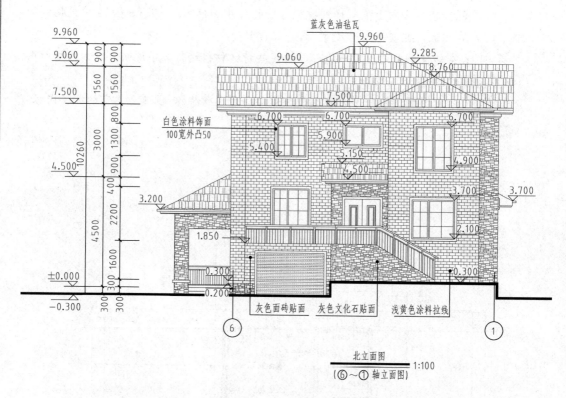

图 9-54　××别墅建筑北立面图

3. 利用所学知识绘制××别墅建筑 2—2 剖面图，如图 9-55 所示。

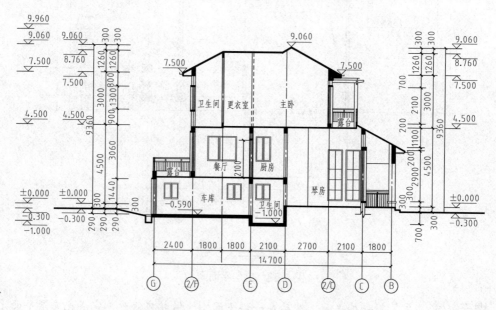

图 9-55　××别墅建筑 2—2 剖面图

第 10 章　图形打印及输出

教学提示

1. 本章主要内容

(1) AutoCAD 软件打印设置面板各选项的含义。

(2) AutoCAD 2012 打印输出的方法步骤。

(3) 图纸打印输出的不同方法及用途。

2. 本章学习任务目标

(1) 熟悉 AutoCAD 软件的打印面板，理解各选项的含义。

(2) 掌握 AutoCAD 2012 打印输出的方法步骤。

(3) 熟悉图纸打印输出的不同方法及用途。

3. 本章教学方法建议

本章课堂教学设计中，建议教师采用教师讲授、示范与学生练习相结合的方法。通过教师的讲授与示范，使学生系统了解 AutoCAD 软件的打印输出知识，通过学生的练习基本掌握软件打印输出的常规操作方法及技巧。

10.1　从模型空间打印输出图形

10.1.1　打印设置

绘制图形后，可以使用多种方法输出。可以将图形打印在图纸上，也可以创建成文件以供其他应用程序使用。以上两种情况都需要进行打印设置。

下面以图 10-1 为例，来具体讲解如何在模型空间打印输出图形。

要打印图形，首先要启动打印命令，常用的启动打印命令的方法如下。

(1) 功能区："输出"标签→"打印"面板→"打印"按钮。

(2) 菜单栏："文件"→"打印"命令。

(3) 标准工具栏：直接单击"打印"按钮。

(4) 命令行：输入 plot 并按空格键。

(5) 快捷键：在键盘上直接按 Ctrl+P 快捷键。

(6) 应用程序菜单：选择"打印"选项组中的"打印"命令。

(7) 快速访问工具栏：单击"打印"按钮。

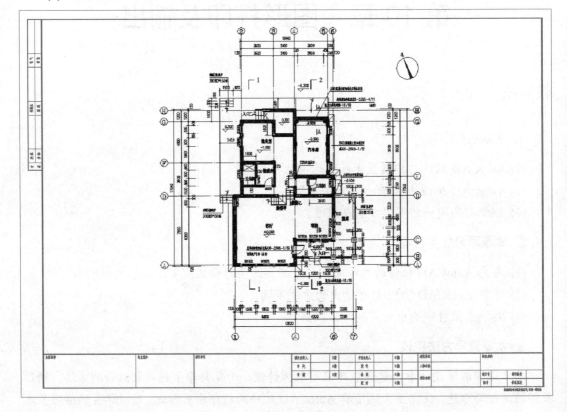

图 10-1　××别墅底层平面图

启动打印命令后，屏幕上会弹出"打印-模型"对话框，如图 10-2 所示。

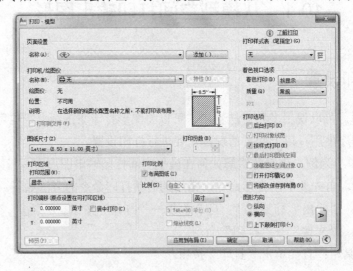

图 10-2　"打印-模型"对话框

下面对整个面板的相关选项含义分别进行具体讲解。

1. 页面设置

页面设置是打印设备和其他影响最终输出的外观和格式的设置的集合。准备要打印或发布的图形需要指定许多定义图形输出的设置和选项。为了节省时间，可以将这些设置保存为命名的页面设置，下次相同打印设置的输出可直接调用，而不用每次都设置。

2. 打印机/绘图仪

在对话框中的"打印机/绘图仪"名称栏中，选择跟计算机连接的打印机名称。选择了设备之后，就可以查看有关该设备的名称和位置的详细信息，并可以更改该设备的配置。选择的打印机或绘图仪决定了图纸的可打印区域。此可打印区域也可以通过单击"打印机"右侧的特性按钮，弹出如图 10-3 所示的绘图仪配置编辑器对话框，在"设备和文档设置"选项卡下的"用户定义图纸尺寸与校准"中的"修改标准图纸尺寸(可打印区域)"来进行修改。

图 10-3　绘图仪配置编辑器对话框

在下面的"修改标准图纸尺寸"选项组中找到与下面选定的介质源和尺寸相同的图纸名称，单击右侧的"修改"按钮，在弹出的如图 10-4 所示的"自定义图纸尺寸-可打印区域"对话框中进行重新设置，完成后单击"确定"按钮，返回到"打印-模型"对话框。

3. 图纸尺寸

在"图纸尺寸"选项组中，单击右侧的下拉按钮，可以选择需要用的图纸尺寸。列表中可用的图纸尺寸由当前所选的打印设备确定。如果配置绘图仪进行光栅输出，则必须指定输出尺寸(以像素为单位)。通过使用绘图仪配置编辑器可以添加存储在绘图仪配置(PC3)文件中的自定义图纸尺寸。如果使用系统打印机，则图纸尺寸由 Windows 控制面板中的默认纸张设置决定。

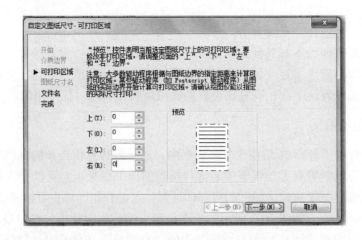

图 10-4　"自定义图纸尺寸-可打印区域"对话框

4. 打印区域

可以指定打印区域以确定打印包含的图形。

从"模型"选项卡或某个布局选项卡进行打印之前，可以指定打印区域，以确定打印内容。创建新布局时，默认的"打印区域"选项为"布局"，即打印指定图纸尺寸可打印区域内的所有对象。

打印范围中的"显示"选项表示打印图形中显示的所有对象；"范围"选项表示打印图形中的所有可见对象；"视图"选项表示打印保存的视图；"窗口"选项用于定义要打印的区域，选择"窗口"选项后，界面会返回到绘图窗口，打开对象捕捉，框选图纸的打印区域，选完后界面就又返回到对话框。

5. 打印偏移

打印偏移指定了打印区域相对于可打印区域的左下角(原点)或图纸边界的偏移。"打印"对话框的"打印偏移"区域显示了包含在括号中的指定打印偏移选项。

通过在"X"和"Y"偏移框中输入正值或负值，可以偏移图纸上的几何图形。然而，这样可能会使打印区域被剪裁。如果选择打印区域而不是整个布局，还可以使图形在图纸上居中。

6. 打印比例

通常在绘制图形时使用实际的尺寸，即按 1∶1 的比例绘制图形。打印图形时，可以指定精确比例，也可以根据图纸尺寸调整图像。"打印-模型"对话框中的打印比例代表打印的单位与绘制模型所使用的实际单位之比。当指定输出图形的比例时，可以从实际比例列表中选择比例、输入所需比例或者选择"布满图纸"，以缩放图形将其调整到所选的图纸尺寸。

7. 打印样式表

打印样式表是指定给布局选项卡或模型选项卡的打印样式的集合。与线型和颜色一样，打印样式也是对象特性。可以将打印样式指定给对象或图层。打印样式控制对象的打印特性。也可以创建新的打印样式表以保存在布局的页面设置中，或编辑现有的打印样式表。

8. 着色视口选项

着色视口和打印选项的设置会影响对象打印以及保存在页面设置中的方式。

着色视口打印选项为用户向他人展示三维设计提供了很大的灵活性。用户可以通过选择视口的打印方式并指定分辨率级别来展示设计。使用着色打印选项，用户可以选择使用"按显示""线框""消隐"还是"渲染"选项打印着色对象集。

💡 **注意**：着色视口打印需要具备光栅功能的设备。

9. 打印选项

以下可以指定给布局的选项会影响对象的打印方式。

打印对象线宽：指定打印对象和图层的线宽。

使用打印样式打印：指定使用打印样式来打印图形。指定此选项将自动打印线宽；如果不选择此选项，将按指定给对象的特性打印对象而不是按打印样式打印。

最后打印图纸空间：指定先打印模型空间中的对象，然后打印图纸空间中的对象。

消隐图纸空间对象：指定"隐藏"操作是否应用于图纸空间视口中的对象。此选项仅在布局选项卡中可用。此设置的效果反映在打印预览中，而不反映在布局中。

10. 图形方向

可以使用"横向"和"纵向"设置图形在图纸上的打印方向。在横向或纵向方向上，可以选择"上下颠倒打印"以控制首先打印图形顶部还是图形底部。

所有设置完成后，单击对话框左下角的"预览"按钮，查看打印预览效果，若有问题，退出返回进行修改，直至满意为止，单击"打印"按钮就可以打印出图了。

10.1.2　打印图形步骤

要打印一图纸，首先启动打印 plot 命令，然后在弹出的"打印-模型"对话框中根据需要逐步一一设置好相关参数，如图 10-5 所示。

(1) 在"打印机/绘图仪"选项组中，从"名称"下拉列表框中选择一种打印机或绘图仪。

(2) 从"图纸尺寸"下拉列表框中选择图纸尺寸。

(可选)在"打印份数"微调框中，输入要打印的份数。

(3) 在"图形方向"选项组中，选择一种合适的图纸方向。

(4) 在弹出的"特性"对话框中，设置好图纸的可打印区域范围。

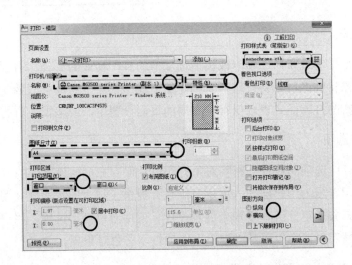

图 10-5　打印图形步骤图

(5) 在"打印区域"选项组中，指定图形中要打印的部分。通常用"窗口"方式选择打印范围。

(6) 在"打印偏移"选项组中，指定原点在可打印区域的位置。

(7) 在"打印比例"选项组中，从"比例"框中选择缩放比例。

(8) 在"打印样式表 (笔指定)"选项组中，从"名称"下拉列表框中选择打印样式表。

"着色视口选项"和"打印选项"通常保持默认选项就可以了。单击"确定"按钮即可打印出图纸。

📠 **提示：** 通常要打印出黑白图纸时，选择样式表下拉列表框中的 monochrome.ctb；要彩色打印图纸时，选择样式表下拉列表框中的 acad.ctb。

💡 **注意：** 打印戳记只在打印时出现，不与图形一起保存。

10.2　从图纸空间打印输出图形

布局中的图纸空间，提供了模拟打印图纸、进行打印设置等新功能，使用户在模型空间中不必考虑作图比例，而用实物原尺寸绘制图纸，当图纸绘制完成后，再在不同的布局中，设置不同的出图比例即可。

在图纸空间中不仅可以打印输出一个视图的图形对象，也可以将不同比例的两个以上的视图布置在同一张纸上，而且可以在图纸空间为图形添加图框、标题栏及文字注释等内容。

AutoCAD 提供的创建布局的方法主要有四种。

(1) 利用"布局向导"命令，根据提示逐步的创建出一个新布局。

(2) 利用"来自样板的布局"命令插入样板文件中的布局。

(3) 通过绘图窗口的"布局"标签，单击鼠标右键，从弹出的快捷菜单中选择"新建布局"命令来创建一个新布局。

(4) 利用"设计中心"已有的图形文件或样板文件中包含的已创建好的布局拖入到当前图形文件中，直接利用该布局，从而也提高了工作效率。

下面以"××别墅底层平面图"为例，具体讲解如何从图纸空间打印输出图形。

1. 新建"视口"图层

启动"图形特性管理器"命令，在打开的对话框中"新建"一个图层，命名为"视口"，并将其设置为当前图层。

2. 新建布局"一层平面图"

单击绘图窗口的布局标签，新建一个命名为"一层平面图"的布局窗口来(或重命名已有的空白布局窗口)，如图 10-6 所示。

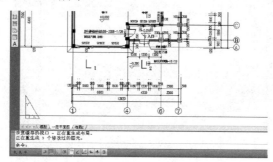

图 10-6　新建布局"一层平面图"

3. 对布局进行页面设置

在"一层平面图"布局标签处单击鼠标右键，在弹出的快捷菜单中选择"页面设置管理器"命令，这时屏幕上弹出"页面设置管理器"对话框，如图 10-7 所示。

图 10-7　"页面设置管理器"对话框

在"页面设置管理器"对话框中单击"修改"按钮，这时弹出"页面设置-一层平面图"对话框，如图 10-8 所示。在对话框中分别进行相应的设置，选择与计算机连接的打印机设备，图纸尺寸设置为 A3，而后单击打印机右侧的"特性"调整标准图纸可打印区域，打印范围为"布局"，打印偏移尺寸都设置为 0，打印比例设置为 1 : 1，选择合适的打印样式表，图形方向设置为横向。

提示： 此处设置如同模型空间打印输出图形时的打印设置，只是特别注意打印范围的选择方式和打印比例。

设置完成后，单击"确定"按钮，返回到"页面设置管理器"对话框，再单击"关闭"按钮，返回到图纸空间。

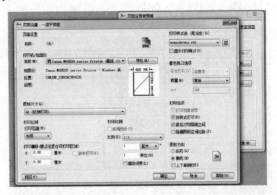

图 10-8 "页面设置-一层平面图"对话框

4. 插入图框

图纸空间默认有一个视口，选择并删除该视口。在命令行输入"I"(即插入命令 Insert 的缩写)，插入"A3 图框"图块，并且设置插入点为"0, 0, 0"，如图 10-9 所示。

图 10-9 插入图框

注意：出现如图 10-10 所示的问题时，即图框左下角点看着并不在布局页面的(0,0)点位置，一定是页面设置时，在打印机特性里没有把页边距设置成 0 的缘故，打印机的默认打印选项里是有一定页边距的。

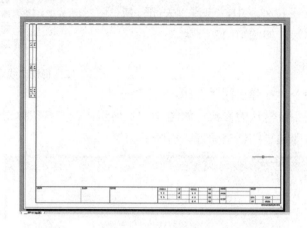

图 10-10　打印机特性里没有把页边距设置成 0

5. 建立新视口

单击功能区"视图"标签→"视口"选项板上的"新建"按钮，这时屏幕上弹出"视口"对话框，设置新建标准视口为"单个"，如图 10-11 所示，单击"确定"按钮，返回到屏幕上。在命令行的提示下，在图框内创建一视口确定其大小及位置。

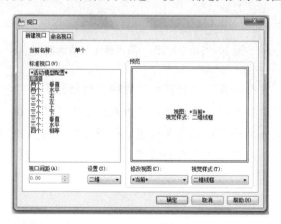

图 10-11　视口

6. 调整视口比例

在视口内双击鼠标，激活视口，此时视口边框线为粗线显示。在命令行输入"Z"，启动 zoom 命令，然后在提示下输入 0.01xp，然后按 Enter 键或 Space 键，将视口比例设置为1∶100，同时按住鼠标滚轮，通过移动命令，调整好图形在视口中的位置。在视口边框外的空白处双击鼠标左键，即可切换到图纸空间，此时视口边框线为细线显示。

7. 设置视口边框线不打印

在打印图形文件时，视口线通常是打印的，因此需要将视口线设置为不打印或不显示状态。在"图层"工具栏上的图层下拉列表中，选择"关闭"或"冻结""视口"图层，如图 10-12 所示。

8. 打印图形文件

图 10-12　将视口线设置为不打印或不显示

启动"打印"命令，在弹出的"打印-一层平面图"对话框中，使用系统默认的参数，如图 10-13 所示，预览打印效果，没有问题后单击"打印"按钮，此时即通过图纸空间打印出图了。

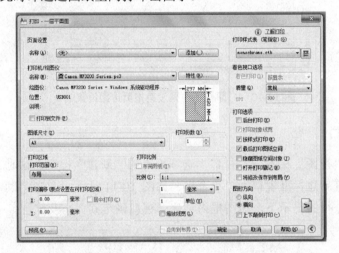

图 10-13　"打印-一层平面图"对话框

提示：　尽管在"页面设置"对话框和"打印"对话框中都可以指定图形方向，"页面设置"中指定的设置始终保存并反映在布局中，在"打印"对话框中，可以替代某一单个打印的页面设置，但所应用的设置并不保存在布局中。要保存"打印"对话框中应用的设置，在"打印"对话框中单击"应用到布局"按钮。

10.3　虚拟打印电子图形

AutoCAD 除了可以将图形打印到纸张上，还可以将图形采用虚拟打印出电子文档，用来保存和交流图形文件。可以打印输出的图形文件格式包括 DWF、DWFx、DXF、PDF 和 Windows 图元文件[WMF]；也可以使用专门设计的绘图仪驱动程序以图像格式输出图形。下面简单介绍一下常用的三种文件格式及打印机或绘图仪。

1. 打印 DWF 文件

DWF 文件是二维矢量文件，用户可以使用这种格式的文件在万维网或企业内部网络上发布图形。每个 DWF 文件可包含一张或多张图纸。任何人都可以使用 Autodesk® Design Review 打开、查看和打印 DWF 文件。通过 DWF 文件查看器，也可以在 Microsoft® Internet Explorer 5.01 或更高版本中查看 DWF 文件。DWF 文件支持实时平移和缩放，还控制图层和命名视图的显示。打印 DWF 文件选用的绘图仪是如图 10-14 所示的"DWF6 ePlot. pc3"。

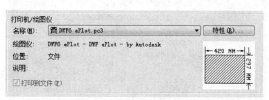

图 10-14　打印 DWF 文件

2. 打印光栅文件

非系统光栅驱动程序支持若干光栅文件格式，包括 Windows BMP、CALS、TIFF、PNG、TGA、PCX 和 JPEG。光栅驱动程序最常用于打印到文件以便进行桌面发布，如图 10-15 所示。

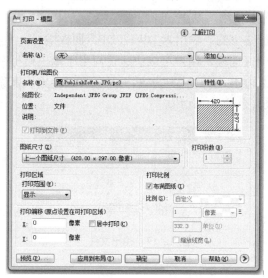

图 10-15　打印光栅文件

3. 打印 Adobe PDF 文件

使用 DWG to PDF 驱动程序，可以从图形创建 PDF 文件，如图 10-16 所示。

图 10-16　打印 PDF 文件

10.4　直接输出 DWF 或 PDF 文件

如果在另一个应用程序中需要使用图形文件中的信息，在 AutoCAD 中可以直接输出 DWF 或 PDF 文件。还可以使用剪贴板。

在功能区"输出"标签下的"输出为 DWF/PDF"面板中，

通过"输出到"功能区面板，用户可以快速访问用于输出模型空间中的区域或将布局输出为 DWF、DWFx 或 PDF 文件的工具。输出时，可以使用页面设置替代和输出选项控制输出文件的外观和类型，如图 10-17 所示。

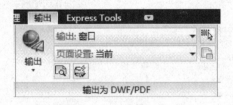

图 10-17　输出文件

总　　结

本章将 AutoCAD 软件的图形打印输出功能及方法，通过案例教学法，进行了较全面的讲解。通过理论与实践相结合，让学生理解打印设置各选项的含义及打印输出的方法步骤，掌握这部分的知识。

习　　题

根据本章节所学的知识，利用 AutoCAD 软件的图形文件输出方法，将下面图 10-18 的图形文件分别输出 PDF 格式和 JPG 格式文件。

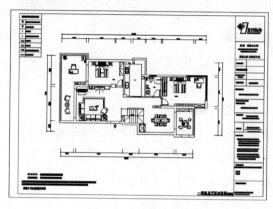

图 10-18　输出图例

参 考 文 献

[1] 高远. 建筑识图与房屋构造[M]. 北京：中国建筑工业出版社，2001.

[2] 何斌，陈昌锦，陈炽坤. 建筑制图[M]. 北京：高等教育出版社，2001.

[3] 刘琳，邓学雄，黎龙. 建筑制图与室内设计制图[M]. 广州：华南理工大学出版社，2000.

[4] 何铭新，陈文耀，陈启良. 建筑制图[M]. 北京：高等教育出版社，2001.

[5] 高远. 建筑装饰制图与识图[M]. 北京：机械工业出版社，2007.

[6] 孙世青. 建筑装饰制图与阴影透视[M]. 北京：科学出版社，2011.

[7] 张绮曼，郑曙旸. 室内设计资料集[M]. 北京：中国建筑工业出版社，1991.

[8] 李一. 室内设计工程制图[M]. 北京：北京大学出版社，2013.

[9] 高祥生. 室内装饰装修构造图集[M]. 北京：中国建筑工业出版社，2011.

[10] JGJ/T 244—2011. 房屋建筑室内装饰装修制图标准[S]. 北京：中国电力出版社，2011.

[11] GB50104—2010. 建筑制图统一标准[S]. 北京：中国建筑工业出版社，2010.

[12] GBJ50104—2010. 房屋建筑制图统一标准[S]. 北京：中国建筑工业出版社，2010.

[13] 宋琦，等. AutoCAD 2004 建筑工程绘图基础教程[M]. 北京：机械工业出版社，2004.

[14] 炫飞影像. AutoCAD+3ds Max+Photoshop 室内设计效果图制作艺术[M]. 北京：电子工业出版社，2009.

[15] 汪仁斌. 家具 AutoCAD 辅助设计[M]. 北京：中国林业出版社，2007.

[16] 刘冬梅，等. 建筑 CAD[M]. 北京：化学工业出版社，2009.

[17] 麓山. AutoCAD 和天正建筑 7.5 建筑绘图实例教程[M]. 北京：机械工业出版社，2009.

[18] 莫正波，高丽燕. AutoCAD 2010 绘制建筑图[M]. 北京：中国电力出版社，2010.

[19] 武峰，王深冬，孙以栋. CAD 室内设计施工图常用图块[M]. 北京：中国建筑工业出版社，2008.